遥感数字图像处理

（第三版）

章孝灿　苏　程　黄智才　戴企成　赵元洪　编著

ZHEJIANG UNIVERSITY PRESS

浙江大学出版社·杭州

图书在版编目 CIP 数据

遥感数字图像处理/章孝灿等编著．－3版．－杭州：浙江大学出版社，2020.11（2024.12重印）
ISBN 978-7-308-20946-5

Ⅰ.①遥…　Ⅱ.①章…　Ⅲ.①遥感图像－数字图像处理－高等学校－教材　Ⅳ.①TP751.1

中国版本图书馆 CIP 数据核字（2020）第 251228 号

遥感数字图像处理(第三版)

章孝灿　苏　程　黄智才　戴企成　赵元洪　编著

责任编辑	吴昌雷
责任校对	王　波
封面设计	周　灵
出版发行	浙江大学出版社
	（杭州市天目山路 148 号　　邮政编码　310007）
	（网址：http://www.zjupress.com）
排　　版	杭州林智广告有限公司
印　　刷	浙江新华数码印务有限公司
开　　本	787mm×1092mm　1/16
印　　张	15
字　　数	350 千
版 印 次	2020 年 11 月第 3 版　2024 年 12 月第 3 次印刷
书　　号	ISBN 978-7-308-20946-5
定　　价	45.00 元

前　言

　　随着遥感技术与信息技术的迅猛发展,遥感图像除了在传统科研领域大放异彩之外,也在社会生活和经济建设中发挥出愈加重要的作用与贡献。作为空间大数据的核心数据源,遥感图像在全球范围内以每天TB级的数据量快速增长,成为了现代社会中重要的信息基础设施之一,同时因其信息的丰富性、持续性和时效性等特点,促进了众多领域的技术进步,产生了巨大的经济和社会效益。自1978年腾冲航空遥感实验开启我国的遥感发展之路后,目前中国已跻身于国际先进水平的行列,并成为全球在轨运行遥感卫星数量最多的国家,更是发展了规模巨大且快速成长的遥感技术与信息服务市场,遥感人才需求巨大。

　　为此,在2008年第二版《遥感数字图像处理》基础上,结合这些年的科研、教学及国内外研究成果,修订编写了本教材,以此来满足当前教学、科研与应用的需要。本次修订在章节安排上注重梳理与构建遥感数字图像处理的方法体系;在内容设置上注重涵盖大数据与人工智能等新方法、新范式在遥感图像处理中的发展与应用;在编写过程中注重从理论和实际应用相结合的角度出发,阐明遥感数字图像处理的数学和物理基础、具体算法、应用条件及效果等,力求为读者在该领域的深入学习和研究打下良好的基础。同时本书的内容对从事遥感技术应用以及数字图像处理研究的科研人员和工程技术人员来说,也具有一定的参考价值。

在编写本书时，认为读者已经具备了线性代数、概率论、统计分析、计算机技术基础以及算法语言等预备知识。

本次修订过程中，得到了徐泽宇、傅珺、徐若豪、项龙晨、徐圣嘉、唐涌泉、曹利峰、陈其阳的大力帮助和浙江大学出版社的鼎立协助。编著者在此表示衷心的感谢。

感谢本书参考文献的作者们，他们的研究成果给予作者很多灵感和启迪。

编著者

2020 年 12 月 7 日于求是园

目 录

第1章 遥感信息获取

　　遥感(Remote Sensing)是通过某种传感器装置,在不直接接触研究对象的情况下测量、分析并判定目标性质的一门科学和技术。也有人将遥感称为"遥远的感知",其具有视域广阔、信息丰富和可定时定位观测的特点。遥感产品分模拟和数字两种形式,模拟产品主要指经过加工处理的各种比例尺照片及底片,而数字产品通常是指使用数字化记录的遥感图像数据。遥感数字图像处理研究的对象就是这些以数字化形式表示的遥感图像数据。

　　遥感图像数据反映的是成像区域内地物的反射和辐射的电磁波能量,有明确的物理意义,而地物反射和辐射电磁波能量的能力又直接与地物本身的属性和状态有关,因此遥感图像数据值的大小及其变化主要是由地物的类型及其变化所引起的。遥感的基本原理就是通过对遥感图像数据值的大小和变化规律的分析处理来有效地识别和研究地物类型和状态。遥感数字图像处理是利用计算机通过数字处理的方法来增强和提取遥感图像中的专题信息。为了取得良好的处理分析效果,进行遥感数字图像处理时必须掌握遥感图像的形成原理与物理基础。

　　本章将介绍遥感图像的获取过程。

1.1　遥感的概念

　　"遥感"一词作为科学技术术语出现于20世纪60年代。现代遥感的定义是:不直接接触有关目标物或现象而能收集信息,并能对其进行分析、解译和分类的一门科学和技术。

　　从20世纪50年代开始,随着科学技术的发展,信息探测系统领域实现了一系列的突破,例如:对电磁辐射的探测范围从可见光的范围扩展到了紫外、红外、微波等范围;对目标物信息的收集方式从摄影式到非摄影式;资料由像片到数据;平台从汽车、飞机发展到了卫星、火箭;应用领域从军事、测绘扩展到了农业、林业、水利、地质、气象、环境和工程等众多部门。为了更好地概括信息探测系统及其过程,1960年,美国学者伊林(Evelyn L. Pruitt)提出"遥感"这一科学术语。1962年,"遥感"这一科学术语在美国密执安大学召开的"国际环境科学遥感讨论会"上被正式通过,这标志着遥感这门新学科的形成。遥感发展至今,大致经历了三个阶段:常规航空摄影阶段、航空遥感阶段和航天遥感阶段。

1.2　遥感传感器

遥感传感器是用来远距离探测地物和环境所辐射或反射的电磁波的仪器，可对其进行如下分类。

(1)按其工作方式可划分为主动式传感器和被动式传感器。主动式传感器在遥感中是先向目标物发射电磁波，然后传感器再接收目标物的反射回波；被动传感器在遥感中只接收来自目标物反射或辐射的电磁波，而不发射电磁波。

(2)按其扫描方式可划分为扫描式传感器和非扫描式传感器。

(3)按其记录结果可划分为成像式传感器和非成像式传感器。

如果把地球物理勘探也看作广义上的遥感的话，遥感传感器分类大致如图1.2.1所示。

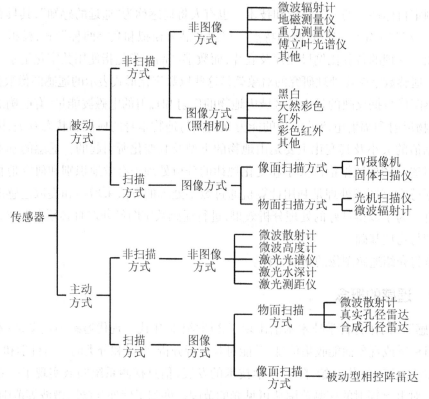

图1.2.1　遥感传感器的分类

随着遥感技术的不断发展，当前遥感传感器数目众多。根据应用目的的不同，下面介绍几种常用的卫星及其传感器。

1.高分系列卫星

高分系列卫星是中国高分辨率对地观测系统重大专项卫星，中国基于高分系列卫星构建了自己的全球观测系统。高分系列中不同卫星能相互合作，具备全天时、全天候、全覆盖的对地观测能力，并在国土测绘、城乡建设、自然资源等方面发挥了重要的作用。目前高分系列卫星已成功发射了高分一号至高分十四号卫星，其详细情况如表1.2.1所示。

表1.2.1（a） 高分系列卫星参数表（一号~七号）

卫星名称	高分一号	高分二号	高分三号	高分四号	高分五号	高分六号	高分七号
发射时间	2013.4.26	2014.8.19	2016.8.10	2015.12.29	2018.5.9	2018.6.2	2019.11.3
描述	光学成像卫星	光学成像卫星	SAR卫星	地球同步光学卫星	高光谱与大气探测卫星	光学成像卫星(农业遥感)	空间立体测绘卫星
轨道高度(km)	644.5	631	755	36000	705	644.5	505
波段数	4+全色	4+全色	C波段	4+全色	多台不同功能与参数的传感器	4+全色	4+全色
分辨率(m)	8(2)	3.24(0.81)	1	50		8(2)	3.2(0.8)
周期(天)	4	<5	<3	同步卫星		2(与高分一号组网)	—
幅宽(km)	>60	>45	100	400		>90	>20

表1.2.1（b） 高分系列卫星参数表（八号~十四号）

卫星名称	高分八号	高分九号	高分十号	高分十一号	高分十二号	高分十三号	高分十四号
发射时间	2015.6.26	2015.9.14	2019.10.5	2018.7.31 02星：2020.9.7	2019.11.28 02星：2021.3.31	2020.10.12	2020.12.6
描述	光学遥感卫星	光学遥感卫星	微波遥感卫星	光学遥感卫星	微波遥感卫星	高轨光学遥感卫星	光学立体测绘卫星
分辨率	—	亚米级	亚米级	亚米级	亚米级	—	—

2.风云系列卫星

风云系列卫星是中国的气象遥感卫星。风云系列卫星包括风云一、二、三、四号，其中一号与三号为极地轨道卫星，二号与四号为静止轨道卫星。

风云一号由4颗极地轨道卫星组成，其中FY－1A和FY－1B有5个波段，FY－1C和FY－1D有10个波段。其地面分辨率为1.1km，轨道周期10.61天。目前风云一号已经退役。

风云二号由8颗静止卫星(FY－2A~FY－2H)组成，目前提供服务的是FY－2F、FY－2G和FY－2H。

风云三号是风云一号的改进，共有4颗卫星，其传感器参数如表1.2.2所示。

风云四号目前有一颗静止卫星。其主要探测仪器为10通道二维扫描成像仪、干涉型大气垂直探测器、闪电成像仪、CCD相机和地球辐射收支仪。

表1.2.2　风云三号卫星传感器参数表

传感器名称		性能参数	探测目的
可见光红外扫描辐射计 （VIRR）		光谱范围：0.43～12.5μm 通道数：10 扫描范围：±55.4° 地面分辨率：1.1km	云图、植被、泥沙、卷云及云相态、雪、冰、地表温度、海表温度、水汽总量等。
大气探测仪器包	红外分光计（IRAS）	光谱范围：0.69～15.0μm 通道数：26 扫描范围：±49.5° 地面分辨率：17km	大气温度、湿度廓线、O_3总含量、CO_2浓度、气溶胶、云参数、极地冰雪、降水等。
	微波温度计（MWTS）	频段范围：50～57GHz 通道数：4 扫描范围：±48.3° 地面分辨率：50～75km	
	微波湿度计（MWHS）	频段范围：150～183GHz 通道数：5 扫描范围：±48.95° 地面分辨率：15km	
中分辨率光谱成像仪 （MERSI）		频段范围：0.40～12.5μm 通道数：20 扫描范围：±55.4° 地面分辨率：0.25～1km	海洋水色、气溶胶、水汽总量、云特性、植被、地面特征、表面温度、冰雪等。
微波成像仪 （MWRI）		频段范围：10～89GHz 通道数：10 扫描范围：±55.4° 地面分辨率：15～85km	雨率、云含水量、水汽总量、土壤湿度、海冰、海温、冰雪覆盖等。
地球辐射探测仪 （ERM）		光谱范围：0.2～50μm， 0.2～3.8μm 通道数：窄视场2个，宽视场2个 扫描范围：±50°（窄视场） 灵敏度：$0.4Wm^{-2}\cdot sr^{-1}$	地球辐射
太阳辐射监测仪 （SIM）		光谱范围：0.2～50μm 灵敏度：$0.2Wm^{-2}$	太阳辐射
紫外臭氧垂直探测仪 （SBUS）		光谱范围：0.16～0.4μm 通道数：12 扫描范围：垂直向下 地面分辨率：200km	O_3垂直分布

传感器名称	性能参数	探测目的
紫外臭氧总量探测仪 （TOU）	光谱范围：0.3～0.36μm 通道数：6 扫描范围：±54° 星下点分辨率：50km	O_3总含量
空间环境监测器 （SEM）	测量空间重离子、高能质子、中高能电子、辐射剂量；监测卫星表面电位与单粒子翻转事件等。	卫星故障分析所需空间环境参数

3. Landsat 系列卫星

Landsat 系列卫星是航天遥感的一个里程碑,它属于美国NASA的陆地资源卫星计划,从1972年7月23日以来,共发射了8颗卫星(其中第6颗发射失败)。因Landsat系列卫星的空间分辨率适中,而被广泛用于植被、水体以及城市土地利用等领域的研究和应用。同时其悠久的历史留下了数量巨大的历史图像,成为长时间尺度研究的宝贵数据资源。Landsat系列卫星搭载了多种类型的传感器,其中:

Landsat 1～3搭载的是反束光导管摄像机(RBV)与多光谱扫描仪(MSS);

Landsat 4～5搭载的是多光谱扫描仪(MSS)与专题成像仪(TM);

Landsat 6搭载的是增强专题成像仪(ETM);

Landsat 7搭载的是增强专题成像仪(ETM+);

Landsat 8搭载的是陆地成像仪(OLI)与热红外传感器(TIRS);

目前能使用的只有存档的Landsat 5,Landsat 7数据,以及Landsat 8数据。Landsat系列卫星参数如表1.2.3、表1.2.4所示。

表1.2.3　Landsat 系列卫星参数表

卫星名称	Landsat 1	Landsat 2	Landsat 3	Landsat 4	Landsat 5	Landsat 6	Landsat 7	Landsat 8
发射时间	1972.7.23	1975.1.22	1978.3.5	1982.7.16	1984.3.1	1993.10.5	1999.4.15	2013.2.11
卫星高度 (km)	920	920	920	705	705	发射 失败	705	705
扫幅宽度 (km)	185	185	185	185	185		185 * 170	170 * 180
波段数	4	4	4	7	7		8	11

续表

卫星名称	Landsat 1	Landsat 2	Landsat 3	Landsat 4	Landsat 5	Landsat 6	Landsat 7	Landsat 8
传感器	RBV/MSS	RBV/MSS	RBV/MSS	MSS/TM	MSS/TM		ETM+	OLI/TIRS
分辨率(m)	80	80	80	30/120	30/120	—	30/60/15	30/100/15
周期(天)	18	18	18	16	16		16	16
运行情况	1978退役	1976年失灵，1980年修复，1982退役	1983退役	2001.6.15 TM传感器失效，退役	2013年6月退役		正常运行至今(有条带)	正常运行至今

表1.2.4 Landsat系列卫星传感器参数表

传感器名称	波段(μm)	分辨率(m)	传感器名称	波段(μm)	分辨率(m)
多光谱扫描仪（MSS）	0.50~0.60 0.60~0.70 0.70~0.80 0.80~1.10	79	陆地成像仪（OLI）	0.433~0.453 0.450~0.515 0.525~0.600 0.630~0.680 0.845~0.885 1.560~1.660 2.100~2.300 1.360~1.390	30
专题成像仪（TM）	0.45~0.52 0.52~0.60 0.63~0.69 0.76~0.90 1.55~1.75 2.08~2.35	30		0.500~0.680	15
	10.40~12.50	>120			
增强专题成像仪+（ETM+）	0.45~0.52 0.53~0.61 0.63~0.69 0.78~0.90 1.55~1.75 2.09~2.35	30	热红外传感器（TIRS）	10.6~11.2 11.5~12.5	100
	0.52~0.9	15			
	10.40~12.50	60			

4. SPOT系列卫星

SPOT系列卫星是法国空间研究中心（CNES）研制的地球观测卫星系统。从1986年至今，该系列卫星已经发射了SPOT 1～7号，其卫星参数表如表1.2.5所示。

表1.2.5　SPOT系列卫星参数表

	SPOT 1	SPOT 2	SPOT 3	SPOT 4	SPOT 5	SPOT 6	SPOT 7
发射时间	1986.02.22	1990.01.22	1993.09.26	1998.03.23	2002.05.04	2012.09.09	2014.06.30
轨道高度(km)	822	822	822	822	832	695	694
波段数	3+全色	4+全色	3+全色	4+全色	4+全色	4+全色	4+全色
分辨率(m)	20(10)	20(10)	20(10)	20(10)	2.5/5/10/20	6(1.5)	6(1.5)
周期(天)	26	26	26	26	26	26	26
幅宽(km)	60	60	60	60	60	60	60
运行状况	已失效	已失效	已失效	已失效	正常运行	正常运行	正常运行

SPOT 1～3卫星搭载的传感器是两台HRV（high resolution visible imaging system，高分辨率可见光成像装置），SPOT 4搭载的传感器是两台HRVIR（high resolution visible and middle infrared imaging system，高分辨率可见光及短波红外成像装置）。SPOT 5搭载的传感器是HRG（high resolution geometric instrument，高分辨率几何装置)和HRS（high resolution stereoscopic instrument，高分辨率立体成像装置）。SPOT 5的HRS与HRG工作原理不同，它是双镜头测绘相机，两个镜头可沿轨道方向前后倾摆，摆动范围最大为±20°，因此，通过地面控制可调节两个镜头的视角，获取同轨立体图像，即可获得具有航向重叠的立体图像。SPOT 5卫星上的HRG、HRS成像原理与前几颗卫星上的HRV、HRVIR一样，都属于推扫式传感器。SPOT 6与SPOT 7性能指标相同，搭载了两台新型Astrosat平台光学模块化设备（NAOMI）。这些传感器的参数如表1.2.6所示。

另外，SPOT 4与SPOT 5上还搭载了一台宽视域植被探测仪（VGT），用于观察大区域农业、植被、生态环境等，波段范围为可见光—近红外—中红外，地面分辨率为1000m。

表1.2.6　SPOT系列卫星部分传感器参数表

卫星名称	传感器名称	波段(μm)	空间分辨率(m)
SPOT 1～3	高分辨率可见光成像装置（HRV）	0.51～0.73	10
		0.50～0.59	20
		0.61～0.68	20
		0.79～0.89	20
SPOT 4	高分辨率可见光及短波红外成像装置（HRVIR）	0.49～0.73	10
		0.50～0.59	20
		0.79～0.89	20
		1.58～1.75	20

续表

卫星名称	传感器名称	波段(μm)	空间分辨率(m)
SPOT 4	宽视域植被探测仪（VGT）	0.43～0.47	1150
		0.50～0.59	1150
		0.61～0.68	1150
		0.79～0.89	1150
		1.58～1.78	1150
SPOT 5	高分辨率几何装置（HRG）	0.49～0.69	2.5～5
		0.49～0.61	10
		0.61～0.68	10
		0.78～0.89	10
		1.58～1.78	20
	高分辨率立体成像装置（HRS）	0.49～0.69	10
	宽视域植被探测仪（VGT）	0.43～0.47	1000
		0.61～0.68	1000
		0.78～0.89	1000
		1.58～1.78	1000
SPOT 6~7	新型 Astrosat 平台光学模块化设备（NAOMI）	0.46～0.75	1.5
		0.46～0.53	6
		0.53～0.59	6
		0.63～0.70	6
		0.76～0.89	6

5. IKONOS 卫星

IKONOS 卫星于 1999 年 9 月 24 日发射成功,是世界上第一颗提供高分辨率卫星图像的商业遥感卫星。IKONOS 可采集 1m 分辨率全色和 4m 分辨率多光谱卫星图像。IKONOS 卫星传感器主要特征参数如表 1.2.7 所示。

表1.2.7　IKONOS 卫星传感器主要特征参数

卫星参数项	卫星参数
发射日期	1999.09.24
分辨率(m)	全色：1m；多光谱：4m
波段(μm)	全色波段：0.45～0.90 多光谱波段 波段1(蓝色)：0.45～0.53 波段2(绿色)：0.52～0.61 波段3(红色)：0.64～0.72 波段4(近红外)：0.77～0.88

卫星参数项	卫星参数
制图精度(m)	无地面控制点：水平精度12，垂直精度10 有地面控制点：水平精度2，垂直精度3
量化值(Bit)	11

6. WorldView 系列卫星

WorldView 卫星是目前世界上分辨率最高的商业卫星，已发射了4颗卫星，World-View-1于2007年9月18日发射成功，WorldView-2于2009年10月8日发射成功，WorldView-3于2014年8月13日发射成功，WorldView-4于2016年11月发射成功。WorldView系列卫星主要特征参数如表1.2.8所示。

表1.2.8　WorldView系列卫星主要特征参数

卫星名称	WorldView-1	WorldView-2	WorldView-3	WorldView-4
发射时间	2007.9.18	2009.10.8	2014.8.13	2016.11
波段数	全色	8+全色	16+全色	4+全色
分辨率(m)	0.5	1.85(0.46)	1.24(0.31)	1.24(0.31)

7. Quick Bird 卫星

Quick Bird(快鸟)卫星是目前世界上商业卫星中性能较优的一颗卫星。其全色波段分辨率为0.61m，彩色多光谱分辨率为2.44m，幅宽为16.5km。Quick Bird卫星传感器主要特征参数如表1.2.9所示。

表1.2.9　Quick Bird卫星传感器主要特征参数

卫星参数项	卫星参数	
成像方式	推扫式成像	
传感器	全波段	多光谱
分辨率（m）	0.61	2.44
波段(μm)	0.45～0.9	蓝：0.45～0.520
		绿：0.52～0.6
		红：0.63～0.69
		近红外：0.76～0.9
量化值(Bit)	11	

8. NOAA 系列卫星

NOAA系列卫星为太阳同步极轨卫星，双星运行，同一地区每天可有4次过境机会。自1970年12月至2009年上半年，其共有19颗卫星，经历了5代。目前使用较多的为第五代的NOAA卫星，包括NOAA-15～NOAA-18，NOAA-19卫星因检修失误损毁。

第五代的NOAA系列卫星主要的探测器为AVHRR（Advanced Very High Resolution

Radiometer)。AVHRR称为高级甚高分辨率辐射计,它是五光谱通道的扫描辐射仪,包含了可见光红光、近红外、中红外以及两个热红外波段。它的扫描角为±55.4°,相当于探测地面2800km宽的带状区域。其具体参数如表1.2.10所示。

表1.2.10 NOAA中AVHRR探测器各通道的波长范围及地面分辨率

通道	波长范围 (μm)	波段	分辨率 (km)	作用
AVHRR-1	0.55~0.68	绿—红	1.1	白天图像、植被、冰雪、气候
AVHRR-2	0.725~1.1	近红外	1.1	白天图像、植被、水/路边界、农业估产、土地利用调查
AVHRR-3a	1.58~1.64	近红外	1.1	白天图像、土壤湿度、云雪判识、干旱监测、云相区分
AVHRR-3b	3.55~3.93	中红外	1.1	夜间云图、下垫面高温点、森林火灾、火山活动
AVHRR-4	10.5~11.3	热红外	1.1	昼夜图像、海表和地表温度、土壤湿度

9. RADARSAT系列卫星

RADARSAT系列卫星由加拿大空间署(CSA)研制,用于向商业和科研用户提供卫星雷达遥感数据。它载有功能强大的合成孔径雷达(SAR),可以全天时、全天候成像。RADARSAT系列卫星的应用广泛,包括减灾防灾、雷达干涉、农业、制图、水资源、林业、海洋、海冰和海岸线监测等。

RADARSAT-1卫星携带了C波段的SAR传感器,其具有7种成像模式(精细模式、标准模式、宽模式、宽幅扫描、窄幅扫描、超高入射角、超低入射角),25种不同的波束,这些不同的波束模式具有不同入射角,因而卫星数据具有多种分辨率、多种幅宽。RADARSAT-1卫星已于2013年5月9日失效。

RADARSAT-2卫星是目前世界上最先进的商业卫星之一。它在保留了RADARSAT-1卫星所有成像模式的基础上,还增加了聚集光源(Spot light)模式、超精细模式、四极化(精细、标准)模式、多视精细模式,使得用户在成像模式选择方面更为灵活。相比RADARSAT-1卫星提供的单一HH极化方式,RADARSAT-2卫星能够提供VV、HH、HV、VH等多种极化方式。RADARSAT-2卫星还可根据指令进行左视和右视的切换,使其不仅能够获取立体图像,还缩短了重访周期。RADARSAT-2卫星及传感器的部分参数如表1.2.11所示。

表1.2.11 RADARSAT-2卫星及传感器部分参数

卫星参数项	卫星参数
轨道类型	近极地太阳同步轨道
发射时间	2007.12.14
轨道高度（km）	798
轨道倾角（°）	98.6

续表

卫星参数项	卫星参数
运行周期（min）	100.7
每天绕地球圈数	14.4
降交点地方时	6:00
轨道重复周期（天）	24
工作波段	C
工作频率（GHz）	5.405
极化方式	HH、VV、HV、VH
空间分辨率（m）	1～100(与工作模式有关)
入射角（°）	10～59(与工作模式有关)
带宽（MHz）	100
幅宽（km）	20～500(与工作模式有关)

1.3　遥感成像系统

图像是景物电磁波辐射能空间分布状况的记录。为了实现对辐射能的检测和记录，景物的光谱信息必须经过光学系统成像并呈现在检测器件上，成像系统的传递作用会影响景物的辐射能。为了通过所获得的图像信息来分析研究所反映的景物信息，必须了解从景物辐射能到记录图像之间的传递关系。通常影响传递的有几何和辐射能两个方面的因素。

几何上的关系是大家熟悉的，一般的光学成像系统可以理解为中心投影的透视几何关系，即以光学系统的镜头为投影中心，目标景物和图像平面构成中心投影的光学共轭。

辐射能的传递关系可以理解为成像系统所产生的图像质量的变化，即成像系统不会将从目标地物点上发射的辐射能全部会聚到与图像相对应的点上，通常多少会有些发散，从而导致图像的质量下降，即所谓图像的退化。由于图像处理分析特别注重景物信息的定量性质，因此对辐射能传递关系的理论分析非常必要。几何上的和辐射能上的影响将在以后的章节中讨论。

遥感成像系统概括了从景物到图像之间的所有因素的传递作用。这些因素中除了光学成像系统之外，还包括大气的透明度和波动、卫星运行的状态、检测和记录设备的状态，以及显示装置的特性等。所有这些因素对目标景物辐射能（输入信号）的作用，包括几何的和能量的作用，统称为成像系统，产生的图像（输出信号）是系统的输出。遥感图像构成和处理过程如图1.3.1所示。

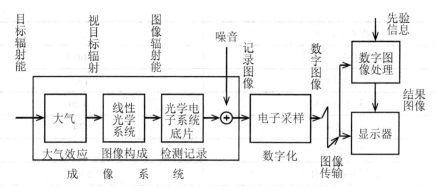

图1.3.1　遥感图像的构成和处理过程

从图1.3.1可以看出，图像构成系统可以看作是连接输入信号和输出信号之间的"黑箱"，我们不必知道系统的组成情况，而用一个算符 L 表示系统对输入信号的作用。在这里，输入信号是景物的辐射能，输出信号是图像的辐射能（即图像的灰度或亮度），它们都是空间坐标的二维函数。

图1.3.2形象地表示了一般线性成像系统的主要特征，为了便于理解而将其绘成一维形式，遥感成像系统一般都属于这种情况。如图1.3.2(b)所示，如果对系统输入一个单脉冲，其输出称为脉冲响应，在光学理论上脉冲响应被称为点扩散函数（Point Spread Function，PSF），它是一个二维点光源的图像。PSF的大小和形状是对系统成像性能的一种度量，通常若PSF的形状较窄，系统以及它产生的图像就较好。如图1.3.2(c)所示，如果输入信号由两个或更多的脉冲组成，而输出信号为各单脉冲产生的输出的总和，则称这样的系统为线性的。进而，如图1.3.2(d)所示，如果输入信号在空间移位，而输出信号也产生相应的移位，但是在PSF上没有任何变化，则称系统是位移不变的。上述情况在数学上可以归纳为以下公式：

系统描述：

$$g(x,y)=L[f(x,y)] \tag{1.3.1}$$

线性描述：

$$g(x,y)=L[f_1(x,y)+f_2(x,y)]$$
$$=L[f_1(x,y)]+L[f_2(x,y)]=g_1(x,y)+g_2(x,y) \tag{1.3.2}$$

线性位移不变系统：

$$g(x-x',y-y')=L[f(x-x',y-y')] \tag{1.3.3}$$

式中：$f(x,y)$ 是景物的辐射能；

$g(x,y)$ 是投向图像平面的辐射能，又称辐照度。

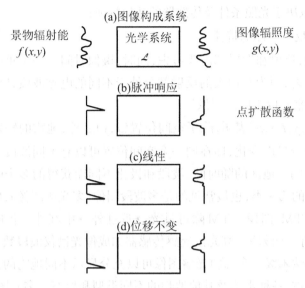

图1.3.2 线性成像系统的特征

1.4 遥感图像模型与函数表达

遥感图像反映连续变化的物理场,图像的获取模仿了视觉原理,所记录图像的显示和分析都需考虑视觉系统的特性。因此,为了能有效地进行图像处理,需要对涉及图像的这些方面作一些数学上的描述,即需要了解图像的数学模型。

遥感图像是指通过检测和度量地物的电磁波辐射能得到的图像,虽然它是多种多样的,而且其所用的电磁波段可以不同,进而记录的辐射能、成像的方式以及摄像系统等也会随之有差异或做不同的选择,但是仍然可以从理论的角度归纳出一个具有普遍意义的模型,即遥感图像的模型可以表示为某一时刻t,对于位于坐标(x,y)上的目标物所收集到的在不同波长λ和不同极化(偏振)方向p上的电磁波辐射能。通常,遥感图像可用下式描述:

$$L(x,y;t,\lambda,p)=[1-\beta(x,y;t,\lambda,p)]\cdot E(\lambda)+\beta(x,y;t,\lambda,p)\cdot I(x,y;t,\lambda) \quad (1.4.1)$$

式中:$\beta(x,y;t,\lambda,p)$为目标的波谱反射率;

$E(\lambda)$是黑体的波谱发射本领;

$I(x,y;t,\lambda)$为目标上的波谱辐照度,即入射的辐射量;

p表示极化(偏振)方向;

λ代表波长;

t为成像时间。

式(1.4.1)右侧加号连接的前后两项分别代表目标发射的波谱辐射量和反射的波谱辐射量。当然除了以上因素外,L还与太阳高度角和探测角度有关,若考虑这些附加因素,可以写出更复杂的遥感图像模型公式。

在可见光和近红外波段,物体自身发射的辐射量可忽略不计,式(1.4.1)可简化为:

$$L(x,y;t,\lambda,p)=\beta(x,y;t,\lambda,p)\cdot I(x,y;t,\lambda) \quad (1.4.2)$$

式中：$I(x,y;t,\lambda)$取决于光照条件及传感器的几何特征；

　　$\beta(x,y;t,\lambda,p)$反映物体的特性。

　　在热红外波段，反射和发射都需要考虑，同时，摄像时间是一个重要因素，夜晚摄取的主要是地物的热发射，因为与白天的反射部分处于不同的电磁波段，因此一般是通过设计不同的传感探测器来获取不同的图像。

　　图像模型$L(x,y;t,\lambda,p)$表明，除了空间位置(x,y)之外，地物的辐射量还随着波长、时间和极化性质三个变量而变化，即在同一个空间位置可以有不同波段、不同时间和不同极化的图像。这种在同一地区的随时间、波段和极化不同而获得的多个图像的组合，称为多元图像。多元图像的第一类，也最常见的是多波段图像（多光谱图像），应用最广泛如Landsat的专题制图仪（TM）图像。TM除可见光→近红外→中红外6个波段外，还有一个热（远）红外波段，共有7个波段。高光谱遥感传感器如成像光谱仪波段数多达几十到几百个，每个波段宽度窄到纳米级。多（高）光谱图像可以充分显示不同地物的光谱特征，更有助于识别岩石、土壤、植被、各种水体及其他地物的不同类型和形态。多元图像的第二类是多时相图像，指在一个特定的波段上，在不同时间内获取的图像，也叫多日相图像，主要用于研究和监测地物或环境因素的动态变化，其中某些变化也可揭示地物的性质。遥感卫星的轨道特征和重复覆盖能力为多时相图像的广泛应用提供了方便。如气象和环境监测要求在较短时间内重复摄像；农业上主要要求在不同农时及农作物不同生长阶段的多时相图像；地质应用主要需要不同季节、不同太阳高度角的代表性图像。热红外遥感常采用白天和夜晚（黎明以前）两次成像。多元图像的第三类是多极化图像，其代表是侧视雷达图像，若发射的雷达波是水平极化波（H），则返回波中既有水平极化也有垂直极化（V），因而可以分别获得两种极化性质的图像，即水平极化（HH）图像和交叉极化（HV）图像。

　　遥感图像记录了式（1.4.1）所描述的具有5个参数的景物灰度。在遥感图像具体的获取过程中，由于一幅图像总是在特定的波段和特定的极化方式上，而且几乎是在同一时刻完成的，因此可将p,λ,t这三个参数作为常数，剩下的坐标参数(x,y)作为基本变量，则式（1.4.1）的五维函数可以简化为二维的形式，即在一定的条件下可以用$f(x,y)$代替函数$L(x,y;t,\lambda,p)$。

　　函数$f(x,y)$实际上代表在二维空间内物体的反射或发射的辐射能量的分布，不是传感器实际记录的图像数据，而传感器实际记录的图像数据总是与地物的"真实图像"有不同程度的差异（例如大气层的影响），也就是说它们之间还存在着一个对应变换关系。设$g(x,y)$表示二维空间的图像函数，则对应的变换关系可表示为：

$$g(x,y)=L\{f(x,y)\} \tag{1.4.3}$$

式中：L代表某种由地物的实际景物到图像之间的变换；

　　$g(x,y)$代表遥感图像处理中真正的图像函数。

　　$g(x,y)$具有以下特点。

　　（1）图像函数的连续性：在前面的分析中可知，坐标(x,y)在像幅内的分布是连续的、无间隔的,同时图像的灰度色调分布也是连续的、无间断的,因此图像函数在几何空间和灰度空间上的记录都是连续的。

(2)函数定义域的限定性:由于每一种遥感传感器都有一定的视域,因而它所获得的图像的大小是有限的,即图像函数只在实际图像范围内有效。函数$g(x,y)$通常被定义在一个矩形范围$R=\{(x,y)\,|\,0\leqslant x\leqslant X_m,0\leqslant y\leqslant Y_m\}$上,坐标$(x,y)$处的$g$值称为该点图像的灰度值$(l)$。

(3)图像函数值的限定性:图像函数$g(x,y)$是非负的,即$0\leqslant f(x,y)<\infty$,实际上图像函数值是有界的,且仅出现在某一范围之中,即$L_{min}\leqslant g(x,y)\leqslant L_{max}$,间隔$[L_{min},L_{max}]$称为灰度区间(动态范围)。实际应用上,通常把这一区间扩充到$[0,L]$。例如,$l=0$被当作黑色,$l=L$被当作白色,所有中间值都是由黑色连续地变为白色时的灰度浓淡等级。

(4)图像函数值物理意义的明确性:遥感图像函数值表示的是地物电磁波辐射的一种量度,其取决于遥感所使用的电磁波工作波段、地物类型以及成像方式等,因而有明确的物理意义。

第2章　遥感图像及其特征

前面介绍了遥感信息的获取过程,本章将进一步介绍遥感图像的性质,包括遥感图像的信息内容、数字化、存储及统计特征。

2.1　遥感图像信息内容

图像处理即对图像信息的加工和提取过程。如果缺乏遥感图像的信息内容、信息量及其相互关系的知识,图像处理工作就会是盲目的。在图像处理、分析和解译过程中,我们需要了解图像中所包含的信息内容,定量地研究其信息量的多少,特别是比较不同类型的图像和同一图像的不同波段,以及不同处理方法所得出的输出图像中信息的种类、多少及强弱等,以便选择最佳的图像产品,提取更多的有用信息。

遥感图像反映的信息内容主要有波谱信息、空间信息和时间信息等,它们是遥感研究的重要内容。

1.波谱信息

遥感图像中每个像元的亮度值代表的是该像元中地物的平均辐射值,它是随地物的成分、纹理、状态、表面特征及所使用电磁波段的不同而变化的,这种随上述因素变化的特征称为地物的波谱特征。应指出的是,图像的亮度值是经过量化了的辐射值,是一种相对的量度。

不同地物之间的亮度值差异(如TM5图像中植被的亮度值大于水体的亮度值)以及同一地物在不同波段上的亮度值差异(如在SPOT图像中植被波段3的亮度值要比波段2的亮度值大)构成了地物的波谱信息。

不同的电磁波段可以反映不同的地物特征。一般来说,可见光波段主要反映的是地物的颜色和亮度差异;近红外波段主要反映的是植被、氧化铁、黏土矿物及其他含OH^-的矿物、碳酸盐和土壤湿度等特征;热红外波段除反映地面辐射温度进而揭示地物的热性质外,还可以区分不同的硅酸盐矿物和岩石;雷达微波反映地面的粗糙程度和地物的介电性质,并揭示一定深度的地下地质特征。

虽然地物是多种多样的,其波谱信息也是复杂多变的,但是对于大多数遥感图像来说,还是有几种地物占统治地位的,这些地物的电磁波辐射水平往往决定着遥感图像的明暗程度,这种决定图像的基本亮度的地物波谱信息被称为一级波谱信息。一般,这种占统治地位的地物主要是植被、岩石土壤和水体,此三类地物在可见光至近红外波段的典型波谱曲线如图2.1.1所示,它们之间的差异在多波段彩色合成遥感图像上最为醒目。一级波谱信息是图像亮度的背景值,有时对于提取专题信息来说是一种干扰,所以在实际图像处理中,了解图像的一级波谱信息是很重要的。

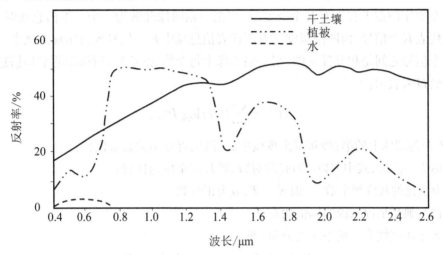

图2.1.1　三大类地物波谱曲线

另外,在遥感图像中,和波谱信息叠加在一起的,还有由于地形起伏而造成的亮度值差异,这种明暗差别一般与波段无关,即这部分信息在不同波段之间有很高的相关性。地形影响的强弱,除了地形的坡度和坡向外,还与成像时的太阳高度角和方位角以及传感器的观察角有关。这种不随波段变化的亮度或辐射强度信息,称为反照率(指的是半球空间内反射通量与入射通量之比)。

虽然不同波段遥感图像的波谱信息内容有很大差异,但仍有很大一部分波谱信息是重叠的。例如,Landsat TM位于可见光至反射红外的六个波段的图像,在不同波段之间往往存在着很大的相关性,一般波段相距越近其相关性也就越大。这表明,两个波段中的信息有相当一部分是重复的和多余的,所以两个波段图像虽然要比一个波段图像包含的信息多一些,但并不是两个波段所包含信息之和。为了减少这种重复,把信息集中在少数几个变量中,就需要对原来的图像数据进行变换,这种处理过程称为波谱变换。在第6章中将要介绍的PCA变换就是一种典型的波谱变换。

遥感图像解译中识别不同地物的一个重要标志就是图像的亮度差异,但有时这种波谱信息的差异很小,很难为人的视觉所感知,所以在遥感数字图像处理中通过一些增强处理来加大这种差别,称为波谱信息增强。

遥感图像的信息量主要取决于两个因素:一是图像的灰度等级或量化等级的数目,一般用记录灰度或亮度的字位数来量度;二是瞬时视场或像元的大小。前者主要影响波谱信息量,而后者主要影响空间信息量。多波段图像的信息量除上述两个因素外还与波段的选择和数目有关。信息的量度可以从两个不同的角度来考虑。一是由数据的传输和存储量出发，信息量相当于数据量；二是由分析和提取有用信息出发，同时尽量减少冗余的或重复的信息。

在通讯理论中，香农（Shannon）在1948年首先提出用熵（Entropy）来表征信息量。熵是和信号值出现的概率相联系的，具体如下：

若在数字图像上存在有 K 个灰度级，当把一幅图像理解为一个二维信息场时，这 K 个灰度级代表 K 个信号，而图像灰度直方图代表信息场中 K 个信号各自出现的概率。此时若假设各个信号之间是相互独立的，则一幅图像上每个像元（信号）所携带的平均信息量可以用一阶熵 H 来表示：

$$H = -\sum_{i=1}^{k} P(i) \log_2 P(i) \tag{2.1.1}$$

式中：$P(i)$ 为图像上的第 i 级灰度出现概率，可以用直方图频数来代替；

H 称为一阶熵，式中取以2为底的对数，则 H 的单位为比特；

K 为量化的灰度级个数，一般 $K=2^b$，b 为正整数。

下面举典型情况来说明熵值的意义。

设 K 个灰度级为等概率密度分布，即：

$$P(i) = 1/K, \qquad i = 1, 2, \cdots, K$$

由式（2.1.1）可知：

$$H_A = -\sum_{i=1}^{k} P(i) \log_2 P(i)$$

$$= -\frac{1}{K} \big[(-b) + (-b) + \cdots + (-b) \big] = b \text{（比特）}$$

上式中的 $-b$ 有 K 项。

而当图像上只有一种灰度 a 出现时，意味着没有任何图像，则：

$$P(i) = \begin{cases} 1, & i = a \\ 0, & i \neq a \end{cases}$$

由式中（2.1.1）可知：

$$H_B = -P(i) \log_2 P(i) = 0$$

以上两种情况说明，没有影响的信号场不提供任何信息，所以熵值为0；而各信号等概率出现的信息场，能提供最多的信息，熵值最大。一般图像具有不均匀的概率密度分布，故其一阶熵值介于 H_A 和 H_B 之间。

前面信息量的计算是基于各信号（像元）之间相互独立基础上的，而实际的图像信号（像元）之间不可能是相互独立的，是存在一定的相关性的，故而采用一阶熵的公式计算的信息量会大于图像的实际信息量，这时可采用高阶熵来表示图像信息量，在此不做具体介绍。在图像处理中，熵值常作为某些图像处理（如数据编码压缩时）的重要参数。

2. 空间信息

遥感图像不仅反映了地物的波谱信息，而且还反映了地物的空间信息和形态特征，一般包括空间频率信息、边缘和线性信息、结构或纹理信息以及几何信息等。空间信息是通过图像像元亮度值在空间上的变化反映出来的。图像中有实际意义的点、线、面或区域的空间位置、长度、面积、距离等量度都属于图像的空间信息。

纹理是遥感图像中最重要的空间信息之一,用它可以辅助图像的识别和分类。图像中的纹理细节可以用放大或其他的处理方法(如图像的卷积处理)使之变得清晰。另外,线性构造和环形构造也是地学遥感中的两种最重要的空间信息。遥感数字图像处理中,增强与提取空间结构信息的处理被称为图像的空间信息增强。

影响遥感图像空间信息的主要因素有成像遥感器的空间分辨率、图像投影性质、比例尺、几何畸变等。

(1)空间分辨率。遥感图像的空间分辨率是指图像分辨具有不同反差并相距一定距离的相邻目标的能力。图像的空间分辨率越高,图像的纹理细节越清晰,空间结构信息越丰富;反之,图像的纹理细节越模糊,且空间结构信息越少。

①图像分辨率。指用显微镜观察图像时,1mm宽度内所能分辨出的相间排列的黑白线对数(线对/毫米)。它受光学系统分辨率、感光材料分辨率、图像比例尺、相邻地物间的反差等因素的综合影响。

②地面分辨率。指遥感图像上能分辨的两个地物间的最小距离。扫描图像常用遥感器探测单元的临时大小来表示,如Landsat TM图像的地面分辨率为28.5m。

(2)图像比例尺。指图像上某一线段的长度与地面上相应的水平距离的比值。由遥感器光学系统的焦距f与遥感平台的高度H之比来确定,即$1/m = f/H$。由于遥感图像一般为中心投影或多中心投影,它不同于地图投影(正射投影),图像比例尺受到地形起伏及地物在像幅中位置的影响,会存在各处不一致的现象。

(3)投影性质与图像几何畸变。遥感图像是经光学系统聚焦成像,透镜的成像规律和遥感器的成像方式决定了遥感图像的投影性质。不同的投影性质会产生不同性质的图像几何畸变。

①中心投影。如图2.1.2所示,地面上各地物点的投影光线Aa、Bb、Cc都经过一个固定点S,投射到投影面P_1、P_2上形成透视图像,称为中心投影,S称为投影中心。帧幅投影像片即为地面中心投影。当投影中心位于投影面与地物之间时,投影面P_1上的透视图像称为负像,P_1称为负片(底片);在投影中心与地物之间的投影面P_2上的图像称为正像,P_2称为正片(像片)。航空投影机主光轴与像平面的交点称为像主点;过图像中心的铅垂线与像平面的交点称为像底点。

②一维中心投影。缝隙式摄影的图像若在沿缝隙方向,属中心投影,当地面平坦且投影面水平时,图像比例为f/H。但在航行方向,比例关系则由卷片速度v'与航速V之比来确定,因此图像的纵向和横向比例尺通常不一致。现在常用的高分辨率CCD推扫式扫描仪的一条扫描线相当于一条缝隙,成像的几何关系与缝隙式摄影机的情况相同。全景摄影图像在扫描角变动时也属于一维中心投影,会产生全景畸变。

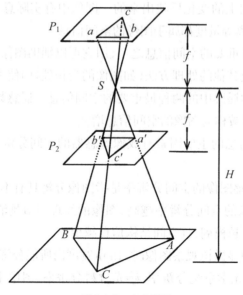

图2.1.2　中心投影

③多中心投影。光机扫描图像为逐点行式扫描成像,每个像点都有各自的投影中心,因此这种点扫描方式得到的图像是一个多中心投影方式。由于传感器旋转镜旁向扫描的速度极快,同一条扫描线上各像元点成像时间相差很小,可以近似地认为每一扫描行有一个投影中心,用同一个共线方程。

④旋转斜距投影。图2.1.3所示为侧视雷达对平坦地面成像时的几何关系,Sab 为图像面,ab 是阴极射线管屏幕上光点掠过的轨迹,光点出现的时间取决于雷达发出微波到接收到回波间的时间间隔,由于微波传播速度 C 是固定的,所以雷达图像实际为斜距投影,投影性质为旋转斜距投影。

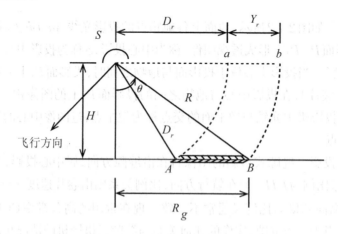

图2.1.3　旋转斜距投影

3.时间信息

遥感图像是成像瞬间地物电磁波辐射信息的记录,图像的时间信息指的是不同时相遥感图像的光谱信息与空间信息的差异。由于许多地物都具有时相变化，一是自然变化过程，即其发生、发展和演化的过程；二是节律，即事物的发展在时间序列上表现出某种周期性重复的规律，亦即地物的波谱信息和空间信息随时间的变化而变化。所以，在遥感数字图像处理中，必须考虑研究对象所处的时态，要充分利用多时相图像，不能以一个瞬时信息来包罗它的整个发展过程。遥感图像的时间信息不仅与遥感器的时间分辨率有关，还与成像季节有关。

一些遥感专题应用，如各种灾害的动态监测及作物生长状况研究，都需要掌握地物随"时"和"空"两个因素的变化情况，此时遥感图像中的时间信息就成了一种重要的专题信息。

遥感图像中的时间信息在目视解译时，是通过不同时相图像的对比分析来辨别的。在遥感数字图像处理中，一些处理方法（如不同时相图像的比值或差值处理）能够有效地增强和提取多时相图像中的时间信息，增强和提取遥感图像中的时间信息的处理称为时间信息增强。

卫星对地物重复观测的周期越短、频率越高，对地物波谱信息随时间变化的特征了解得就越多，因此，时间分辨率是衡量时间信息丰富程度的一种量度。

2.2　遥感图像数字表达

遥感是对地物电磁波信息的记录，事实上，不论使用任何成像手段，地物以及图像平面上的辐射能量本身在空间上总是连续变化的。图像的感测、记录及显示可以采用两种不同的系统。一种是摄像技术使用的光化学系统，它用摄影胶片同时起到感测和记录的作用，胶片以其固有的反应特性把感测到的辐射能量与银粒子的光学密度联系起来；另一种是电子光学系统，如光学—机械扫描系统和CCD推刷式扫描阵列，它对图像的感测和记录是两个分开的步骤，检测器感测的辐射能量强弱变化首先转变为连续变化的电信号（光电转换），再通过模数转换，把这些信号数字值记录在数据存储介质上。以上这些方式所产生的图像都是由光学密度或亮度的连续变化所构成的模拟图像（也可称为连续图像或视频图像），是遥感图像光学或数字处理的对象。

遥感图像的连续性还表现在取值上，如在空间上任意一点(x,y)的函数值$g(x,y)$从理论上说可以是灰度范围(L_{min}, L_{max})中的任意值，即有无穷多个可能的值。然而图像的这种描述方式不能为数字计算机所接受。因为计算机是进行数字或逻辑运算的工具，只允许一个个地接受并处理其事先约定的有限个数字符或码字。因此，在图像处理之前，要设法将连续图像函数变成一组能代表它的数字，这一变换过程称为图像数字化，所得到的图像称为数字图像。

若要把一幅连续图像数字化为数字图像，通常包括两方面的内容：一是按一定的空间网格对连续图像进行空间坐标的数字化，即把连续图像空间划分成一个个网格，并对各个网格内的辐射值进行测量，这一过程称为采样；二是对采样点的辐射值进行数字化，即对辐射值进行量化编码处理，这一过程称为量化。

采样和量化过程有均匀和非均匀两种。均匀过程的数字化是在采样和量化时，不考虑图像灰度分布的具体情况和图像灰度的灰级分布范围有何变化，而采取等间隔的采样和量化过程。非均匀过程的数字化是指非均匀的采样和量化，它的方案取决于图像上灰度分布和灰度范围的分布特性。一般情况下，在灰度变化比较剧烈的区域（或细节较多的区域），应该采用较密集的采样方式，目的是能够精确地表示这一部分图像的灰度变化，此时量化可以不必过细，因为人眼对于急剧变化的灰度的辨认能力较强；而对于灰度变化比较平缓的区域（或细节较少的区域），则可以采用比较稀疏的采样方式，但此时需进行较细密的量化，否则不仅无法辨认灰度的细微变化，且由于较大的取整误差，可能形成虚假的细节。

应当指出，在采样时，对于同样的采样数，若采用不同的方法，可以获得大不相同的图像再现质量。然而在实现过程中，由于非均匀采样要比均匀采样复杂得多，它必须根据具体的图像，人为或者自适应地改变采样间距，并记录改变的位置，且在进行图像处理时，必须考虑采样间隔不同的影响，因而，对遥感图像的采样往往采用均匀采样方法，以便于统一处理和易于定位。

1.采样

由一个连续函数按照一定的方案获取离散的数据，叫作采样，所取的离散点叫作采样点。显然，一幅连续图像包含无限多的点，而数字图像只能是由数目有限的采样点组成。至于采样点的数目和间距的大小，则主要取决于成像、数字化及记录系统的性质。把一幅连续图像划分成一个个像元点阵的方法有：正方形点阵法、正三角形点阵法、正六角形点阵法等（如图 2.2.1）。在遥感图像的数字化过程中主要采用正方形点阵法。

一个采样点的几何意义是双重的。相对于坐标系统以及在运算过程中，其空间位置 (x,y) 代表一个没有大小的点，但是作为构成图像的一个最小单位来看，它是有面积的，一般代表一个在 (x,y) 点周围的矩形或正方形，其长度和宽度与在 x 和 y 轴方向上的间距相同，因而又常称为像元（像素）。

采样点的函数值称像元值（或亮度值或灰度值等），对遥感图像来说，相当于 (x,y) 点周围某个小范围内的平均辐射值。这个小范围一般相当于传感器的瞬时视场，不一定直接等同于像元所代表的面积和范围。

遥感图像的采样过程，实际上就是对连续图像 $g(x,y)$ 在 x,y 方向上分别以 Δx 和 Δy 为采样间隔对遥感图像的离散化过程，其结果是获得了遥感图像的数字表示形式，即一个二维的数字矩阵：

$$\begin{bmatrix} g_{0,0} & g_{0,1} & \cdots & g_{0,n-1} \\ g_{1,0} & g_{1,1} & \cdots & g_{1,n-1} \\ \vdots & \vdots & \vdots & \vdots \\ g_{m-1,0} & g_{m-1,1} & \cdots & g_{m-1,n-1} \end{bmatrix} \qquad (2.2.1)$$

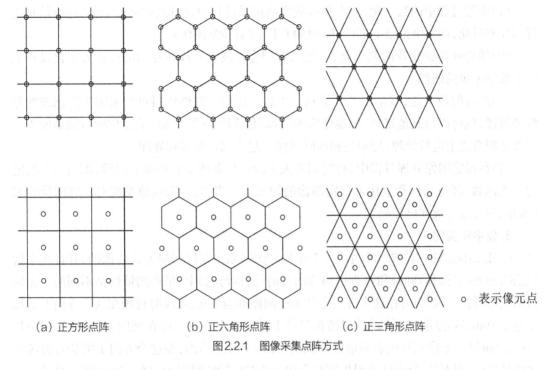

○　表示像元点

（a）正方形点阵　　　　（b）正六角形点阵　　　　（c）正三角形点阵

图2.2.1　图像采集点阵方式

采样不可避免地会造成原图像信息的一些损失，主要是由于在采样间隔内的平均过程不仅会产生相邻地物波谱信息的失真，而且还会造成高频信息的损失。同时，在采样过程中也可能会引入新的噪声。一般来说，采样的间隔越小，信息的损失越少，但采样间隔越小，图像数据量也就越大，这必然要影响遥感数字图像处理的速度。

2. 量化

量化就是把采样过程中获得的像元平均辐射亮度值，按照一定的编码规则划分为若干等级，即把采样所得的像元平均辐射亮度值（模拟量表示的幅度）按一定方式离散化。经过量化编码后，数字图像的灰度值不再是像元的平均辐射值，而是像元平均辐射值所在的编码区间的级数。

量化使采样后的亮度值 $f(i,j)(i=0,1,\cdots,m-1;j=0,1,\cdots,n-1)$ 被分为 K 级，则 K 级的范围是 $0,1,2,\cdots,K-1$，为了处理上的方便，K 常常取为2的正整数次幂，即：

$$K=2^b \tag{2.2.2}$$

式(2.2.2)中，b 实际是字长，即字位数，一般取 $b=8$，即 $K=256$ 是比较理想的，这是由于一方面占用的字位不算太多，正好相当于一个字节；另一方面也能充分显示出不同地物辐射值的差异。当然灰度等级越多，对地物辐射波谱描述得越精确，但灰度等级的增加又会影响到图像的数据量，进而影响遥感图像数据的传输、存储，使遥感图像数字处理复杂化，且对遥感传感器的敏感度要求较高，成本代价提高。随着遥感技术的飞速发展，高分辨率卫星的传感器基本已用11—12位量化数据记录。

在图像处理中使用的数字图像有多种来源，其数字化的方式和过程也不尽相同，主要有四种情况：

（1）摄像过程中的数字化，即在扫描成像或记录过程中，把传感器感测到的连续信号进行采样和量化，用数字记录下来（例如SPOT卫星的HRV图像）。

（2）像片或摄影胶片的数字化，即把已有的像片或胶片放在专用的扫描数字化设备上产生数字记录的图像。

（3）图件的数字化，就是由图件资料产生数字图像。图件资料可能来源于遥感图像分析和解译，也可以是其他资料，如地球物理、地球化学图件等。图件数字化的目的是便于在图像处理系统上进行处理，特别是和遥感图像一起作综合分析和处理。

（4）在遥感图像处理过程中，有时需要人为地产生和使用某种函数图像，即由一个给定的二维函数，经过采样和量化来确定图像的像元值。当然，一般遥感系统对遥感图像的采样间隔和灰度等级都已经确定。

3. 数字化实例

（1）Landsat MSS的图像数字化。Landsat MSS系统是以扫描方式成像的，并且在平行扫描线的方向（简称列向）和垂直扫描线的方向（简称行向）上，采样的情形是不同的。相邻扫描线（即行）间隔79m，在这个方向上的采样间距亦为79m，而瞬时视场在这个方向上的长度也是79m，这说明两行的瞬时视场在设计上是没有重叠的。而在列向上，采样的间距是57m，因而每一个像元所代表的地面面积是57m×79m。然而，在这个方向上的瞬时视场宽度也是79m，而不是57m，这说明相邻两个像元所对应的瞬时视场应有22m的侧向重叠。

实际上，在扫描过程中，79m×79m的瞬时视场是连续移动的，因而瞬时视场中地物所反射的辐射量也随着扫描而连续变化。这个连续变化的量为卫星上的探测器所接收并转化为连续变化的电信号。要把这个模拟变量变为数字记录，首先要对它进行采样，采样的时间间隔为9.95×10^{-3}秒，对应的瞬时视场横向移动距离为57m。在采样的基础上，还要对数据进行量化。在MSS系统中，根据不同波段的特点及数据记录和传输的能力，有些波段采取均匀量化方式，有些波段采用非均匀量化方式，把辐射值量化为64个等级（6个字位）。非均匀方式也叫压缩方式，相当于对数变换，其效果是压缩了辐射量较高的部分，相对扩展了辐射量较低的部分，并提高了信噪比。均匀方式是直接的A/D转换。

经数字化以后的图像数据传送到地面站及处理中心并记录在高密度数字磁带上，然后再转制成CCT。

（2）Landsat TM的图像数字化。Landsat TM系统也是扫描方式成像的。在卫星运动过程中，TM扫描镜沿着垂直于地面轨迹的方向，以每秒7次的速率向前和向后（即先向右后向左）扫描，每扫描一次，在1~5和7通道产生16条数据行，即收集到16行景物辐射能量，对于6通道来说则形成4条数据行，即收到4行景物的辐射能量。这些能量值通过R、C望远镜系统映入主焦平面。扫描行校正器的功能就是把向前扫描和向后回扫形成的扫幅一幅一幅地连接起来。在主焦平面上，波段1~4每个通道由16个元件组成的探测器阵列，将接收到的景物能量转换为低电频的电信号，进行放大后再转换为8比特字节的数字信号，此即最原始的图像数字信号。然后经过多路转换器转换为84.9Mbps的数据流，输出、传送到地面。同样，映入辐射冷却室内冷却平面探测器阵列的波段5、7和6的景物能量，经转换、放大、再转换等过程,最后也转换为84.9Mbps的数据流输出,一起向地面站传送。

(3)摄影像片的数字化。记录在摄影胶片上的图像(不一定是在光学摄影波段摄取的像片)在专用设备上进行数字化时,通常是使用胶片,即透明正片,再用一束强度固定的光束扫描。由于胶片在不同部位的光学密度和透射率不同,因而透射过去的光的强度就有差异。透射光用光电倍增管进行度量,通过采样和量化而成为一连串的数字,并存储成为数字图像。高精度的扫描设备扫描黑白图像产生高分辨率单波段数字图像,扫描彩色胶片生成红、绿、蓝三个通道的高分辨率数字图像。扫描线宽度取决于检测器的光学孔径或瞬时视场,其大小相当于采样的间距,通常以微米计,一张23cm×23cm的航空像片,若取50μm为采样间距,则形成的数字图像有4600×4600=2116万(个)像元。

2.3　遥感图像存储

为了方便用户使用遥感数据,建立一种通用的存储格式是必不可少的。遥感图像是以数字图像形式记录在存储介质上的,除了存储遥感图像数据外,还有与遥感图像成像条件有关的其他数据,如成像时间、光照条件等。

1.遥感数字图像级别

在遥感图像的生产过程中,需要根据用户的需求对原始图像数据进行不同的处理,从而构成了不同级别的数据产品。一般遥感图像数据级别划分如下:

0级产品:未经过任何校正的原始图像数据;

1级产品:经过了初步辐射校正的图像数据;

2级产品:经过了系统级的几何校正,即根据卫星的轨道和姿态等参数以及地面系统中的有关参数对原始数据进行几何校正。产品的几何精度由上述参数和处理模型决定;

3级产品:经过了几何精校正,即利用地面控制点对图像进行了校正,使之具有了更精确的地理坐标信息。产品的几何精度要求在亚像素量级上。

其中0~2级产品由图像发布部门生产。3级产品可由图像发布部门按照精度要求生产,但大多由用户自己来处理。

对于一般的应用来说,2级产品已能够满足用户的需要。对于几何精度要求较高的应用,则必须使用几何精校正后的3级产品。

有些遥感图像的产品级别可能会与此不同,实际应用时要向图像发布机构进行咨询。

2.元数据

元数据(meta data)是关于图像数据特征的描述,是关于数据的数据。元数据描述了与图像获取有关的参数和获取后所进行的处理。例如,Landsat、SPOT等图像的元数据中包括了图像获取的日期和时间、投影参数、几何校正精度、图像分辨率、辐射校正参数等。

元数据是重要的信息源,没有元数据,会影响图像的使用价值。例如,对于变化探测工作,不知道图像的日期就无法进行变化分析。有很多机构进行文档的标准化工作,建立元数据,以便进一步简化用户的处理过程。

元数据与图像数据同时发布,或者嵌入到图像文件中,或者是单独的文件。在某些传感器的图像发布中,元数据又称为头文件(例如,早期的Landsat5的TM图像的头文件header.dat)。元数据文件多为文本格式,部分为二进制格式或随机文件格式。

3.遥感图像存储模式

数字图像数据一般存储为二进制格式的文件。遥感图像往往有多个波段,且有多种存储模式,但常用的存储模式有3种,即BSQ、BIL和BIP。

(1)BSQ模式。BSQ(band sequential)是按波段顺序依次排列的数据存储模式。即先按照波段顺序分块排列,在每个波段块内,再按照行列顺序排列(见表2.3.1)。同一波段的像素保存在一个块中,这保证了像素空间位置的连续性。

设图像数据为N列,M行,K个波段。

BSQ模式数据排列遵循以下规律:第一波段为第一块,第二波段为第二块,…,第K波段为第K块。每个波段块中,像素按行列顺序存储。

表2.3.1　BSQ模式数据排列表

B_1	(1,1)	(1,2)	(1,3)	(1,4)	⋯	(1,N)
	(2,1)	(2,2)	(2,3)	(2,4)	⋯	(2,N)
	⋮	⋮	⋮	⋮		⋮
	(M,1)	(M,2)	(M,3)	(M,4)	⋯	(M,N)
B_2	(1,1)	(1,2)	(1,3)	(1,4)	⋯	(1,N)
	(2,1)	(2,2)	(2,3)	(2,4)	⋯	(2,N)
	⋮	⋮	⋮	⋮		⋮
	(M,1)	(M,2)	(M,3)	(M,4)	⋯	(M,N)
	⋮	⋮	⋮	⋮		⋮
B_K	(1,1)	(1,2)	(1,3)	(1,4)	⋯	(1,N)
	(2,1)	(2,2)	(2,3)	(2,4)	⋯	(2,N)
	⋮	⋮	⋮	⋮		⋮
	(M,1)	(M,2)	(M,3)	(M,4)	⋯	(M,N)

(2)BIL模式。BIL(band interleaved by line)模式是按照行顺序排列像素,同一行不同波段数据保存在一个数据块中,像素的空间位置在列的方向上是连续的。

BIL模式数据排列遵循以下规律:第一波段第一行,第二波段第一行,…,第一波段第M行,…,第K波段第M行(见表2.3.2)。

表2.3.2 BIL格式数据排列表

Line-1	B_1	(1,1)	(1,2)	(1,3)	(1,4)	⋯	(1,N)
	B_2	(1,1)	(1,2)	(1,3)	(1,4)	⋯	(1,N)
	⋮	⋮	⋮	⋮	⋮		⋮
	B_K	(1,1)	(1,2)	(1,3)	(1,4)	⋯	(1,N)
Line-2	B_1	(2,1)	(2,2)	(2,3)	(2,4)	⋯	(2,N)
	B_2	(2,1)	(2,2)	(2,3)	(2,4)		(2,N)
	⋮	⋮	⋮	⋮	⋮		⋮
	B_K	(2,1)	(2,2)	(2,3)	(2,4)	⋯	(2,N)
Line-M	B_1	(M,1)	(M,2)	(M,3)	(M,4)		(M,N)
	B_2	(M,1)	(M,2)	(M,3)	(M,4)	⋯	(M,N)
	⋮	⋮	⋮	⋮	⋮		⋮
	B_K	(M,1)	(M,2)	(M,3)	(M,4)	⋯	(M,N)

（3）BIP模式。BIP（band interleaved by pixel）模式是以像素为核心，打破了像素空间位置的连续性，保持行的顺序不变，在列的方向上按列分块，每个块内为当前像素不同波段的像素值。

BIP模式数据排序遵循以下规律：第一波段第一行第一个像素，第二波段第一行第一个像素，以此类推（表2.3.3）。

表2.3.3 BIP格式数据排列表

列 行	第一列				第二列					第N列
	B_1	B_2	⋯	B_K	B_1	B_2	⋯	B_K		⋯
第一行	(1,1)	(1,1)	⋯	(1,1)	(1,2)	(1,2)	⋯	(1,2)		⋯
第二行	(2,1)	(2,1)	⋯	(2,1)	(2,2)	(2,2)	⋯	(2,2)	⋮	⋯
⋮	⋮	⋮	⋮	⋮	⋮	⋮	⋮	⋮		⋮
第M行	(M,1)	(M,1)	⋯	(M,1)	(M,2)	(M,2)	⋯	(M,2)		⋯

4.遥感图像常用存储格式

需要指出的是，虽然BIL模式和BIP模式有一定的优点，例如，在涉及多波段的图像处理时只要顺序读取图像即可，不需要随机读取图像，因此速度快，而且对内存要求低；但缺点也十分明显，例如，在处理单波段图像时，存在频繁随机读取图像的问题，速度就会受影响。随着计算内存的不断增大，运算能力不断提高，目前实际使用的图像存储模式基本都是便于整波段操作的BSQ模式。下面介绍几种常用的基于BSQ模式的存储格式。

（1）Landsat5数据格式。Landsat5的TM数据具有比较好的数据质量，卫星服役时间长，提供的图像数据多，应用较广。下面是该传感器图像数据的基本格式。

TM图像数据包括7个波段,每个波段的数据各自独立保存在一个二进制文件中。由于是按照8位进行量化的,数据类型为无符号字符型(8bit即1byte),假设图像一个波段有N列和M行,则文件的大小为:N×M字节。

下面是典型的Landsat 5的数据目录列表,Band x.dat是单波段图像数据文件,x为波段的编号,header.dat是头文件,给出了该图像数据的成像日期、太阳高度角、行列数等信息。

band1.dat　38 161 KB

band2.dat　38 16l KB

band3.dat　38 161 KB

band4.dat　38 161 KB

band5.dat　38 161 KB

band6.dat　38 161 KB

band7.dat　38 161 KB

header.dat　2 KB

(2)HDF数据格式。HDF(hierarchy data format)是美国伊利诺伊大学的国家超级计算应用中心(national central for supercomputing applications,NCSA)于1987年研制开发的一种软件和函数库,主要用来存储由不同计算机平台产生的各种类型的科学数据,适用于多种计算机平台,易于扩展。它的主要目的是帮助NCSA的科学家在不同计算机平台上实现数据共享和互操作。HDF数据结构综合管理二维、三维、矢量、属性、文本等多种信息,能够帮助人们摆脱不同数据格式之间繁琐的相互转换,从而能将更多的时间和精力用于数据分析。HDF能够存储不同种类的科学数据,包括图像、多维数组、指针及文本数据。HDF格式还提供命令方式,分析现存HDF文件的结构,并即时显示图像内容。科学家可以用这种标准数据格式快速熟悉文件结构,并能立即着手对数据文件进行管理和分析。

1993年美国国家航空航天局(NASA)把HDF格式作为存储和发布EOS(earth observation system)数据的标准格式。在HDF标准基础上,开发了另一种HDF格式即HDF—EOS,专门用于处理EOS产品,使用标准HDF数据类型定义了点、条带、栅格3种特殊数据类型,并引入了元数据。

HDF文件通常将相关的数据作为数据对象分为一组,这些数据对象组称为数据集。例如,一套8位的图像数据集一般有3个数据对象,一组对象用来描述这个数据集的成员,即有哪些数据对象;一组对象是图像数据;另一组对象则用来描述图像的尺度大小。这三个数据对象都有各自的数据描述符和数据元素。一个数据对象可以同时属于多个数据集,例如,包含在一个栅格图像中的调色板对象,如果它的标识号和参照值也同时包含在另一个数据集的描述符中,则可以被另一个栅格图像调用。

一个HDF文件包括一个文件头(file header)、一个或多个描述块(data descriptor block)、若干个数据对象(data object)。更详细的内容请参考http://hdf.ncsa.uiuc.edu。

HDF文件格式的优势在于:①独立于操作平台的可移植性;②超文本;③自我描述性;④可扩展性。

由于 HDF 的诸多优点,这种格式已经被广泛作为国外多种卫星传感器的标准数据格式,包括 Landsat7 ETM＋、Aster、MODIS、MISR 等,现在流行的遥感图像处理系统也支持这种数据格式的遥感图像数据。在图像数据库多源数据管理中,HDF 格式发挥了很好的作用,例如,利用 HDF 数据结构建立远程图像工程,并与数据库进行交互;远程图像解译和统计分析;图像运算、信息挖掘和图像分类;综合处理图像、矢量和高程数据、三维显示等。

(3)TIFF 数据格式。TIFF 是"Tag Image File Format"的缩写,是由 Aldus 公司与微软公司共同开发设计的图像文件格式。

TIFF 图像文件主要由三部分组成:文件头、标识信息区和图像数据区。文件规定只有一个文件头,且一定要位于文件前端。文件头有一个标志参数指出标识信息区在文件中的存储地址,标识信息区内有多组标识信息,每组标识信息长度固定为 12 个字节。前 8 个字节分别代表标识信息的代号(2 字节)、数据类型(2 字节)、数据量(4 字节)。最后 4 个字节则存储数据值或标志参数。文件有时还存放一些标识信息区容纳不下的数据(例如调色板数据)。

由于应用了标志的功能,TIFF 图像文件才能够实现多幅图像的存储。若文件内只存储一幅图像,则将标识信息区内容置 0,表示文件内无其他标识信息区。若文件内存放多幅图像,则在第一个标识信息区末端的标志参数,将是一个非 0 的长整数,表示下一个标识信息区在文件中的地址,只有最后一个标识信息区的末端才会出现值为 0 的长整数,表示图像文件内不再有其他的标识信息区和图像数据区。

TIFF 文件有如下特点:

① 可以存储多幅图像;

② 文件内数据区没有固定的排列顺序,只规定文件头必须在文件前端,对于标识信息区和图像数据区在文件中可以随意存放;

③ 可制定私人用的标识信息;

④ 除了一般图像处理常用的 RGB 模式之外,TIFF 图像文件还能够接受 CMYK 等多种不同的图像模式,TIFF 支持多 bit 图像,支持每样本点 1—8 位、24 位、32 位(CMYK 模式)或 48 位(RGB 模式);

⑤ 可存储多份调色板数据;

⑥ 能提供多种不同的压缩数据的方法;

⑦ 图像数据可分割成几个部分分别存储。

(4)GeoTIFF 数据格式。随着地理信息系统的广泛应用和遥感技术的日渐成熟,遥感图像数据的获取正在向多传感器、多分辨率、多波段和多时相方向发展,这就迫切需要一种标准的带有地理标记的遥感数字图像格式,GeoTIFF(geographically registered tagged image file format)格式应运而生。由于 Aldus—Adobe 公司的 TIFF 格式具有独立性和扩展性等特点,使其成为当今应用最广泛的栅格图像格式之一。GeoTIFF 利用了 TIFF 的可扩展性,在其基础上添加了一系列标志地理信息的标签(Tag),来描述卫星成像系统、航空摄影、地理信息和 DEM(数字高程模型)等。一个 GeoTIFF 文件其实也就是一个 TIFF6.0 文件,所以其结构上严格符合 TIFF 的要求。所有的 GeoTIFF 特有的信息都编码在 TIFF 的一些预留标签中，它没有自己的 IFD（图像文件目录）、二进制结构以及其它一些对 TIFF 来说不可见的信息。

GeoTIFF 设计使得标准的地理坐标系定义可以随意存储为单一的注册标签。GeoTIFF 也支持非标准坐标系的描述，为了在不同的坐标系间转换，可以通过使用 3~4 个另设的 TIFF 标签来实现。然而，为了在各种不同的客户端和 GeoTIFF 提供者之间正确交换，最好建立一个通用的系统来描述地图投影。

GeoTIFF 目前支持 3 种坐标空间：栅格空间（raster space）、设备空间（device space）和模型空间（model space）。栅格空间和设备空间是 TIFF 格式定义的，它们实现了图像的设备无关性及其在栅格空间内的定位。为了支持图像和 DEM 数据的存储，GeoTIFF 又将栅格空间细分为描述"面像素"和"点像素"的两类坐标系统。设备空间通常在数据输入/输出时发挥作用，与 GeoTIFF 的解析无关。GeoTIFF 增加了一个模型坐标空间，准确实现了对地理坐标的描述，可根据不同需要选用地理坐标系、地心坐标系、投影坐标系和垂直坐标系（涉及高度或深度时）。

GeoTIFF 描述地理信息条理清晰、结构严谨，而且容易实现与其他遥感图像格式的转换，因此，GeoTIFF 图像格式的应用十分广泛，绝大多数遥感和 GIS 系统都支持读写 GeoTIFF 格式的图像，比如 ArcGIS，ERDAS IMAGINE 以及 ENVI 等。在图像处理过程中，将经过几何校正的图像保存为 GeoTIFF，可以方便地在 GIS 软件中打开，并与已有的矢量图进行叠加显示分析。

2.4　遥感图像统计特征

由于遥感图像的成像过程受到多方面随机变化因素的影响（包括成像过程的随机因素和成像对象的复杂多变），导致其亮度值的大小是随机变化且具有统计性质的，所以遥感图像数据在很大程度上是一种随机变量。又由于遥感图像作为一个整体，反映的是自然对象的电磁波辐射能量情况，因而具有总体的信息特征。综上所述，统计分析手段必将是图像分析处理的基本方法。

1. 图像的基本统计量

设数字图像为 $f(i,j)$，大小为 $M \times N$，则基本统计量如下：

（1）图像均值。均值指的是一幅图像中所有像元灰度值的算术平均值，它反映的是图像中地物的平均反射强度，大小由一级波谱信息决定。具体算式为：

$$\bar{f} = \frac{\sum_{i=0}^{M-1} \sum_{j=0}^{N-1} f(i,j)}{MN} \tag{2.4.1}$$

式中：$\bar{f}$ 是均值。

（2）图像中值。指图像所有灰度级中处于中间的值，当灰度级数为偶数时，则取中间两灰度值的平均值。由于一般遥感图像的灰度级都是连续变化的，因而中间值可通过最大灰度值和最小灰度值获得：

$$f_{\text{med}} = \frac{f_{\max} + f_{\min}}{2} \tag{2.4.2}$$

式中：f_{med}是中值；

$f_{\max}$和$f_{\min}$分别是图像的最大和最小灰度值。

（3）图像众数。众数是图像中频数最大的灰度值，它是一幅图像中分布较广的地物类型反射能量的反映。

（4）图像方差。方差反映各像元灰度值与图像平均灰度值的总的离散程度。它是衡量一幅图像信息量大小的重要度量，是图像统计分析中的最重要的统计量。具体计算公式如下：

$$S^2 = \frac{\sum_{i=0}^{M-1}\sum_{j=0}^{N-1}\left[f(i,j) - \bar{f}\right]^2}{MN} \tag{2.4.3}$$

式中：S^2，S分别是方差和标准差。

（5）图像变差。变差是图像最大灰度值和最小灰度值的差值，变差反映了图像灰度值的变化程度，从而间接地反映了图像的信息量。具体计算公式如下：

$$f_{\text{range}} = f_{\max} - f_{\min} \tag{2.4.4}$$

式中：f_{range}是变差；

$f_{\max}$和$f_{\min}$分别是图像的最大和最小灰度值。

（6）图像反差。反差可以反映图像的显示效果和可分辨性，有时又称为对比度。反差可以通过如下三种形式来定义：

$$C_1 = f_{\max}/f_{\min} \tag{2.4.5}$$

$$C_2 = f_{\text{range}} \tag{2.4.6}$$

$$C_3 = S \tag{2.4.7}$$

上述三种形式的反差定义中，C_3最合理，其他两种定义受极端情况的影响较大。

2. 图像的直方图特征

（1）图像的直方图。直方图是指图像中所有灰度值的概率分布。对于数字图像来说，实际就是图像灰度值的概率密度函数的离散化图形。数字图像直方图的横坐标表示图像的灰度级变化，纵坐标表示图像中各个灰度级像元数占整幅图像像元数的百分比。

由于遥感图像数据的随机性，在图像像元数足够多且地物类型差异不是非常悬殊的情况下，遥感图像数据与自然界的其他现象一样，服从或接近于服从正态分布，即：

$$f(x) = \frac{1}{\sqrt{2\pi}\sigma}\exp\left(-\frac{(x-\mu)^2}{2\sigma^2}\right) \tag{2.4.8}$$

式中：σ是标准差，μ为均值。

（2）直方图的描述量。实际情况是遥感图像数据并不能完全服从正态分布，即遥感图像直方图分布曲线与正态分布曲线往往存在差异——直方图偏斜。其具体表现为图像的均值、众数以及中值等与正态分布的明显不一致。偏斜程度可用下面的量来表示：

$$S_K = \frac{\bar{f} - f_{\text{mode}}}{S} \tag{2.4.9}$$

或

$$S_K = \frac{3(\bar{f} - f_{\text{med}})}{S} \tag{2.4.10}$$

式中：f_{mode} 为图像灰度众数；

$\quad f_{\text{med}}$ 为图像灰度中值；

$\quad \bar{f}$ 为图像灰度均值；

$\quad S$ 为图像灰度标准差。

总之，直方图是图像灰度分布的直观描述，能够反映图像的信息量及分布特征，因而在遥感数字图像处理中，可用通过修改图像的直方图来增强图像中的目标信息。

3. 多波段间的统计特征

遥感图像处理往往是多波段数据的处理，处理中不仅要考虑单个波段图像的统计特征，还需要考虑波段间存在的关联，图像波段之间的统计特征不仅是图像分析的重要参数，还是图像合成方案的主要依据之一。

(1) 协方差。设 $f(i,j)$ 和 $g(i,j)$ 是大小为 $M \times N$ 的两幅图像，则它们之间的协方差计算公式为：

$$S_{gf}^2 = S_{fg}^2 = \frac{1}{MN} \sum_{i=0}^{M-1} \sum_{j=0}^{N-1} (f(i,j) - \bar{f})(g(i,j) - \bar{g}) \tag{2.4.11}$$

式中：$\bar{f}$ 和 $\bar{g}$ 分别为图像 $f(i,j)$ 和 $g(i,j)$ 的均值。

将 N 个波段相互间的协方差排列在一起所组成的矩阵称为协方差矩阵 Σ，即：

$$\Sigma = \begin{bmatrix} S_{11}^2 & S_{12}^2 & \cdots & S_{1N}^2 \\ S_{21}^2 & S_{22}^2 & \cdots & S_{2N}^2 \\ \vdots & \vdots & \vdots & \vdots \\ S_{N1}^2 & S_{N2}^2 & \cdots & S_{NN}^2 \end{bmatrix} \tag{2.4.12}$$

(2) 相关系数。相关系数是描述波段图像间的相关程度的统计量，反映了两个波段图像所包含信息的重叠程度，即：

$$r_{fg} = \frac{S_{fg}^2}{S_{ff}S_{gg}} \tag{2.4.13}$$

式中：S_{ff} 和 S_{gg} 分别为图像 $f(i,j)$ 和 $g(i,j)$ 的标准差。

将 N 个波段相互间的相关系数排列在一起组成的矩阵称为相关矩阵 R，即：

$$R = \begin{bmatrix} 1 & r_{12} & \cdots & r_{1N} \\ r_{21} & 1 & \cdots & r_{2N} \\ \vdots & \vdots & \vdots & \vdots \\ r_{N1} & r_{N2} & \cdots & 1 \end{bmatrix} \tag{2.4.14}$$

第3章　遥感图像几何校正

在遥感成像时,由于遥感传感器、遥感平台以及地球本身等方面的原因,遥感图像的几何畸变是难以避免的。按照畸变的性质划分,几何畸变可分为系统性畸变和随机性畸变。系统性畸变是指遥感系统造成的畸变,这种畸变一般有一定的规律性,并且其大小事先能够预测,例如扫描镜的结构方式和扫描速度等造成的畸变。随机性畸变是指大小不能事先预测、其出现带有随机性质的畸变,例如地形起伏造成的因地而异的几何畸变。

几何校正就是对遥感图像中的几何畸变进行校正。几何校正分为几何粗校正和几何精校正两个方面。几何粗校正是针对引起畸变原因而进行的校正。由于这种畸变是按照比较简单和相对固定的几何关系分布在图像中的,因而它比较容易校正,进行校正时只需将传感器的校准数据、遥感平台的位置以及卫星运行姿态等一系列测量数据代入理论校正公式即可。几何精校正是利用控制点进行的几何校正,它用一种数学模型来近似描述遥感图像的几何畸变过程,并利用畸变的遥感图像与标准地图之间的一些对应点(即控制点数据对)求得这个几何畸变模型,然后利用此模型进行几何畸变的校正,这种校正不考虑畸变的具体形成原因,而只考虑如何利用畸变模型来校正遥感图像。

通常对于星载遥感图像来说,几何粗校正和几何精校正都是要进行的,即首先对遥感图像施以几何粗校正,然后再利用控制点对其进行几何精校正。由于一般地面接收站提供给用户的卫星遥感数据都已经过第一阶段的几何粗校正处理,所以用户在应用前所要进行的几何校正仅仅是第二阶段的几何精校正处理。

3.1　遥感图像几何畸变

遥感图像的几何畸变可分为静态畸变和动态畸变两大类。静态畸变是指成像过程中,传感器相对于地球表面呈静止状态时存在的各种误差;动态畸变则主要是由于成像过程中地球的旋转所造成的图像变形误差。

静态畸变可分为内部误差和外部误差两类。内部误差主要是由于传感器自身的性能、技术指标偏离标称数值造成的,它随传感器的结构不同而异,误差较小。例如,对于框幅式航空摄影机,有透镜焦距变动、像主点偏移、镜头光学畸变等误差;对于多光谱扫描仪(MSS),有扫描线首末点成像时间差、不同波段相同扫描线的成像时间差、扫描镜旋转速度不均匀、扫描线的非直线性和非平行性、光电检测器的非对中等误差。内部误差静态畸变随传感器的结构不同而异。

外部变形误差指的是传感器本身处在正常工作的条件下，由传感器以外的各因素所造成的误差。例如，传感器的外方位（位置、姿态）变化、传感介质的不均匀、地球曲率、地形起伏等因素所引起的变形误差等。

3.2 遥感图像几何粗校正

虽然我们得到的卫星遥感数据一般都已经过几何粗校正处理，但是了解几何畸变的原因及其校正还是必要的，它将有利于我们对图像有一个深刻的认识，并在需要时能够对它们进行校正。下面以MSS图像为例逐一分析遥感传感器、遥感平台以及地球本身所造成的几何畸变及对它的校正计算。为了下面叙述的方便，首先建立图像坐标系并给出一些几何量间的关系。

1.一些几何量间的关系

MSS图像的坐标系选取如图3.2.1所示，取图像上边的中点为坐标原点，x轴取扫描行方向，并取向右为正，y轴取卫星前进方向，并以前进方向为正。

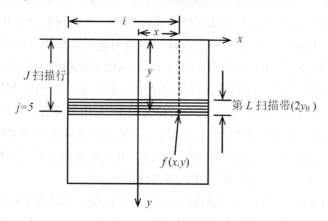

图3.2.1 MSS图像坐标系

当卫星在标准高度上并处于标准姿态（滚翻角ω、俯仰角ϕ以及偏航角Δk均为零度）时，一些几何量确定如下。

（1）在扫描方向上的视场角θ。设瞬时视场角为$\Delta\theta$（指一个像元的视场角），则对于第i个像元的视场角为（如图3.2.2所示）：

$$\theta=\left(i-\frac{LLA}{2}\right)\cdot\Delta\theta \tag{3.2.1}$$

式中：LLA为经过扫描行长度调整后的每一扫描行的像元数目。

（2）扫描行方向上的地心张角α。如图3.2.2所示，x为第i像元在横轴上的坐标，α为第i像元及卫星星下点分别与地心连线的夹角，$\Delta\alpha$为第i像元对地球中心沿扫描方向的张角（瞬时张角），则有：

$$\alpha=\left(i-\frac{LLA}{2}\right)\cdot\Delta\alpha=\frac{x}{R} \tag{3.2.2}$$

式中:R为地球半径,LLA意义同上。

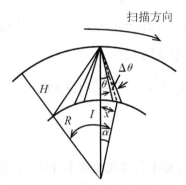

图3.2.2 MSS扫描方向的视场角和地心张角

(3)扫描带序号L、扫描带内扫描行序号j、扫描行序号J。由于沿卫星前进方向,MSS以每次六个扫描行(一个扫描带)进行扫描,因此以扫描行J表示的扫描带L和扫描带内的扫描行j的公式如下:

$$L=\text{IFIX}\left(\frac{J-1}{6}+1\right) \tag{3.2.3}$$

$$j=\text{MOD}(J-1,6)+1 \tag{3.2.4}$$

式中:$\text{IFIX}(x)$表示取x的整数部分;

$\text{MOD}(x,y)$表示取x对于模值y的余数。

(4)卫星前进方向上的视场角δ。如图3.2.3所示,设在卫星前进方向的视场角为δ,瞬时视场角(每一像元的视场角)为$\Delta\delta$,则:

$$\delta=(j-3.5)\cdot\Delta\delta \tag{3.2.5}$$

式中:j为扫描带内扫描行序号。

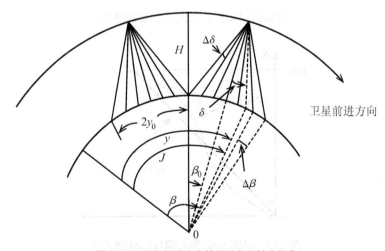

图3.2.3 卫星前进方向的视场角和地心张角

(5)卫星前进方向上的地心张角β。如图3.2.3所示,设每一像元沿卫星前进方向的地

心张角为 $\Delta\beta$，每一扫描带的地心张角为 $2\beta_0$，则有：

$$\beta = J \cdot \Delta\beta = (2L-1) \cdot \beta_0 + (j-3.5) \cdot \Delta\beta = \frac{y}{R} \tag{3.2.6}$$

式中：y 为像元的纵坐标，J,j,L 意义同上。

由前面的介绍可知：图像上的 $\left(i-\dfrac{LLA}{2},J\right)$ 像元既可用平面坐标 (x,y) 表示，也可以用地球中心的张角 (α,β) 来表示。

2.几何畸变分析及校正

下面对由于遥感传感器、遥感平台以及地球本身等方面原因所造成的几何畸变进行分析并给予校正，校正所需的数据可从图像的相关元数据文件获取。

（1）平面扫描镜扫描线速不均的校正。MSS 平面扫描镜的扫描速度是不均匀的，在扫描行开始和结束时线速偏低，而中间偏高（如图 3.2.4 所示）。当扫描线速均匀时，每个像元沿扫描行方向的等效地面尺寸为 57m，若低于平均扫描线速，会造成像元重叠，而高于平均扫描线速则会使得像元拉开。从实际扫描距离和标称扫描距离相比来看，在 ac 之间偏小，而在 b 点达到最小值；在 ce 之间偏大，在 d 点达到最大值；在 a,c,e 点上两者距离相同（如图3.2.5所示）。

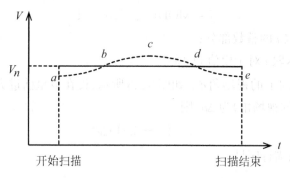

图3.2.4　MSS平面扫描镜扫描线速不匀

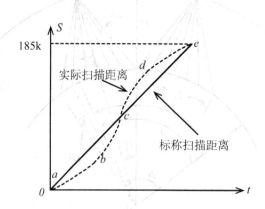

图3.2.5　MSS标称扫描距离与实际扫描距离

为了校正这种由于 MSS 平面扫描镜扫描线速不均造成的几何畸变，NASA 提供了

MSS平面扫描镜扫描线速不均的校正曲线(如图3.2.6所示,不带括号的为Landsat－1的数据,带括号的为Landsat－2的数据)。加进校正数据以后,对于Landsat－1的MSS图像数据来说,第810个像元不是位于46.25km处,而是位于46.25－0.4＝45.85km处,第2430像元不是位于138.75km处,而是位于138.75＋0.4＝139.15km处。

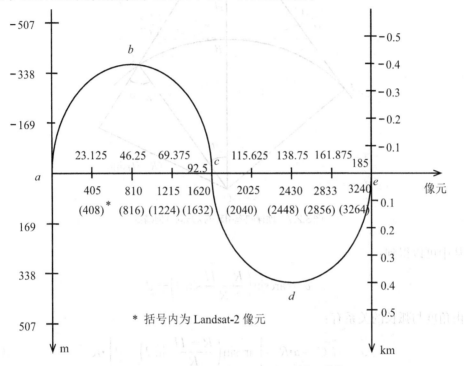

图3.2.6　MSS平面扫描镜扫描线速不匀校正曲线

1978年下半年以前,NASA提供的MSS图像未经过此校正,以后是经过此校正的。

(2)地球曲率引起的几何畸变。地球曲率在扫描行的 x 方向和卫星前进的 y 方向都将引起几何畸变。

①扫描行 x 方向的几何畸变

若 H 为卫星 D 的高度,O 和 R 分别为地球的圆心和所在纬度处的半径,θ 为扫描行方向的视角(如图3.2.7所示)。从理论上来说,对于处于高度 H 的卫星 D 在圆弧 $A''BC''$(以 D 为圆心且以 H 为半径的圆弧)上有最佳聚焦及相等的采样间隔。然而地球是圆的,实际采样范围是圆弧 ABC,现在求任意视角 θ 下在地球上的采样点 C 的坐标 $x_1\left(=\widehat{BC}\right)$。在 ΔDOC 中,由于 $OC=OB=R, OD=R+H, \angle ODC=\theta, \angle OCD=\pi-(\theta+\alpha)$,则由正弦定理有:

$$\frac{R+H}{\sin\left[\pi-(\theta+\alpha)\right]}=\frac{R}{\sin\theta}$$

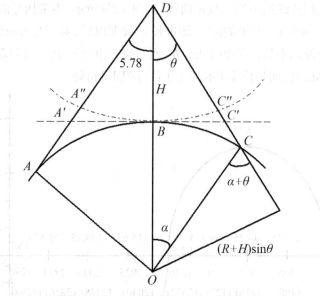

图 3.2.7　地球曲率引起的 x 方向几何畸变

从中可以得到：

$$\alpha = \arcsin\left(\frac{R+H}{R}\sin\theta\right) - \theta$$

由角度与弧长的关系有：

$$x_1 = \widehat{BC} = \alpha \cdot R = \left[\arcsin\left(\frac{R+H}{R}\sin\theta\right) - \theta\right]\cdot R \qquad (3.2.7)$$

由(3.2.1)式有：

$$\theta = \left(i - \frac{LLA}{2}\right)\cdot\Delta\theta \qquad (3.2.8)$$

式中：$\Delta\theta$ 为瞬时视场角。例如 Landsat－1，Landsat－2，Landsat－3 在扫描行方向上的视场角为 11.56°，所以瞬时视场角为：$\Delta\theta = \dfrac{11.56\times\pi}{LLA\times180}°$

将(3.2.8)式代入(3.2.7)式有：

$$x_1 = R\left\{\arcsin\left[\left(1+\frac{H}{R}\right)\sin\left(\left(i-\frac{LLA}{2}\right)\cdot\Delta\theta\right)\right] - \left(i-\frac{LLA}{2}\right)\cdot\Delta\theta\right\} \qquad (3.2.9)$$

由此可得在任意视场角 θ 处扫描行方向的畸变为：

$$\Delta x = x_1 - 57\times\left(i-\frac{LLA}{2}\right) \qquad (3.2.10)$$

地心纬度 λ（注意：区别于地理纬度）处的半径 R 可如下求得：地球为一椭圆（如图 3.2.8 所示），赤道处半径 $R_1 = 6378$km 为长轴，南北半径 $R_2 = 6357$km 为短轴，以参数 R_1, R_2, λ 表示的椭圆参数方程为：

$$u = R_1\cos\lambda, \qquad\qquad v = R_2\sin\lambda$$

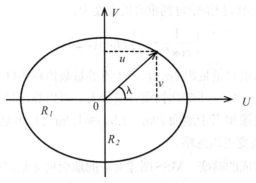

图3.2.8　任意纬度处的半径

所以R为：

$$R = \sqrt{u^2 + v^2} \qquad (3.2.11)$$

如果扫描范围很小（例如航空遥感），这时可以忽略地球曲率的影响，将之看为平面。仍用图3.2.7来说明，这时认为采样范围为一直线段$A'BC'$，则有：

$$x_1 = BC' = H\tan\theta \qquad (3.2.12)$$

并称为正切校正。

②卫星前进的y方向的几何畸变

如图3.2.9所示，在星下点时（$\theta = 0$），扫描带宽度为：

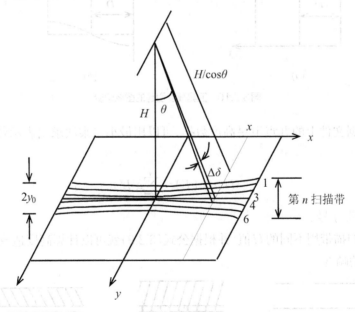

图3.2.9　地球曲率引起的y方向几何畸变

$$2y_0 = 2H\tan(3\Delta\delta) \qquad (3.2.13)$$

当扫描角为θ时，卫星到采样点的距离为$H/\cos\theta$，于是有：

$$2y_0' = \frac{2H}{\cos\theta}\tan(3\Delta\delta) \qquad (3.2.14)$$

因此造成 y 方向的重叠，扫描带每侧重叠的宽度为：

$$\left(\frac{1}{\cos\theta}-1\right)H\tan(3\Delta\delta) \tag{3.2.15}$$

可见当高度一定时，重叠量是 θ 的函数，由于重叠量数值较小（以 Landsat-1,Landsat-2,Landsat-3 为例，当 $\theta=\theta_{max}=5.78$ 时，重叠量最大。可以算出最大重叠量不超过扫描行宽的 1.5%，对于 MSS 图像相当于地面 $79\text{m}\times1.5\%\approx1.2\text{m}$），且不是积累误差，所以地球曲率造成的 y 方向的几何畸变可以忽略。

（3）卫星高度变化造成的畸变。MSS 图像对应的地面尺寸是根据标准高度（例如 Landsat-1,Landsat-2 的 $H=918\text{km}$）计算的，而实际上卫星高度是在一定范围内（如 Landsat-1,Landsat-2 在 890km～950km 之间）变化的，因此将对图像在 x 方向和 y 方向产生影响（低于标准高度时对应的地面尺寸小于标准尺寸，高于标准高度时则相反），在高度变化的同时，速度必然发生变化，也将引起畸变，下面分别予以讨论。

①x 方向的畸变。据（3.2.9）式易知，H 增加时，x_1 增加；H 减少时，x_1 减少；高度引起的 x 方向的畸变如图 3.2.10 所示。

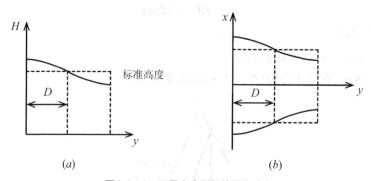

图 3.2.10 卫星高度引起的图像畸变

根据元数据文件上的九点卫星高度数据，可以用最小二乘法求出表示各扫描带所对应高度的函数：

$$H=f_h(L)=\sum_{i=0}^{n}\alpha_i L^i \tag{3.2.16}$$

式中：L 为扫描带序号。

对不同的扫描带用不同的 H 值，并根据公式（3.2.9）就可以计算高度造成的畸变 x_1。

②y 方向的畸变

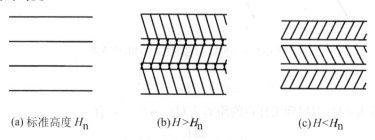

(a) 标准高度 H_n (b) $H>H_n$ (c) $H<H_n$

图 3.2.11 卫星高度变化造成 y 方向的畸变

如图3.2.11所示,卫星高度变化将引起扫描行沿y方向的宽度的改变。设H_n为标准高度,则当$H > H_n$时,扫描行变宽,造成扫描行间的重叠;当$H < H_n$时,扫描行变窄,造成扫描行间的间隙。

设标准扫描行的宽度为Δy_n,则最大扫描行宽度为:

$$\Delta y_{max} = \frac{H_{max}}{H_n} \Delta y_n \tag{3.2.17}$$

那么最大重叠量占标准扫描行宽度的百分比为(以Landsat-1,Landsat-2为例):

$$\frac{\Delta y_{max} - \Delta y_n}{\Delta y_n} = \frac{H_{max} - H_n}{H_n} = \frac{950 - 918}{918} = 3.48\% \tag{3.2.18}$$

相当于地面尺寸为2.75m。

同样可以获得最大间隙占标准扫描行宽度的百分比为(以Landsat-1,Landsat-2为例):

$$\frac{\Delta y_n - \Delta y_{min}}{\Delta y_n} = \frac{H_n - H_{min}}{H_n} = \frac{918 - 890}{918} = 3.05\% \tag{3.2.19}$$

相当于地面尺寸2.4m。

高度变化所造成的y方向的重叠或间隙并不造成尺寸的畸变,而且数量级较小又不是积累误差,所以不会明显降低分辨率和信息量,通常可以忽略。对于高度变化带来速度变化而导致的畸变将在下面讨论。

(4)卫星速度变化造成的几何畸变。高空中的卫星是在地球的引力和太阳等其他星球的摄动力作用下靠惯性运行的,运行遵循开普勒定律,并且卫星在轨道的不同位置运行速度是不同的。卫星速度的变化将造成y方向的畸变,当卫星速度等于标准速度时,相邻扫描带刚好吻合;卫星速度小于标准速度时,相邻两扫描带将发生重叠;卫星速度大于标准速度时,相邻扫描带产生间隙。

设v_s为扫描一景图像时卫星的平均速度(从元数据文件可以获取),T_c为MSS扫描周期,H为卫星的高度,R为地球纬度半径(可由(3.2.11)式计算),则可得到一个周期内星下点前进的距离为:

$$2y_0 = v_s T_c R / (R + H) \tag{3.2.20}$$

于是可以得到$\theta = 0$时的任意点y方向的坐标:

$$y_1 = y_0(2L - 1) + H\tan\delta = (2L - 1)v_s T_c R / [2(R + H)] + H\tan[(j - 3.5)\Delta\delta] \tag{3.2.21}$$

(5)卫星前进造成的图像扭歪。设卫星运行速度为v_s,则卫星星下点的速度为:

$$v_{se} = v_s R / (R + H) \tag{3.2.22}$$

设每一扫描行采样时间为T_s,则同一扫描行中第i像元和第1像元在y方向相差距离为:

$$S_i = v_{se} T_s i / LLA = v_s R T_s i / [(R + H) LLA] \tag{3.2.23}$$

综合(3.2.21)及(3.2.23)式,并用$H/\cos\left[\left(i - \frac{LLA}{2}\right) \cdot \Delta\theta\right]$表示$H$,则第$(i, J)$像元的$y$坐标为:

$$y_2 = y_1 + S_i = (2L-1)\,v_s T_c R / \left[2(R+H)\right]$$
$$+ \frac{H}{\cos\left[(i-LLA/2)\cdot\Delta\theta\right]}\tan\left[(j-3.5)\,\Delta\delta\right]$$
$$+ v_s RT_s i / \left[(R+H)\,LLA\right] \tag{3.2.24}$$

式中：v_s 可从元数据文件获取。该式第三项考虑了卫星前进速度所造成的图像扭歪。

（6）地球自转引起的图像扭歪。地球表面自转线速度为：

$$v_e = R_1 \omega_e \cos\lambda \tag{3.2.25}$$

式中：R_1 为地球赤道半径；

λ 为地心纬度；

ω_e 为地球自转角速度。

由于地球的自转，将造成扫描带依次向西移动一定距离 Δx（如图3.2.12所示）。设 T_c 为扫描周期，则在一个周期内、纬度 λ 处，地球在扫描行方向上移动的距离为：

$$\Delta x = v_e T_c \cos\rho \tag{3.2.26}$$

式中：ρ 为卫星前进方向与经线的夹角。

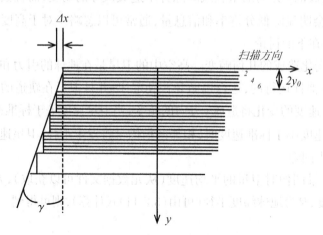

图3.2.12 地球自转引起的图像扭歪

与此同时，卫星星下点向前移动 $2y_0$，因此造成图像的扭歪角为：

$$\gamma = \arctan\frac{\Delta x}{2y_0} \tag{3.2.27}$$

据（3.2.27）式，可对扭歪造成的 x 方向畸变作如下校正：

$$x_2 = x_1 - 2y_0\cdot(L-1)\cdot\tan\gamma \tag{3.2.28}$$

其中第一项 x_1 为（3.2.9）式给出的未考虑地球自转引起的扭歪部分，第二项为考虑地球自转引起的扭歪部分，L 为扫描带序号。将 x_1 的表达式代入有：

$$x_2 = R\left\{\arcsin\left[\left(1+\frac{H}{R}\right)\sin\left(\left(i-\frac{LLA}{2}\right)\cdot\Delta\theta\right)\right] - \left(i-\frac{LLA}{2}\right)\cdot\Delta\theta\right\}$$
$$- 2y_0\cdot(L-1)\cdot\tan\gamma \tag{3.2.29}$$

在实际计算时,扭歪角可从元数据文件获取。实际上这种畸变也可以通过其他途径来校正,下面将予以介绍。

(7)卫星滚翻角ω造成的畸变。卫星的滚翻轴指向卫星前进方向。当滚翻角$\omega=0$时,MSS平面扫描镜的光轴中心指向星下点,图像中心线与卫星前进方向一致,当$\omega\neq0$时,图像中心线与卫星前进方向不一致(如图3.2.13所示),从而引起畸变,但是畸变并不累积。滚翻角ω会引起x方向和y方向的畸变,但由于y方向仅会引起重叠或间隙且可忽略,所以在此仅考虑x方向的畸变。

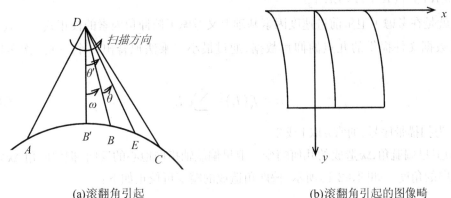

(a)滚翻角引起   (b)滚翻角引起的图像畸

图3.2.13 滚翻角引起的畸变

如图3.2.13所示,当滚翻角为ω,平面扫描镜沿中心线扫描θ角时,对应的地面像元位置为$B'B+BE$,此时总的扫描角为:

$$\theta'=\theta+\omega=\omega+\left(i-\frac{LLA}{2}\right)\cdot\Delta\theta \tag{3.2.30}$$

将式(3.2.30)代入式(3.2.29)得:

$$x_3=R\left\{\arcsin\left[\left(1+\frac{H}{R}\right)\sin\left(\omega+\left(i-\frac{LLA}{2}\right)\cdot\Delta\theta\right)\right]-\left[\omega+\left(i-\frac{LLA}{2}\right)\cdot\Delta\theta\right]\right\} \\ -2y_0\cdot(L-1)\cdot\tan\gamma \tag{3.2.31}$$

这就是在考虑了地球自转引起的图像扭歪基础上又考虑了滚翻角ω引起的几何畸变而在x方向上所作的修正。上式中ω可根据元数据文件提供的九点滚翻角数据,通过用最小二乘法拟合出一个一元n次多项式来求得,即:

$$\omega=f_\omega(L)=\sum_{i=0}^{n}b_iL^i \tag{3.2.32}$$

式中:L为扫描带序号,通常n取3或4。

(8)卫星俯仰角ϕ造成的几何畸变。卫星俯仰轴指向扫描方向x,俯仰角主要会引起y方向的畸变,但是畸变无积累作用。卫星处于标准状态时$\phi=0$;当有俯仰角ϕ时,图像中心(偏航轴延伸到地面)会沿y方向前后移动偏离星下点,使扫描行的宽度Δy发生变化,并造成相邻扫描带发生重叠或间隙。

这种畸变可以通过求 y 方向的视场角来计算。当卫星俯仰角为 φ 时，y 方向的视场角为：

$$\delta = (j - 3.5)\,\Delta\delta + \varphi \tag{3.2.33}$$

由于俯仰角造成的畸变在 y 方向不积累，因此，可直接将(3.2.33)式代入(3.2.24)：

$$y_3 = (2L-1)\,v_s T_c R/\left[2(R+H)\right] + \frac{H}{\cos\left[(i-LLA/2)\cdot\Delta\theta\right]}\tan\left[(j-3.5)\,\Delta\delta + \varphi\right]$$
$$+ v_s R T_s i/\left[(R+H)\,LLA\right] \tag{3.2.34}$$

这就是在考虑了卫星前进速度因素基础上又考虑了俯仰角因素的校正式。上式中 φ 可根据元数据文件提供的九点俯仰角数据，通过最小二乘法拟合出一个一元 n 次多项式求得，即：

$$\varphi = f_\phi(L) = \sum_{i=0}^{n} c_i L^i \tag{3.2.35}$$

式中：L 为扫描带序号，通常 n 取 1 或 2。

(9)卫星偏航角 $\Delta\kappa$ 造成的几何畸变。卫星偏航轴指向地心的反向，把偏航角 $\Delta\kappa$ 定义成偏离航向的角度。如图 3.2.14 所示，偏航角造成的畸变可校正如下：

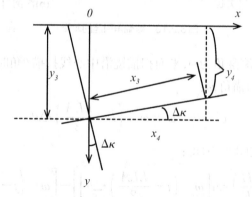

图3.2.14　偏航角引起的几何畸变

$$x_4 = x_3 \cos\Delta\kappa \tag{3.2.36}$$

$$y_4 = y_3 - x_3 \sin\Delta\kappa \tag{3.2.37}$$

将(3.2.31)式和(3.2.34)式代入以上两式有：

$$x_4 = \left\{ R\left\{ \arcsin\left[\left(1+\frac{H}{R}\right)\sin\left(\omega + \left(i - \frac{LLA}{2}\right)\cdot\Delta\theta\right)\right] - \left[\omega + \left(i - \frac{LLA}{2}\right)\cdot\Delta\theta\right] \right\} - 2y_0\cdot \right.$$
$$\left. (L-1)\cdot\tan\gamma \right\} \cos\Delta\kappa \tag{3.2.38}$$

$$y_4 = (2L-1)\upsilon_s T_c R/[2(R+H)] + \frac{H}{\cos[(i-LLA/2)\cdot\Delta\theta]}\tan[(j-3.5)\Delta\delta+\varphi]+$$

$$\upsilon_s RT_s i/[(R+H)LLA] - \left\{R\left[\arcsin\left(\left(1+\frac{H}{R}\right)\sin\left(\omega+\left(i-\frac{LLA}{2}\right)\cdot\Delta\theta\right)\right)-\right.\right. \qquad (3.2.39)$$

$$\left.\left.\left(\omega+\left(i-\frac{LLA}{2}\right)\cdot\Delta\theta\right)\right]-2y_0\cdot(L-1)\cdot\tan\gamma\right\}\sin\Delta\kappa$$

(3.2.38)式就是在考虑了地球自转、翻滚角因素的基础上,又考虑了偏航角因素的x方向畸变的校正式;(3.2.39)式则是在考虑了卫星前进速度、俯仰角因素的基础上,又考虑了偏航角因素的y方向畸变的校正式。上式中$\Delta\kappa$可根据元数据文件提供的九点偏航角数据,通过最小二乘法拟合出一个一元n次多项式求得,即:

$$\Delta\kappa = f_k(L) = \sum_{i=0}^{n} d_i L^i \qquad (3.2.40)$$

式中:L为扫描带序号。

(10)地面高程引起的几何畸变。地球表面是起伏多变的,如图3.2.15所示,当扫描角为θ时,原来扫描点应为C点,但高程Z使得实际取得的图像点为C'点,从而引起畸变,这种畸变是相当于卫星高度和地球半径发生如下变化而引起的:

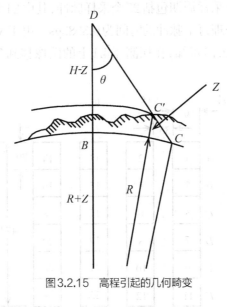

图3.2.15　高程引起的几何畸变

$$H' = H - Z \qquad (3.2.41)$$

$$R' = R + Z \qquad (3.2.42)$$

将这两个式子代入(3.2.38)式和(3.2.29)式有:

$$x_5 = \left\{(R+Z)\left[\arcsin\left((1+(H-Z)/(R+Z))\cdot\right.\right.\right.$$

$$\left.\left.\sin(\omega+(i-\frac{LLA}{2})\cdot\Delta\theta))-(\omega+(i-\frac{LLA}{2})\cdot\Delta\theta)\right] \qquad (3.2.43)$$

$$-2y_0\cdot(L-1)\cdot\tan\gamma\right\}\cos\Delta\kappa$$

$$y_5=(2L-1)v_s T_c(R+Z)/\big[2(R+H)\big]+$$

$$\frac{H-Z}{\cos\big[(i-LLA/2)\cdot\Delta\theta\big]}\cdot\tan\big[(j-3.5)\Delta\delta+\varphi\big]$$

$$+v_s(R+Z)T_s i/\big[(R+H)LLA\big]-$$

$$\{(R+Z)[\arcsin((1+(H-Z)/(R+Z))\cdot$$

$$\sin(\omega+(i-\frac{LLA}{2})\cdot\Delta\theta))-(\omega+(i-\frac{LLA}{2})\cdot\Delta\theta)]-$$

$$2y_0\cdot(L-1)\cdot\tan\gamma\}\sin\Delta\kappa$$

（3.2.44）

x_5 是考虑了地球自转、滚翻角、偏航角、地面高程因素对在 x 方向畸变的修正；y_5 是考虑了卫星前进速度、俯仰角、偏航角、地面高程因素对 y 方向畸变的修正。

（11）全景畸变。在扫描成像过程中，扫描镜沿着扫描行方向以一定的时间间隔采样，但实际对应的地面宽度则随着扫描角的大小而变化，从而造成图像的全景畸变。具体表现为越接近扫描行两端，每个像元所代表的地面宽度越大，成像的比例尺相应缩小。由于全景畸变影响较小，一般可不予考虑。

（12）非连续性畸变及校正（以 Landsat—1，Landsat—2 为例）

①MSS 各波段间的错位及校正。MSS 传感器共有 24 根光导纤维，其排列如图 3.2.16 所示。在扫描过程中，每个采样周期包括 25 个采样脉冲，其中 24 个传送采样信息，1 个传送采样周期同步脉冲，并且处理每个脉冲的时间为 $0.3983\mu s$。由于 MSS 扫描镜的地面扫描线速度为 $5.612m/\mu s$，由图 3.2.16 可知，在探测器 $4A$ 上的图像移到 $5A$，$6A$，$7A$ 探测器上的时间差（以 $4A$ 为准）分别为：

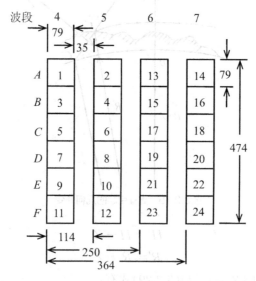

(方格内的数字为采样顺序)

图3.2.16　探测器的排列、采样顺序及对应地面尺寸（单位：m）

5 A：114/5.612=20.314µs，相当于

20.314 /0.3983＝51＝2个采样周期＋1个采样点

6 A：250/5.612=44.812µs，相当于

44.812 /0.3983＝112＝4个采样周期＋11个采样点

7 A：364/5.612=64.926µs，相当于

64.926 /0.3983＝163＝6个采样周期＋13个采样点

这就造成了图像在各波段上的错位(MSS波段间的失配)。为了保证在扫描线方向上的四个波段图像间的相互配准，就要在MSS4,5,6波段的开始分别添加6,4,2个像元，而在MSS5,6,7波段的末尾分别添加2,4,6个像元。

②MSS探测器采样时间迟滞造成的错位及校正。如图3.2.16所示，由于采样顺序是先4,5波段交叉采样、再6,7波段交叉采样，因此每个波段的第一检测器和第六检测器采样相差10个采样脉冲，第一和第六扫描行之间的错位为：

$$\Delta_2 = 10/25 = 0.4 \quad (像元) \tag{3.2.45}$$

又由于地球自转造成(3.2.26)式的错位(这里用Δ_1表示，即$\Delta_1 = \Delta_x$)，从而使得第7扫描行比第1扫描行向西位移Δ_1，而第6扫描行比第1扫描行向东位移Δ_2，第6扫描行和第7扫描行间总错位为$\Delta_1 + \Delta_2$(如图3.2.17)。

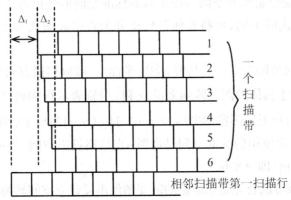

图3.2.17 地球自转引起的不同扫描带间的错位和传感器采样时间迟滞引起的扫描带内扫描线的错位

为了消除这种由地球自转和探测器采样时间迟滞引起的非连续性错位，可采用图像列号修正法加以校正，计算式为：

$$\begin{cases} I = I' \\ J = J' + \left\{ I' - IFIX\left[(I'-1)/6 \right] \times 6 - 1 \right\} \times \Delta \end{cases} \tag{3.2.46}$$

式中：$\Delta = \Delta_1/6 + \Delta_2/5$；

I'和J'为原始图像的行号和列号；

I和J为修正后图像的行号和列号。

3.3　遥感图像几何精校正

几何精校正是利用地面控制点(Ground Control Point,GCP)对由各种因素引起的遥感图像的几何畸变的校正。GCP是在原始图像空间与标准(校正)空间(如地形图)上寻找的同名点,必须比较精确,它直接影响几何精校正的精度,因而同名点都选择在工作区中容易精确定位的特征点(如小水塘、具有一定交角的线性体交叉处等)。

1.基于多项式的几何精校正

(1)原理。几何精校正的原理是回避成像的空间几何过程,而直接利用地面控制点数据对遥感图像的几何畸变过程进行数学模拟,并且认为遥感图像的总体畸变可以看作是挤压、扭曲、缩放、偏移以及更高次的基本变形的综合作用的结果,因此校正前后图像相应点的坐标关系,可以用一个适当的数学模型来表达。具体实现为:首先利用地面控制点数据确立一个模拟几何畸变的数学模型,以此来建立原始畸变图像空间与标准空间(如地理制图空间)的某种对应关系;其次是利用这种对应关系把畸变空间中的全部像元变换到标准空间(即校正图像空间)中去,从而实现图像的几何精校正。

由前述的原理可知,图像的几何精校正包括两个方面的内容:一是图像空间像元位置的变换;二是变换后的标准图像空间的各像元亮度值的计算。因此,几何校正的过程也就分为两步:第一步是先进行空间变换,即在几何位置上进行校正;第二步是取得变换后图像各像元的亮度值。根据原始畸变空间与校正后的标准空间的转换方式和校正后标准空间像元亮度值的获得方式的不同,可将几何精校正分为直接成图法和重采样成图法(如图3.3.1所示)。

设原始图像空间的坐标为(x,y),其中y为横坐标(一般取扫描方向),x为纵坐标(一般取卫星前进方向)。对于具体的图像阵列来说,x和y分别表示行和列,且$f(x,y)$为原始图像在(x,y)处的亮度值;校正后图像的坐标为(u,v),且$g(u,v)$为校正后图像在(u,v)处的亮度值,由于一般校正后常使用的标准空间是高斯-克吕格投影空间,故v常取东西方向(即横坐标),u常取南北方向(即纵坐标)。

①直接成图法。该方法首先是从原始的畸变图像出发建立空间转换关系,即:

$$\begin{cases} u = F_u(x,y) \\ v = F_v(x,y) \end{cases} \tag{3.3.1}$$

式中:F_u,F_v为直接校正畸变函数。

然后利用(3.3.1)式按行列的顺序依次求出原始图像的每个像元点(x,y)在校正图像空间(也就是输出图像坐标系)中的正确位置(u,v),并把原始畸变图像的像元亮度值$f(x,y)$移到这个正确的位置上,即$f(x,y) \rightarrow g(u,v)$。

直接成图法的优点是只改变了地理位置,因而保证了图像原始的亮度信息不受损失。

直接成图法的缺点是,对于几何校正来说,我们总希望校正后输出的数字图像是像元分布均匀的二维空间矩阵,以便于存储、处理和显示等。但由于原始畸变图像中排列规则的像元点,直接投影到标准空间后,这种规则排列往往被打乱,并且容易出现校正图像中的像元点没有原始畸变图像中的相应像元点来对应的情况,如图3.3.1(a)所示。使用直接成图法时,需特别注意这一点。要解决这一缺陷,可用重采样成图法,因为它是从校正图像空间中规则排列的像元点出发进行的。

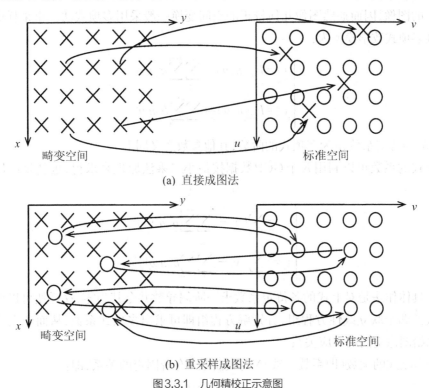

(a) 直接成图法

(b) 重采样成图法

图3.3.1 几何精校正示意图

　　②重采样成图法。该方法首先是从空白的输出图像(校正后的图像)出发建立空间转换关系,即:

$$\begin{cases} x = F_x(u,\upsilon) \\ y = F_y(u,\upsilon) \end{cases} \tag{3.3.2}$$

式中:F_x,F_y为重采样校正畸变函数。

　　然后,利用(3.3.2)式按行列的顺序依次对校正图像空间的每个待输出像元点(u,υ)反求其在原始畸变图像空间中的共轭位置(x,y),同时利用某种方法确定这一共轭位置的亮度值$f(x,y)$,并把此共轭位置的亮度值填入校正图像空间的(u,υ)位置,即$f(x,y)\rightarrow g(u,\upsilon)$,如图3.3.1(b)所示。

　　可见,直接成图法与重采样成图法本质上并无差别,主要的不同仅在于使用的校正畸变函数不同,互为逆变换;其次,校正后像元获得亮度值的方法不同,对于直接成图法称为亮度重配置,而对于重采样成图法称为亮度重采样。

　　由于重采样成图法能够保证校正图像空间中的像元呈均匀分布,因而成为最常用的几何精校正方法,下面将着重介绍它。

（2）重采样成图法几何精校正。由前面的叙述可知,这一方法校正的过程主要可分为两步,即几何位置的变换和共轭位置亮度值的确定。下面分别予以介绍。

①几何位置的变换。可用于几何精校正的变换有很多,如多项式变换、共线方程变换以及随机场中插值变换等。由于多项式法原理比较直观,使用上较为简单灵活且可以用于各种类型的图像,因而遥感图像几何校正的空间变换一般采用多项式法。重采样成图法采用的二维多项式数学模型为:

$$\begin{cases} x = F_x(u,v) = \sum_{i=0}^{n}\sum_{j=0}^{n-i} a_{ij} u^i v^j \\ y = F_y(u,v) = \sum_{i=0}^{n}\sum_{j=0}^{n-i} b_{ij} u^i v^j \end{cases} \tag{3.3.3}$$

式中:a_{ij},b_{ij}为待定系数,n为多项式的阶数,其他参数意义同上。

多项式的系数可以利用K个GCP数据按最小二乘法原理来求得,也就是使最小二乘误差:

$$\begin{cases} \varepsilon_x = \sum_{k=1}^{K} (x_k - \sum_{i=0}^{n}\sum_{j=0}^{n-i} a_{ij} u_k^i v_k^j)^2 \\ \varepsilon_y = \sum_{k=1}^{K} (y_k - \sum_{i=0}^{n}\sum_{j=0}^{n-i} b_{ij} u_k^i v_k^j)^2 \end{cases} \tag{3.3.4}$$

为最小。具体作法是对上式的各待定系数求一阶偏导数并令其为零,这样便可以得到关于未知系数的两个联立线性方程组,分别解方程组即可求出多项式系数,从而建立校正图像空间与原始图像空间的对应关系。

由于多项式的项数(即系数个数)N与其阶数n有着固定的关系,即:

$$N = (n+1)(n+2)/2 \tag{3.3.5}$$

因此,根据GCP数据用最小二乘法来计算未知系数时,GCP的数目必须不小于N个。当两者相等时,系数可以直接解方程组求得(不必求偏导数),这时建立的多项式函数完全通过GCP,因此GCP的误差对几何精校正影响较大。若控制点数小于N个时,则解是不定的,无法确定畸变函数。

②共轭位置亮度值的确定。在重采样几何精校正中是由输出图像的坐标(u,v),反过来求出其在输入图像(即未校正的原始图像)中的坐标(x,y),显然,作为输出图像的坐标u和v,要取连续的整数,其大小(即行数和列数)也是事先规定的。假如输出图像阵列中的任意像元坐标(u,v)在原始图像中的坐标(x,y)为整数时,便可简单地将整数点位上的原始图像的已有亮度值直接取出填入输出图像。但x和y却往往并不是整数,多数情况下是落在输入图像阵列中的几个像元点之间(即共轭位置),因而输出图像的像元亮度值,必须通过适当方法把该点四周邻近的若干整数点位上的亮度值对该点的亮度贡献累积起来构成该点位上的新亮度值。这个过程称为数字图像亮度(灰度)值的再采样或重采样,重采样成图法的名称就是由此而来。

常用的亮度重采样方法有最近邻点法、双线性内插法及三次褶积法三种。

①最近邻点法重采样。如图3.3.2所示,最近邻点法重采样的实质是取原始畸变图像中

的距离共轭位置(x,y)最近的已知像元点(x',y')的亮度值$f(x',y')$作为输出像元亮度值$g(u,v)$,即:

$$g(u,v)=f(x',y') \tag{3.3.6}$$

其中:$x'=IFIX(x+0.5)$;

　　　$y'=IFIX(y+0.5)$。

最近邻点法的优点是算法非常简单且保持原光谱信息不变;其缺点是几何精度较差,校正后的图像亮度具有不连续性,表现为原来光滑的边界出现锯齿状。

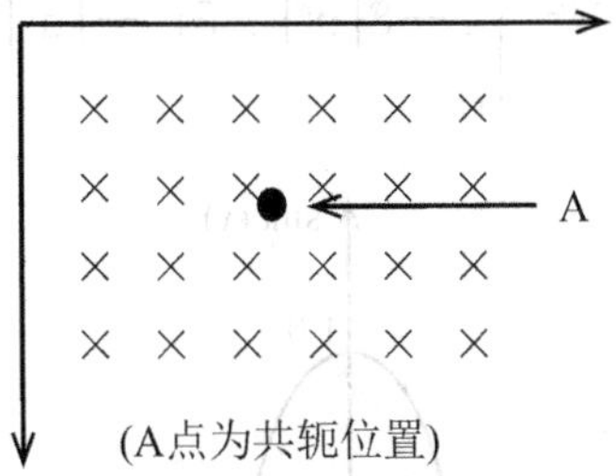

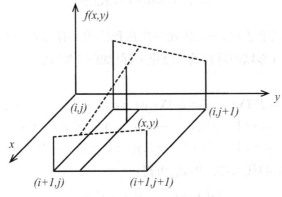

(A点为共轭位置)

图3.3.2　最近邻点法确定亮度值示意图

②双线性内插法重采样。这种方法是用原始畸变图像上共轭位置(x,y)的四个邻近的已知像元亮度值进行二维线性内插,实际上相当于先对由四个像元点形成的正方形中的两条相对边作线性内插(任何两条相对的边),然后再跨这两条边作线性内插,如图3.3.3所示。

具体作法如下(见图3.3.3):设(x,y)为共轭位置,首先在$x=i$和$x=i+1$的两边进行一维线性内插(也可在$y=j$和$y=j+1$的两边进行一维线性内插),即

图3.3.3　双线性内插示意图

$$\begin{cases} f'(i,y)=(y-j)f(i,j+1)+(1-y+j)f(i,j) \\ f'(i+1,y)=(y-j)f(i+1,j+1)+(1-y+j)f(i+1,j) \end{cases} \tag{3.3.7}$$

然后再在$f'(i,y)$和$f'(i+1,y)$之间再进行线性内插,即

$$g(u,v)=f(x,y)=(x-i)f'(i+1,y)+(1-x+i)f'(i,y) \tag{3.3.8}$$

双线性内插法的优点是计算较为简单(但计算量比最近邻点法要大),且具有一定的亮度采样精度以及几何上比较精确,从而使得校正后的图像亮度连续;其缺点是由于亮度值

内插,原来的光谱信息发生了变化,而且这种方法具有低通滤波的性质,从而易造成高频成分(如线条、边缘等)的损失,使图像变得模糊。

③三次褶积法重采样。三次褶积法是利用一个一元三次多项式来近似理论上的最佳重采样函数 $\sin c(x) = \dfrac{\sin \pi x}{\pi x}$(sin c 函数曲线如图3.3.4所示),三次多项式的表达式如下(以 x 轴为例):

$$\sin c(x) \approx s(x) = \begin{cases} 1 - 2x^2 + |x|^3, & |x| < 1 \\ 4 - 8|x| + 5x^2 - |x|^3, & 1 \leqslant |x| < 2 \\ 0, & |x| \geqslant 2 \end{cases} \quad (3.3.9)$$

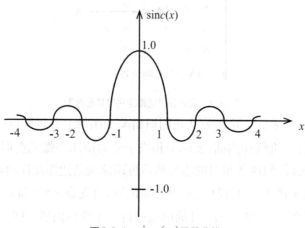

图3.3.4 $\sin c(x)$ 函数曲线

由于遥感影像是二维数据矩阵,因而三次褶积法重采样是在每个重采样位置(即共轭位置)(x, y) 周围的 4×4 邻域内进行的二维重采样(如图3.3.5所示)。

设:

$$k = IFIX(x), l = IFIX(y), x' = x - k, y' = y - l,$$
$$x_1 = -(1 + x'), x_2 = -x', x_3 = 1 - x', x_4 = 2 - x',$$
$$y_1 = -(1 + y'), y_2 = -y', y_3 = 1 - y', y_4 = 2 - y'$$

将 $x_i, y_i (i = 1, 2, 3, 4)$ 代入(3.3.9)式,可得:

$$s(x_1), s(x_2), s(x_3), s(x_4)$$
$$s(y_1), s(y_2), s(y_3), s(y_4)$$

再令:
$$\boldsymbol{S}_z = [s(x_1), s(x_2), s(x_3), s(x_4)]^{\mathrm{T}}$$
$$\boldsymbol{S}_y = [s(y_1), s(y_2), s(y_3), s(y_4)]^{\mathrm{T}}$$

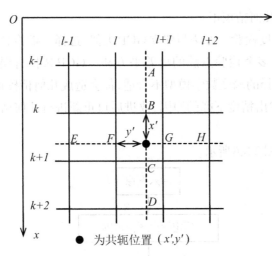

图3.3.5　三次褶积算法示意图

则由共轭位置(x,y)周围的16个点用三次褶积法重采样亮度值$f(x,y)$的计算公式为：

$$g(u,\upsilon)=f(x,y)=\boldsymbol{S}_x^{\mathrm{T}}\boldsymbol{F}_{kl}\boldsymbol{S}_y \tag{3.3.10}$$

式中：

$$\boldsymbol{F}_{kl}=\begin{bmatrix} f(k-1,l-1) & f(k-1,l) & f(k-1,l+1) & f(k-1,l+2) \\ f(k,l-1) & f(k,l) & f(k,l+1) & f(k,l+2) \\ f(k+1,l-1) & f(k+1,l) & f(k+1,l+1) & f(k+1,l+2) \\ f(k+2,l-1) & f(k+2,l) & f(k+2,l+1) & f(k+2,l+2) \end{bmatrix}$$

应指出，对于任意x'和y'值，皆有（可以证明）：

$$\sum_{i=1}^{4}s(x_i)=\sum_{i=1}^{4}s(y_i)=1$$

所以，$s(x_i)$和$s(y_i)(i=1,2,\cdots,4)$实质上是三次褶积法重采样时所采用的权系数。

从(3.3.10)式可知，求共轭位置(x,y)的亮度值可以先用行矩阵$\boldsymbol{S}_x^{\mathrm{T}}$乘矩阵$\boldsymbol{F}_{kl}$，生成一个行矩阵，这相当于先用共轭位置周围$4\times4$个像元点各列的四个像元分别求出$E,F,G,H$四点的重采样值，重采样时，$s(x_i)(i=1,2,\cdots,4)$为权系数。然后，再乘列矩阵$\boldsymbol{S}_y$，从而求出共轭位置的亮度值，这相当于把$s(y_i)(i=1,2,\cdots,4)$作为权系数，对$E,F,G,H$四点进行重采样。

三次褶积法的优点是不仅图像的亮度连续以及几何上比较精确，而且还能较好地保留高频成分，缺点是计算量大。

（3）几何校正的步骤。根据前面的介绍，可将几何精校正归纳为以下几个主要步骤，即：

①确定原始图像与校正后图像的地理坐标系，以及校正后图像的大小和像元大小等。

②选择GCP，即在原始畸变图像空间与标准地图（或标准图像）空间寻找控制点对。

③选择畸变数学模型，并利用GCP数据求出畸变模型的未知参数，然后利用此畸变模

型对原始畸变图像进行几何精校正。

　　④ 几何精校正的精度检验。方法与建立 GCP 类似,选择一批检验点,计算已校正图像单个检验点坐标偏差及多个检验点总的离差平方和。GCP 选择有误差、GCP 数目过少、GCP 分布不合理以及选择的畸变数学模型不合适,都会造成几何精校正的精度下降,因此,必须通过精度分析,并找出精度下降的原因,改进后再重新进行几何精校正,这一过程直到满足精度要求为止。

　　几何校正的步骤如图 3.3.6 所示。

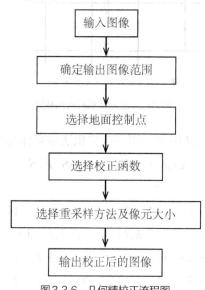

图 3.3.6　几何精校正流程图

　　需要进一步说明的是,多项式法虽然是最为常用的一种几何精校正方法,但只适合较为平坦区域的图像校正,不适合地形复杂的区域的图像校正,这是由于地形复杂时,无论多项式次数有多高,也难以拟合复杂的地形变化,致使几何校正效果不佳。此时若控制点数目足够多,分布足够合理,可以采用“有限元”思想,利用三角网技术进行几何校正。具体方法为:首先将所有的控制点连接为 Delaunay 三角网;然后以各个三角形为着眼点,对三角形的三个顶点用一次多项式拟合三角形所覆盖区域的几何变形,并进行校正。该方法可以充分利用所有的控制点信息,能够较好地校正随机性较高的地形影响。

2.基于共线方程遥感图像严格几何校正

　　对高分辨率遥感图像而言,地形高程引起的几何畸变用一般几何精校正方法不可能完全消除,这对有些应用带来不利影响。当已知遥感图像的成像特性及其辅助数据(如画幅式图像的焦距、框标距,卫星图像的星历数据,控制成果等),可以利用成像模型对遥感图像进行严格或近似严格的几何校正。在遥感图像几何处理中,成像模型主要是共线方程,因此,遥感图像严格几何校正法又称为共线方程法。共线方程法是假设构像瞬间遥感图像上像点、相应地面点和传感器镜头中心位于同一条直线上(即三点共线),再利用控制点并采用空间后方交会法求解出共线方程的参数,然后按照共线方程将原图像校正到参考图像坐标系中。当存在大气折射影响时,可以先按大气折射引起的像点移位公式,对像点坐标进行改正,以保证共线条件的满足。当控制点坐标采用地面坐标系时,可以先按地球曲率引起的像点移位公式,对像点坐标进行改正,以保证共线条件的满足。共线方程法理论上严密,在数字地面高程的支持下,可以消除外方位变化和地形起伏引起的各种图像变形,几何精度较高,是遥感图像几何校正的首选方法。

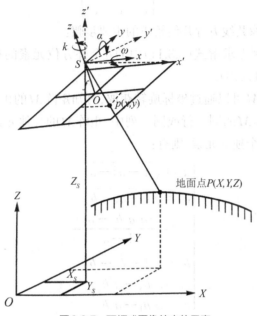

图3.3.7 画幅式图像外方位元素

由于不同几何类型图像的共线方程形式不同,画幅式图像为面中心投影图像,整幅图像对应于一个共线方程表达式,线阵推扫图像为行中心投影图像,在飞行方向上的每个扫描行都对应于一个共线方程表达式,而横向扫描图像为点中心投影图像,图像上的每个像素都对应于一个共线方程表达式,因此不同几何类型图像的严格几何校正在具体解算方法上存在很大差异。一般地,画幅式图像和线阵推扫图像在辅助数据齐全的情况下可按共线方程法进行严格几何校正,而横向扫描图像通常采用近似几何校正法。下面介绍画幅式图像的共线方程几何校正。

如图3.3.7所示,设 f 为等效焦距,$OXYZ$ 为地面直角坐标系(有地图投影),X 为卫星飞行方向,$P(X,Y,Z)$ 为地面点在 $OXYZ$ 坐标系中的坐标,S 为摄站的位置,(X_S,Y_S,Z_S) 为点 S 在 $OXYZ$ 坐标系中的坐标(称为三个外方位线元素),$Sxyz$ 为图像空间直角坐标系,$p(x, y)$ 为地面点 P 对应的像点在 $Sxyz$ 坐标系中的坐标,$Sx'y'z'$ 是 $OXYZ$ 坐标系的原点平移到 S 的坐标系,则画幅式图像对应于一个共线方程式:

$$\begin{cases} x = -f \dfrac{a_1(X-X_S)+b_1(Y-Y_S)+c_1(Z-Z_S)}{a_3(X-X_S)+b_3(Y-Y_S)+c_3(Z-Z_S)} \\ y = -f \dfrac{a_2(X-X_S)+b_2(Y-Y_S)+c_2(Z-Z_S)}{a_3(X-X_S)+b_3(Y-Y_S)+c_3(Z-Z_S)} \end{cases} \tag{3.3.11}$$

式中：$(a_i, b_i, c_i, i=1,2,3)$ 为 $Sxyz$ 坐标系向 $Sx'y'z'$ 坐标系进行坐标转换的复合变换矩阵的 9 个元素，如式(3.3.12)所示。由线性代数知识可知，$Sxyz$ 坐标系向 $Sx'y'z'$ 坐标系的转换可以通过三个坐标轴的三次旋转来实现，这三个坐标轴的旋转角称为三个外方位角元素。

$$M = \begin{bmatrix} a_1 & a_2 & a_3 \\ b_1 & b_2 & b_3 \\ c_1 & c_2 & c_3 \end{bmatrix} \tag{3.3.12}$$

下面给出画幅式图像共线方程几何校正的主要步骤：

第一步：先通过控制点求解式(3.3.11)中的 6 个外方位元素的相关变量，即摄站坐标 (X_s, Y_s, Z_s) 和 $a_i, b_i, c_i (i=1,2,3)$。

由于复合变换矩阵 M 可以通过坐标旋转获取，可知矩阵 M 的 9 个元素中只有 3 个是独立的，且它们不能在矩阵 M 的同一行或同一列中，矩阵 M 的其他元素可通过这 3 个元素确定。若选取 a_2, a_3, b_3 为 3 个独立元素，则有：

$$\begin{cases} a_1 = \sqrt{1 - a_2^2 - a_3^2} \\ c_3 = \sqrt{1 - a_3^2 - b_3^2} \\ b_1 = \dfrac{-a_1 a_3 b_3 - a_2 c_3}{1 - a_3^2} \\ b_2 = \sqrt{1 - b_1^2 - b_3^2} \\ c_1 = a_2 b_3 - a_3 b_2 \\ c_2 = a_3 b_1 - a_1 b_3 \end{cases} \tag{3.3.13}$$

因此，只要获取摄站坐标 (X_s, Y_s, Z_s) 和 a_2, a_3, b_3 即可。

由于共线方程式是非线性的，实际计算时是利用泰勒公式把(3.3.11)式线性化，基于控制点满足 $dX = dY = dZ = 0$ 的前提，可得式(3.3.14)的误差方程组：

$$\begin{cases} v_x = -\left(\dfrac{x}{f}X' - Z'\right)da_3 - \dfrac{x}{f}Y'db_3 + Y'da_2 + dX_s + \dfrac{x}{f}dZ_s - \dfrac{\bar{Z}}{f}(x - x_c) \\ v_y = -\left(\dfrac{y}{f}Y' - Z'\right)db_3 - \dfrac{y}{f}X'da_3 + X'da_2 + dY_s + \dfrac{y}{f}dZ_s - \dfrac{\bar{Z}}{f}(y - y_c) \end{cases} \tag{3.3.14}$$

式中：(x, y) 是控制点的像坐标；

(v_x, v_y) 是控制点的像坐标误差；

其中：

$$X' = X - X_s; \ Y' = Y - Y_s; \ Z' = Z - Z_s;$$

$$\begin{bmatrix} \bar{X} \\ \bar{Y} \\ \bar{Z} \end{bmatrix} = M \cdot \begin{bmatrix} X - X_s \\ Y - Y_s \\ Z - Z_s \end{bmatrix};$$

$$x_c = -f\dfrac{\bar{X}}{\bar{Z}}; \ y_c = -f\dfrac{\bar{Y}}{\bar{Z}}$$

在给定图像外方位元素初值的情况下，把控制点（至少 3 个）代入(3.3.14)式获取误差方程组，根据最小二乘法原理可解算出各个外方位元素的改正数 $(dX_s, dY_s, dZ_s, da_2, da_3, db_3)$，通过不断迭代逼近就可获得共线方程的外方位元素的相关变量。

第二步：确定校正结果图像的范围。为了保证校正结果图像完全包含待校正图像的范围，分别将式(3.3.15)中的(x,y)用校正前图像上4个角点的像平面坐标代入后，求出校正结果图像上4个角点在地面坐标系坐标(式中Z用控制点的平均高程代替)，再除以正射图像的比例尺分母M，就可以得到正射图像的4个角点坐标。

$$\begin{cases} X = X_s + (Z - Z_s) \dfrac{a_1 x + a_2 y - a_3 f}{c_1 x + c_2 y - c_3 f} \\ Y = Y_s + (Z - Z_s) \dfrac{b_1 x + b_2 y - b_3 f}{c_1 x + c_2 y - c_3 f} \end{cases} \tag{3.3.15}$$

第三步：对校正结果图像上的每一个像元，按照间接法重采样原理计算该像元的灰度值，最终获得校正图像。

在逐点处理过程中，首先应获取当前像点的高程值。对于校正图像上的像点$\left(\dfrac{X}{M},\dfrac{Y}{M}\right)$，$M$为正射图像的比例尺分母，可从数字高程模型DEM中获取该像点对应的高程值。一般地，若(X,Y)恰好与DEM格网点坐标一致，则该点的高程值可以直接从DEM取出，否则采用内插法(如最近邻内插法、双线性内插法和三次卷积法)求出该点的高程值。假如缺少图像对应地区的DEM，通常采用图像上所有控制点的高程平均值作为对应地区的高程值(即按平地处理)。在缺少DEM数据的情况下，将无法消除图像上的投影误差。

当校正图像上像点$\left(\dfrac{X}{M},\dfrac{Y}{M}\right)$所对应的地面点坐标$(X,Y,Z)$已知后，按照式(3.3.11)求出$(X,Y,Z)$所对应的待校正图像上像点的像平面坐标$(x,y)$，进而可求出该像点的像平面坐标$(x,y)$所对应的像素坐标$(i,j)$，最后将坐标$(i,j)$的像素值赋值给校正图像。

3.有理函数遥感图像几何校正

共线方程法理论上是严密的，但是其使用条件要求比较高，它需要知道遥感卫星的一些不便公开的细节信息。另外在实际使用中，环境对成像的影响也常常使其难以准确的建模。因此，需要一种与具体传感器无关的、形式简单、适应能力强的模型来取代共线方程模型进行几何校正。有理函数模型就是这样一种模型，也是目前最广泛使用的几何精校正模型。

有理函数模型(Rational Function Model，RFM)是一种通过对多项式进行加减乘除得到的函数模型。在遥感图像的几何精校正过程中，有理函数模型将每一个图像像素点I的行坐标与列坐标(y,x)与其对应地面点D的纬度、经度以及高程的大地坐标(P,L,H)之间的关系用两个有理多项式(Rational polynomial，RP)相除表示，如式(3.3.16)所示：

$$\begin{cases} y = \dfrac{RP_1(P,L,H)}{RP_2(P,L,H)} \\ x = \dfrac{RP_3(P,L,H)}{RP_4(P,L,H)} \end{cases} \tag{3.3.16}$$

式(3.3.16)中的$RP_1(P,L,H)$、$RP_2(P,L,H)$、$RP_3(P,L,H)$以及$RP_4(P,L,H)$具有统

一的形式,可以用向量内积表示：

$$RP_i(P,L,H)=C_i^T \cdot M, \qquad i=1,2,3,4 \qquad (3.3.17)$$

式(3.3.17)中 $C_i(i=1,2,3,4)$ 为有20个元素构成的有理多项式系数向量(Rational Polynomial Coefficient,RPC),如式(3.3.18)所示。一个有理函数模型中包含80项有理多项式系数,如表3.3.1所示。

$$C_i=[a_{i,1},a_{i,2},\cdots,a_{i,20}]^T \qquad (3.3.18)$$

式(3.3.17)中 M 为有理多项式中的变量向量,如式(3.3.19)所示。其中一阶多项式用来描述由光学投影引起的变形;二阶多项式用来描述由地球曲率、大气折射及镜头畸变引起的变形;三阶多项式用来描述其他未知的变形。

$$M=\left[1,L,P,H,LP,LH,PH,L^2,P^2,H^2,PLH,L^3,LP^2,LH^2,L^2P,P^3,PH^2,L^2H,P^2H,H^3\right]^T$$
$$(3.3.19)$$

为了防止数值计算溢出,式(3.3.16)中的变量 (P,L,H,y,x) 都需要进行正则化,正则化公式如(3.3.20)所示：

$$V'=\frac{V-OFF}{SCALE} \qquad (3.3.20)$$

式中：V 是正则化输入量；

V' 是正则化输出量；

OFF 是正则化平移值；

$SCALE$ 是正则化放缩比例(如表3.3.2所示)。

表3.3.1 高分卫星RPC参数示例

C_1	C_2	C_3	C_4
0.0071956170	1.0000000000	0.0053810563	1.0000000000
-0.2383045640	0.0005096378	1.1596317339	-0.0025873394
-1.1670880609	0.0034382447	-0.2295676478	0.0011219402
-0.0000489949	-0.0000002687	-0.0000233438	-0.0010093679
-0.0008246161	0.0000196779	0.0000751998	-0.0000477367
0.0000000874	-0.0000000097	0.0008376206	0.0000008148
-0.0000005586	-0.0000000039	-0.0001660090	-0.0000002879
-0.0010176337	-0.0000053605	-0.0031347711	0.0000770096
-0.0040803095	0.0000404788	-0.0001195500	-0.0000197868
-0.0000000396	-0.0000065825	-0.0000001192	-0.0000203516
0.0000000035	-0.0000000238	0.0000013614	-0.0000000564
-0.0000000432	0.0000000641	-0.0000715637	-0.0000003924
0.0000126189	0.0000033108	-0.0000378726	0.0000009543
0.0000015686	-0.0000000013	-0.0000224028	0.0000000035

续表

C_1	C_2	C_3	C_4
-0.0000038523	0.0000007522	0.0000272743	-0.0000000323
0.0000135964	0.0000055992	0.0000157931	0.0000015654
0.0000076825	0.0000000001	0.0000044347	-0.0000000318
0.0000000016	-0.0000000025	-0.0000042685	0.0000002007
-0.0000000178	-0.0000000583	-0.0000002745	0.0000000526
0.0000000003	0.0000000000	0.0000000005	0.0000000336

表3.3.2　高分卫星正则化参数示例

	OFF	$SCALE$
P	18.750034469999999	0.267280790000000
L	109.399621930000000	0.284804860000000
H	735.746999999999960	807.288000000000010
x	12256.000000000000000	12256.000000000000000
y	11995.000000000000000	11995.000000000000000

　　显而易见的是,有理函数模型直接建立图像坐标与大地坐标之间的关系,是不涉及任何成像的几何过程而独立存在的。这意味着使用有理函数模型进行几何校正的时候无须了解摄影平台、传感器甚至坐标系统的任何参数,因此不仅极大地简化了计算过程,还具有很好的方法适用性与便捷性。同时,相比于单一的多项式模型,有理函数模型在保持较强的非线性拟合能力的同时还兼具稳定性。当然,有理函数模型也存在着缺点,例如难以对图像的局部变形建立模型;难以对覆盖范围较大的图像建立模型;在解算过程中易受数值计算问题(分母过小等)影响稳定性等。

第4章　遥感图像辐射校正

4.1　传感器的辐射校正

传感器的辐射校正主要校正由于传感器灵敏特性变化而引起的辐射失真,包括对光学系统特性引起的失真的校正和对光电转换系统特性引起的失真的校正,一般卫星地面站提供给用户的遥感数字图像数据都已进行过这种辐射失真的校正。下面结合陆地卫星MSS传感器进行介绍。

由于MSS传感器采用一个检测器阵列,而各检测元件的增益和漂移具有不均匀性,它们在工作时可能发生变化,从而造成传感器的辐射失真。

当MSS扫描镜对地面自西向东正程扫描时,检测器检测地物的反射光谱,而当扫描镜自东向西逆程回扫时,检测器不接受地面反射光,这时系统内有一个人工辐射光源,它随着时间而改变辐射的强弱,称为"校准楔"(见图4.1.1)。此时检测器对校准楔进行采样,输出检测值,并和遥感图像数据一起记录下来,传感器的辐射校正就是根据这些数据进行的。

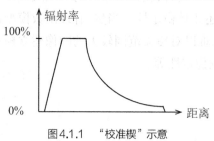

图4.1.1　"校准楔"示意

传感器的辐射失真主要是实测辐射值相对于标准辐射值的增益和漂移(即线性失真)。对这种线性失真进行校正处理时,首先从校准楔上抽取六个样本(这六个点的位置及其标准辐射值在卫星发射前的试验中已经确定,并可从初始校正表格中查到);然后对这六个点的标准辐射值和实测辐射值作线性回归,计算出该通道(各个检测器)的增益值和漂移值;最后利用增益值和漂移值对图像进行校正。

线性失真回归关系可表示如下:

$$v_i = a + bx_i \tag{4.1.1}$$

式中:v_i为实测辐射值;

　　　x_i为校准信号标准辐射值;

a 为漂移值；

b 为增益值。

对上述线性失真方程作最小二乘运算，即可求出 a 和 b：

$$a = \sum_{i=1}^{6} C_i v_i \tag{4.1.2}$$

$$b = \sum_{i=1}^{6} D_i v_i \tag{4.1.3}$$

式中：$C_i = \left[\sum_{j=1}^{6} x_j^2 - (\sum_{j=1}^{6} x_j) x_i \right] / \left[6 \sum_{j=1}^{6} x_j^2 - (\sum_{j=1}^{6} x_j)^2 \right]$；

$D_i = \left[6 x_i - \sum_{j=1}^{6} x_j \right] / \left[6 \sum_{j=1}^{6} x_j^2 - (\sum_{j=1}^{6} x_j)^2 \right]$。

由(4.1.2)式和(4.1.3)式可见，a 和 b 可由线性回归获得，C_i 和 D_i 是回归系数。由于 x_i 可由初始校准表中查到，故 C_i 和 D_i 的全部值可以事先计算并制成表格，实际上，NASA 在卫星发射前通过辐射试验就已经确定了 C_i 和 D_i，它取决于检测器、波段和增益等因素，这些因素不同，C_i 和 D_i 也可以有较大的差异。

由于标准楔上往往还包含有噪声，因此必须对计算得到的 a 和 b 的值进行滤波处理。一般采用的滤波公式如下：

$$a_s(n) = a_s(n-1) + \frac{1}{n} \left[a(n) - a_s(n-1) \right] \tag{4.1.4}$$

$$b_s(n) = b_s(n-1) + \frac{1}{n} \left[b(n) - b_s(n-1) \right] \tag{4.1.5}$$

式中：$a(n),b(n)$ 为第 n 次观测值（即前述的回归计算值）；

$a_s(n),b_s(n)$ 和 $a_s(n-1),b_s(n-1)$ 分别为第 n 次和第 $n-1$ 次观测的滤波估计值；

n 为观测次数，通常取 $n=32$。

上式表明，通过利用第 n 次观测得到观测值 $a(n)$ 和 $b(n)$ 来修正第 $n-1$ 次的滤波估计值 $a_s(n-1)$ 和 $b_s(n-1)$，可以使得第 n 次滤波估计值比第 $n-1$ 次的滤波估计值更加接近正确值，这样经过多次估计修正调整，可以使 $a_s(n)$ 和 $b_s(n)$ 趋于实际值。

通常，对某一条扫描行进行辐射校正时，所需的 $a_s(n)$ 和 $b_s(n)$ 是通过对从当前扫描行开始的连续32条扫描行的校准值 v_i 进行回归和滤波处理得到的。例如，对第 i 条扫描行进行校正处理时，$a_s(n)$ 和 $b_s(n)$ 是对第 i 到 $i+31$ 条扫描行的 v_i 进行回归和滤波处理得到的。

由(4.1.1)式的关系反转即可得到校正公式：

$$v_c = \frac{K}{Mb}(v - a) - A \tag{4.1.6}$$

式中：v_c 为校正后的辐射值（亮度值）；

v 为校正前的辐射值（亮度值）；

K 为最大像元值；

b 为经滤波处理的增益值；

M 为增益修正值，一般取 $M=1$；

a 为经滤波处理的偏移值（漂移值）；

A 为偏移修正值，一般取 $A＝0$。

根据前面的介绍，可以将对每一扫描行的传感器辐射校正处理归纳为三个步骤：第一步进行回归运算，即应用(4.1.2)式和(4.1.3)式计算 a 和 b，回归系数 C_i 和 D_i 可由卫星的辐射校正参数表提供；第二步为逐次滤波处理，即通过(4.1.4)式和(4.1.5)式逐次估算和加权修正，以逼近偏移值和滤波增益的实际值，经过 n 次估计，最后得到 $a_s(n)$ 和 $b_s(n)$；第三步进行传感器辐射校正，即将求得的 $a_s(n)$ 和 $b_s(n)$ 代替(4.1.6)式中的 a 和 b 进行计算，应用这一公式对所有像元逐一进行辐射校正。

传感器的辐射校正过程如图4.1.2所示。

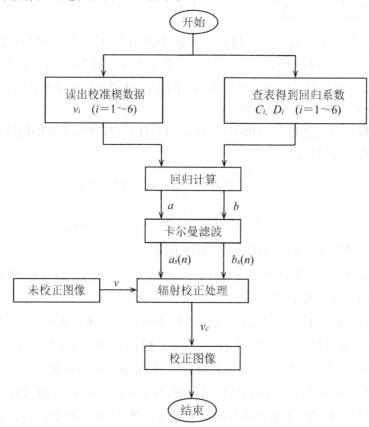

图4.1.2　MSS传感器辐射校正流程图（一扫描行）

4.2　大气校正

由于遥感传感器感测的信息是地物对太阳光的反射或地物发射的电磁波经过大气层传输并与大气发生作用后的结果，大气通过对电磁波的吸收和散射（大气的吸收和散射作用不仅造成地物辐射电磁波能量的衰减，而且散射还将产生邻近像元间的辐射干扰和形成天空光）来影响和改变遥感图像的辐射性质，其中对遥感图像影响最大的是散射作用，因而，通常图像处理的大气校正是指大气散射校正，即消除大气散射对辐射失真的影响。

由于大气的散射作用,传感器在接收地物辐射信息的同时也接收了散射所造成的非地物辐射能,从而使得遥感图像对比度下降,导致图像犹如蒙上一层薄纱一样不清晰。例如设某地物目标如图4.2.1所示,中心为黑色,周围为白色。若在地面直接测得的亮度(无大气散射影响)最大亮度值为5,最小亮度值为2,则反差比为:

$$C_\gamma = \frac{最大亮度值}{最小亮度值} = \frac{5}{2} = 2.5$$

若有散射作用,设散射光附加的亮度值为5,则此时反差比为:

$$C_\gamma = \frac{5+5}{2+5} = 1.4$$

对两种情况进行比较,可见散射使得反差比下降,这是一种有害的影响,它使得图像的分辨率降低,所以必须进行大气校正。

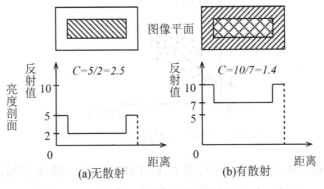

图4.2.1 散射对对比度的影响

一般可通过三种途径进行大气散射校正,即辐射传递方程式计算法(如大气校正6S模型)、野外波谱测试回归分析法及多波段图像的对比分析法,由于前两种方法在实际操作时较困难,因而一般很少使用。

由于大气分子对电磁波的散射(瑞利散射)作用主要表现在短波上(在可见光遥感图像中以蓝绿波段为最甚),对长波影响小(如图4.2.2)所示,从图中可以看出TM1和TM2两波段所受影响较大;TM3波段所受影响次之;TM4波段受影响最小,有时几乎不受什么影响;TM567受大气粒子散射影响大(米氏散射),因而对大气散射进行校正处理用得最多而且也最简单的方法是可见光—近红外多波段间的对比分析法。

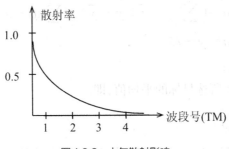

图4.2.2 大气散射影响

下面以TM图像为例,介绍多波段间对比分析的大气散射校正方法。

1.回归分析法

利用多波段间对比分析法进行大气散射校正的基础是：TM1,TM2,TM3三个波段都会受到大气散射的影响,而TM4波段几乎不会受到大气散射的影响,它能够较为正确地反映地物波谱的实际情况,因而可以使用同步获得的TM4波段图像来对其他三个波段进行校正。依据TM4波段校正其他三个波段的图像做法如下。

首先,在要进行大气散射校正的TM1,TM2,TM3波段的图像中,找出最黑的图像目标,例如高山的阴影部分等,同时把对应的同步获得的TM4波段图像的同一目标找出来。

其次,将四个波段的图像目标的数据进行比较,以TM4波段为横坐标进行点绘作图分析,如图4.2.3所示。

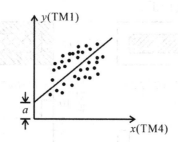

图4.2.3　回归分析法进行大气散射校正示意图

下面以TM1和TM4波段为例进行说明,以TM4波段为x轴,把TM1波段作为y轴,现将TM1和TM4两波段图像上所选目标的数据进行点绘,点绘的结果是出现了许多离散的点,这些在二维坐标平面上点绘的离散点基本呈线性结构形式(如图4.2.3),这些离散点的x,y坐标值分别表示TM4和TM1目标物对应像元的灰度值。对这些离散点进行回归分析如下。

设这些离散点的回归直线为：

$$y = a + bx \tag{4.2.1}$$

式中：x和y分别是TM4和TM1的灰度值；

a和b是回归直线的截距和斜率。

利用所获得的目标物的数据,并由最小二乘法作直线拟合可得斜率和截距为：

$$\begin{cases} b = [\sum_{i=1}^{n}(x_i - \bar{x})(y_i - \bar{y})] / \sum_{i=1}^{n}(x_i - \bar{x})^2 \\ a = \bar{y} - b\bar{x} \end{cases} \tag{4.2.2}$$

式中：n为目标物像元点数；

$\bar{x},\bar{y}$为TM4和TM1上所选目标的平均值,即：

$$\bar{x} = \frac{1}{n}\sum_{i=1}^{n}x_i; \bar{y} = \frac{1}{n}\sum_{i=1}^{n}y_{i}。$$

求出a,b后,回归方程(4.2.1)即被确定,其中常数a是直线$y = a + bx$在y轴上的截距,就是所要求的进行校正的数值。进行校正时,只需将TM1波段的各像元的灰度值减去a既可(因为最黑的图像若没有大气散射的影响,其灰度值也应为零)。同理,可用同样方法求出其他两个波段(TM2,TM3)的大气散射校正值a。

2.直方图法

用此法进行大气散射校正,仍以TM4波段的灰度值为不受大气散射影响的标准值来对其余各波段的灰度值进行校正。TM4波段受大气散射的影响较小,当图像中有深而大的水体或地形阴影时,其直方图应从零灰度值开始,若其他波段不受大气散射的影响,也应存在灰度值为零的像元,即直方图也应从零灰度值开始。一般,其他波段的直方图起点往往与零灰度值之间有一段距离a,这个a值的大小就是由于大气散射影响而使直方图产生"漂移"的值(见图4.2.4)。

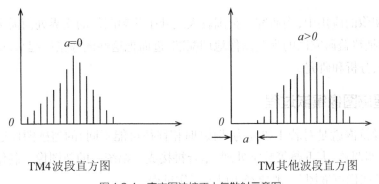

图4.2.4 直方图法校正大气散射示意图

进行校正时,可以首先绘出每个波段的直方图,若TM4波段存在灰度值为零的像元,则其他各波段只要用原始图像灰度值减去各自波段的最小灰度值就达到了大气散射校正的目的。

应注意,并非所有的TM4波段的直方图都存在零起点(即图像中未必一定存在全黑区),当不存在零起点时,直方图法则受到限制,不能再以TM4波段为标准进行大气散射校正。

第5章　遥感图像镶嵌

在遥感图像的应用中,当研究区范围较大或处于几幅图像的交界处而需多幅图像才能覆盖时,需要把覆盖研究区的那些图像地理配准,进而把这些图像镶嵌起来,便于更好地统一处理、解译、分析和研究。

5.1　遥感图像镶嵌过程

所谓图像镶嵌就是对若干幅互为邻接(时相往往可能不同)的遥感图像通过彼此间的几何镶嵌、色调调整、去重叠等数字处理,镶合拼接成一幅统一的新图像。制作好一幅总体上比较均衡的图像镶嵌图,一般要经历以下工作过程。

1.准备工作

首先要根据研究对象和专业要求,挑选合适的遥感图像数据。第一,一般对于不同的专业要求来说,都存在遥感图像的最佳时相问题,所以应尽可能选择满足专业时相要求的遥感图像;第二,由于不同时相遥感图像之间的波谱差异有时会很大,会造成色调调整工作的困难,有时甚至导致无法进行有效的色调调整,所以应尽可能选择成像时间和成像条件接近的遥感图像,以减少后续的色调调整工作量。

合适的遥感图像数据选定后,利用显示设备逐一进行单波段和多波段合成显示检查,检查图像质量(如检查是否有条带以及什么类型的条带,云的影响等),同时了解各幅图像间色调的差异等,据此制定出下一步处理的计划和内容。

2.预处理工作

预处理工作主要包括:

(1)辐射校正;

(2)去条带和斑点;

(3)几何校正(地理对准)。

3.确定实施方案

在进行多幅图像的镶嵌时,镶嵌方案的确定是较为重要的,镶嵌实施方案制定得好,可以节省时间和工作量,否则可能会增加不必要的工作量。对于镶嵌实施方案的制定,首先应确定标准像幅,标准像幅往往选择处于研究区中央且图像质量较好的图像,之后的镶嵌工作都以此图像作为基准进行;其次确定镶嵌的顺序,即以标准像幅为中心,由中央向四周逐步展开。值得注意的是,镶嵌工作的着眼点是全部待镶嵌的图像,而落脚点却总是两幅相邻图像间的镶嵌。

4.重叠区确定

遥感图像镶嵌工作主要是基于相邻图像的重叠区。无论是色调调整,还是几何镶嵌,都是将重叠区作为基准进行的。由于重叠区确定的是否合适直接影响到镶嵌的效果,所以重叠区确定时即要考虑云等的外在因素的影响,同时又要考虑重叠区对相邻镶嵌图像的代表性问题等内在因素的影响。

5.色调调整

色调调整是遥感图像镶嵌的一个关键环节。成像时相或成像条件存在差异的图像,由于图像辐射水平不一样,图像间的亮度差异较大,若不进行色调调整,镶嵌在一起的图像,即使几何位置配准很理想,由于色调各不相同,也不能很好地应用于各个专业上。另外,成像时相和成像条件接近的图像,也会由于传感器的随机误差造成不同像幅的图像色调不一致,从而影响应用的效果。因此也必须进行色调调整这一工作。

6.图像镶嵌

在重叠区已确定和色调调整完毕后,就可以按照前面制定的镶嵌实施策略对相邻图像进行镶嵌。所谓镶嵌就是在相邻两幅待镶嵌图像的重叠区内找到一条接缝线(接边线)。实际上,无论如何做正射校正,地形的影响造成的几何误差总是存在的,无法完全消除的,同时对于时相差异比较大的相邻图幅,色调无论怎么调整也会存在色调的差异的,因此并不是重叠区的任意位置作为接缝线都合适的,接缝线的质量直接影响镶嵌图像的效果。

另外,在镶嵌过程中,即使对两幅图像进行了色调调整,但两幅图像接缝处的色调也不可能完全一致,为此还需对图像的重叠区进行色调的平滑(亮度镶嵌),这样才能保证在镶嵌后的图像中无明显的接缝存在。

5.2 遥感图像镶嵌技术

为了叙述的方便,下面以图5.2.1所示的9幅遥感图像的镶嵌为例进行说明(假设选择数据工作和预处理工作均已完成)。

需要说明的是,遥感图像的镶嵌过程是以地理坐标为中间载体的,因为只有地理坐标才能表达图像的几何对准、重叠、接缝信息以及镶嵌输出。

1.实施方案的确定

针对图5.2.1所示的9幅遥感图像,根据实施方案的确定原则,可采用下述实施方案:

第一,在没有特殊情况下,选择中心图像E为标准像幅;

第二,一般图像色调调整策略是待色调调整的图像到标准像幅的色调调整路径最短,因此可采用图5.2.2所示的图像色调调整方案(箭头表示当前图像色调要调整到与目标图像色调一致);

第三,在没有特殊情况下,卫星的轨道因素会造成相邻卫星遥感图像之间存在以下特点:①同一条带的上下相邻图幅之间重叠区较小,上下相邻图幅的左右两侧的有效图像边界偏差较小;②左右相邻条带的图幅之间重叠区较大,左右相邻图幅的上下两侧的有效图像边界偏差较大。因此针对图像几何镶嵌一般采取纵向条带先镶嵌,横向后镶嵌的策略。图5.2.3和图5.2.4所示的图像几何镶嵌方案(箭头表示一幅图像要与另一幅图像几何镶嵌)。

这里,图像镶嵌的着眼点是9幅图像,而落脚点却总是两幅相邻图像间的镶嵌,从而使问题变得简单。

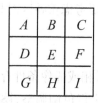

图5.2.1　镶嵌图像位置关系

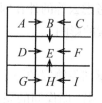

图5.2.2　色调调整顺序

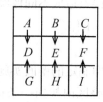

图5.2.3　几何对准示意之一

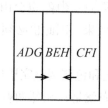

图5.2.4　几何对准示意之二

2. 色调调整

目前常采用的色调调整方法主要有以下几种:

(1)方差、均值法。设要进行色调调整的两幅相邻图像分别为$f(x,y)$和$g(x,y)$,其中x和y是图像上每个像元的采样行号和列号,希望把图像$f(x,y)$的色调调整到与$g(x,y)$图像一致。

设$\alpha(x,y)$是$f(x,y)$图像相对于$g(x,y)$图像的增益变化,$\beta(x,y)$是$f(x,y)$图像相对于$g(x,y)$图像的零线漂移量。为了使问题简化,假设卫星在拍摄同一幅图像时$\alpha(x,y)$和$\beta(x,y)$变化很小,即在同一幅图像中的$\alpha(x,y)$是一个常数α,$\beta(x,y)$也是一个常数β,这是合理的。

使$f(x,y)$图像的色调调整到$g(x,y)$图像的技术问题,可归结到求α和β。也就是使泛函

$$I = \iint [\alpha f(x,y) + \beta - g(x,y)]^2 \mathrm{d}x\mathrm{d}y \tag{5.2.1}$$

为最小,根据最小二乘求极值的原理,也就是使得:

$$\frac{\partial I}{\partial \beta} = 0 = \iint [\alpha f(x,y) + \beta - g(x,y)] \mathrm{d}x\mathrm{d}y \tag{5.2.2}$$

$$\frac{\partial I}{\partial \alpha} = 0 = \iint [\alpha f(x,y) + \beta - g(x,y)] f(x,y) \mathrm{d}x\mathrm{d}y \tag{5.2.3}$$

由式(5.2.2)整理得到:

$$\beta = M_g - \alpha M_f \tag{5.2.4}$$

式中:$M_g = \dfrac{1}{S} \iint_s g(x,y) \mathrm{d}x\mathrm{d}y$;

$$M_f = \frac{1}{S} \iint_s f(x,y) \mathrm{d}x \mathrm{d}y;$$

S 是图像面积。

由均值的定义可知，M_g 和 M_f 正好是图像灰度的均值。再将式(5.2.4)代入式(5.2.3)，则有：

$$\frac{\partial I}{\partial \alpha} = 0 = \alpha \iint [f(x,y) - M_f]^2 \mathrm{d}x \mathrm{d}y - \iint [g(x,y) - M_g][f(x,y) - M_f] \mathrm{d}x \mathrm{d}y \quad (5.2.5)$$

整理上式有：

$$\alpha = \frac{\iint [g(x,y) - M_g][f(x,y) - M_f] \mathrm{d}x \mathrm{d}y}{\iint [f(x,y) - M_f]^2 \mathrm{d}x \mathrm{d}y} = \frac{\sigma_{fg}^2}{\sigma_{ff}^2} \quad (5.2.6)$$

式中：σ_{fg}^2 为相邻两幅图像的协方差；

σ_{ff}^2 为图像 $f(x,y)$ 的方差。

α 的值求出后，把它代入式(5.2.4)即可求出 β 值，即：

$$\beta = M_g - \frac{\sigma_{fg}^2}{\sigma_{ff}^2} M_f \quad (5.2.7)$$

实际上，只要 α 和 β 的值确定后，就意味着图像 $f(x,y)$ 被调整后与相邻图像 $g(x,y)$ 的色调一致了，或者说通过调整使这两幅相邻图像的色调差异最小了。被调整的图像 $f(x,y)$ 的灰度调整过程用公式如下：

$$\hat{f}(x,y) = \alpha f(x,y) + \beta \quad (5.2.8)$$

式中：$\hat{f}(x,y)$ 为 $f(x,y)$ 灰度调整后的图像。

值得注意的是，色调调整都是在单波段上进行的，并且计算 α，β 时的 $f(x,y)$ 和 $g(x,y)$ 图像均是重叠部分的图像，即式(5.2.1)是在重叠部分才有效，否则 α，β 值不可能正确。

(2)直方图法。当两幅相邻图像进行前述的方差均值调整后，色调差异变得很小，此时进一步利用直方图这一直观的方法对这两幅相邻图像进行调整，可以使色调调整的效果更加理想(若两幅图像相差不大时，也可直接采用此法)。

直方图法进行色调调整的具体步骤如下：

① 如图5.2.5，首先获取重叠区数据，此时一定要保证 A' 与 B' 行列数上要一致，并且在取样时，要有足够的样本数。分别做出 A' 图像和 B' 图像所包含的所有波段的直方图。然后，在直方图上找出两幅图像相应的频率像元所对应的灰度值对(见图5.2.6，以一个波段为例)。

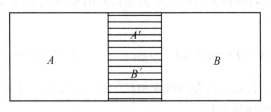

图5.2.5　相邻图像重叠部分

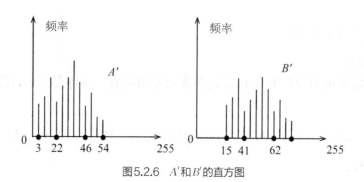

图5.2.6　A'和B'的直方图

从直方图上读出灰度值对应的点对,用分段线性拉伸的方法,把A'图像上的灰度值0, 3,22,46,54对应地拉伸到相应的B'图像上的灰度值0,15,41,62,80。这些点中间的灰度值按线性比例内插,经过拉伸处理后的A'图像应该与B'图像上的色调一致。

② 色调调整效果检查。同时将A'图像和B'图像显示于屏幕上。如果色调调整成功,在屏幕上应看不出两幅图像差别。如果还有差别,则修改拉伸时的点对值,进行拉伸修正处理,直到在屏幕上看不到差异为止。

③ 用最后得到的拉伸点值,对两幅相邻的图像A和B的色调进行调整,即分波段把A图像的灰度值拉伸到B图像相应的灰度值,从而完成两幅相邻图像A和B的色调调整。

3.图像镶嵌

待镶嵌的图像经过上述的几何镶嵌和色调调整后就可以进行图像镶嵌了。

(1)实施方案。对于图5.2.1中的9幅图像,可采用图5.2.3和图5.2.4的方案实施镶嵌处理。具体分以下两个步骤来实现。

① 分别以图像D,E,F为中心,A,G向D对准;B,H向E对准;C,I向F对准。然后把A,D,G垂直镶嵌成ADG;B,E,H垂直镶嵌成BEH;C,F,I垂直镶嵌成CFI。

② 对上述三幅图像,再以BEH为中心,使ADG,CFI依次向BEH对准。而后将ADG, BEH和CFI水平镶嵌在一起,就完成了原9幅图像数字镶嵌的工作。

(2)接缝线。图像镶嵌的一个很重要的环节是在待镶嵌图像的重叠区内选择出一条曲线(因几何误差和色调差异)作为接缝线。接缝线的确定原则是:待镶嵌图像在这条曲线两侧的亮度变化不显著或最小时,此时即可认为找到接缝线。

如图5.2.7所示,假定现在要对左右两幅相邻图像A和B进行镶嵌,这两幅图像间存在一宽为L的重叠区域,要在重叠区内找出一接缝线。此时只要找出这条线在每一行的交点即可,为此可取一长度为d的一维窗口,让窗口在一行内逐点滑动,计算出每一点处A和B两幅图像在窗口内各个对应像元点的亮度值绝对差的和,最小的即为接缝线在这一行的位置,其计算公式为:

$$\sum_{j=0}^{d-1}\left|g_A(i,j_0+j)-g_B(i,j_0+j)\right|, \qquad j_0=1,2,\cdots,L-d+1 \qquad (5.2.9)$$

式中:$g_A(i,j_0+j)$和$g_B(i,j_0+j)$为图像A和B在重叠区(i,j_0+j)处的亮度值;

i为一维窗口所在的图像行数;

j_0为一维窗口的左端点。

满足上述条件的点就是接缝点,所有接缝点的连线就是接缝线,由于色调的差异和几何误差的存在,接缝线一般是曲线。

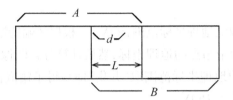

图5.2.7　图像镶嵌接缝确定示意图

(3)重叠区亮度的确定。进行色调调整的毕竟是两幅图像,实际上无论怎样进行处理(除非成像环境完全一致),两幅图像之间难免还会存在亮度差异(当两幅相邻图像季节相差较大时,亮度差异更加严重),特别是在两幅图像的接边处,这种差异有时还比较明显,为了消除两幅图像在拼合时的差异,有必要进行重叠区的亮度镶嵌。

下面以图5.2.8所示的上下相邻的两幅图像重叠区的亮度值确定为例来进行说明。

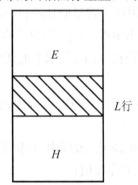

图5.2.8　重叠区亮度确定示意图

设重叠区行数为L,E图像的重叠部分为第K行到$L+K-1$行,H幅图像的重叠部分为第1行到L行,$g_E(i,j)$和$g_H(i,j)$分别表示E图像和H图像的亮度值,$g(i,j)$为重叠区亮度镶嵌后的亮度值,其行数为1到L。此时重叠区亮度值的计算要以列(对于左右镶嵌则要以行为单位)为单位进行,下面以第j列的亮度值确定为例说明常用的三种计算方法:

① 把两幅待镶嵌图像对应像元的平均值作为重叠区像元点的亮度值,即:

$$g(i,j)=\frac{1}{2}\left[g_E(i+K-1,j)+g_H(i,j)\right] \qquad (i=1,2,\cdots,L) \qquad (5.2.10)$$

② 把两幅待镶嵌图像中最大的亮度值作为重叠区像元点的亮度值,即:

$$g(i,j)=\max(g_E(i+K-1,j),g_H(i,j)) \qquad (i=1,2,\cdots,L) \qquad (5.2.11)$$

式中:max表示取最大值运算。

③ 取两幅图像对应像元亮度值的线性加权和,即:

$$g(i,j)=\frac{L-i}{L}g_E(i+K-1,j)+\frac{i}{L}g_H(i,j) \qquad (i=1,2,\cdots,L) \qquad (5.2.12)$$

对于第三种方法,为了使亮度镶嵌的效果更好,要尽可能使重叠部分最大。

(4)数字镶嵌。数字镶嵌的做法也是由局部到整体。现仍以图5.2.1的 E 和 H 两幅为例,介绍怎样实现数字镶嵌,然后用同样的方法推广到整体。

镶嵌步骤如下:

① 确定镶嵌输出图像的地理坐标范围 BOX_{EH}。根据两幅待镶嵌图像的地理配准信息,分别计算出各自图像的四个角点的地理坐标,然后计算各自图像的地理坐标范围 BOX_E 和 BOX_H,最后对两幅图像的地理坐标范围取"并集"即获得了镶嵌输出图像的地理坐标范围 BOX_{EH},即 $BOX_{EH} = BOX_E \cup BOX_H$。

② 确定镶嵌输出图像的像元大小 $Size_{pixel}$。类似于图像的重采样几何校正,镶嵌输出图像的像元大小也是可以人为指定的,可以根据工作需要指定镶嵌输出图像的像元大小。

③ 计算镶嵌输出图像的行数 L_{out} 和列数 C_{out}。根据镶嵌输出图像的地理坐标范围 BOX_{EH} 和像元大小 $Size_{pixel}$ 可以计算出镶嵌输出图像的大小 $L_{out} \times C_{out}$。

④ 确定镶嵌输出图像的背景值Background。因为在镶嵌过程,两幅待镶嵌的图像一般是无法覆盖镶嵌输出图像范围的,图5.2.9的阴影部分,镶嵌输出图像中,即不在 BOX_E 范围内,也不在 BOX_H 范围内的像元必须赋予背景值Background。

⑤ 由待镶嵌图像生成镶嵌输出图像。镶嵌是以镶嵌输出图像的像元为着眼点的。就是逐行逐列扫描镶嵌输出图像的所有像元 P,并基于地理配准信息计算像元的地理坐标,然后处理如下:

情形一:若像元 P 的地理坐标即不在 BOX_E 范围内,也不在 BOX_H 范围内,则像元 P 为背景,赋值为 Background;

情形二:若像元 P 的地理坐标在 BOX_E 范围内,且位于接缝线上侧,则利用重采样思想,从 E 图像的相应地理位置获取像元 P 亮度值;

情形三:此时像元 P 的地理坐标肯定在 BOX_H 范围内,且位于接缝线下侧,可利用重采样思想,从 H 图像的相应地理位置获取像元 P 亮度值。

上面介绍了相邻两幅图像的镶嵌过程,进而便可用同样的方法把 B 图像对准 E 图像,使 B,E,H 三幅图像垂直镶嵌到一起,命名为 BEH。同理可镶嵌出 ADG 和 CFI,继续把 ADG,BEH,CFI 看成三幅待对准镶嵌的图像,再以中心幅 BEH 图像为标准图像,依次把 ADG 对准 BEH,CFI 对准 BEH 进行镶嵌。到此便完成了多幅图像的数字镶嵌工作。

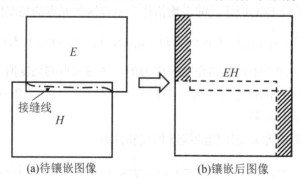

(a)待镶嵌图像　　　　　　(b)镶嵌后图像

图5.2.9　图像镶嵌示意图

第6章 图像变换

图像变换在图像处理中起着关键的作用,而且在图像处理的理论研究及应用工作中,图像变换仍是有意义的课题。

图像变换指的是将图像从空间域转换到变换域的过程,例如频率域。进行图像变换的目的就是为了使图像的处理过程简化。

对于图像的变换处理,在以下三个方面有着十分重要的作用:第一,由于图像在变换域进行的一些处理(如增强处理)要比在空间域进行相应的处理简单易行,因此可以通过图像变换简单而有效地实现一些处理;第二,通过图像变换可以对图像进行特征抽取,例如本书第十章中的利用图像的功率谱特征来分析提取图像中的纹理信息;第三,通过图像变换可以实现图像的信息压缩。

本章将介绍图像处理中常用的几种变换方法。

6.1 卷积变换

卷积变换是信号分析的重要手段之一,通过它可分析信号的成分,也可以把这些成分合成信号。特别是在图像领域,随着极具应用价值的卷积神经网络技术的迅速发展,卷积变换的重要性日益被人们所认识。鉴于卷积变换的重要性和后面很多章节均要使用卷积概念的原因,特用此节对卷积变换进行集中介绍。

卷积变换是分析数学中一种重要的运算。若输入信号是随时间变化的,则其卷积变换是响应函数经过翻转和平移后与被卷积函数的函数值乘积在重叠区间的积分;若输入信号不是随时间变化的,则其卷积变换是响应函数与被卷积函数的函数值乘积在重叠区间的积分。总之,卷积变换可以看作是用一个函数逐段地对另一个函数进行描述的过程。

1.输入信号随时间变化的卷积

对于输入信号随时间变化的卷积来说,卷积的响应函数一般是随时间呈指数下降的,这样定义响应函数的物理意义是:如果某一时刻有一个信号输入,那么随着时间的流逝,这个输入信号将不断被衰减。为了体现响应函数对输入信号的时间越近衰减越弱、时间越远衰减越强的特点,在卷积运算时需要对响应函数进行翻转,这也是卷积的“卷”的由来。

(1)一维连续卷积。设$f(x)$和$g(x)$为实数域R上的两个可积函数,则它们的卷积变换式为:

$$(f*g)(x)=\int_{-\infty}^{\infty}f(u)g(x-u)\mathrm{d}u \tag{6.1.1}$$

式中：$f(x)$为被卷积函数，$g(x)$为响应函数（卷积模板函数），$*$表示卷积变换符，u表示卷积在x变量维度的作用范围变量。

（2）二维连续卷积。设$f(x,y)$和$g(x,y)$为实数域 R 上的两个二维可积函数，则它们的卷积变换式为：

$$(f*g)(x,y)=\int_{-\infty}^{\infty}\int_{-\infty}^{\infty}f(u,v)g(x-u,y-v)\mathrm{d}u\mathrm{d}v \tag{6.1.2}$$

式中：$f(x,y)$为被卷积函数，$g(x,y)$为响应函数（卷积模板函数），$*$表示卷积变换符，u和v分别表示卷积在x变量维度与y变量维度的作用范围变量。

（3）一维离散卷积。设$f(i)$和$g(i)$为两个离散数据序列，则它们的离散卷积变换式为：

$$(f*g)(i)=\sum_{u=-\infty}^{\infty}f(u)g(i-u) \tag{6.1.3}$$

式中：$f(i)$为被卷积数据，$g(i)$为响应数据（卷积模板），$*$表示卷积变换符，u表示卷积在i数据维度的作用范围。

（4）二维离散卷积。设$f(i,j)$与$g(i,j)$为两个离散二维数据序列（i为行序列号，j为图像的列序列号），则它们的离散卷积变换式为：

$$(f*g)(i,j)=\sum_{u=-\infty}^{\infty}\sum_{v=-\infty}^{\infty}f(u,v)g(i-u,j-v) \tag{6.1.4}$$

式中：$f(i,j)$为被卷积二维数据序列，$g(i,j)$为响应数据（卷积模板），$*$表示卷积变换符，u与v分别表示卷积在i数据维度与j数据维度的作用范围。

2. 输入信号与时间无关的卷积

由于输入信号与时间无关，此时卷积无需考虑响应函数对输入信号的随时间的衰减问题了，因此卷积运算时也就无需对响应函数进行翻转了。由于没有了响应函数的翻转，所以此时的卷积实质就是模板匹配，只不过大家已经习惯了把这种模板匹配称为卷积。

（1）一维连续卷积。设$f(x)$和$g(x)$为实数域 R 上的两个可积函数，则它们的卷积变换式为：

$$(f*g)(x)=\int_{-\infty}^{\infty}f(x+u)g(u)\mathrm{d}u \tag{6.1.5}$$

式中：$f(x)$为被卷积函数，$g(x)$为响应函数（卷积模板函数），$*$表示卷积变换符，u表示卷积在x变量维度的作用范围变量。

（2）二维连续卷积。设$f(x,y)$和$g(x,y)$为实数域 R 上的两个二维可积函数，则它们的卷积变换式为：

$$(f*g)(x,y)=\int_{-\infty}^{\infty}\int_{-\infty}^{\infty}f(x+u,y+v)g(u,v)\mathrm{d}u\mathrm{d}v \tag{6.1.6}$$

式中：$f(x,y)$为被卷积函数，$g(x,y)$为响应函数（卷积模板函数），$*$表示卷积变换符，u和v分别表示卷积在x变量维度与y变量维度的作用范围变量。

（3）一维离散卷积。设 $f(i)$ 和 $g(i)$ 为两个离散数据序列，则它们的离散卷积变换式为：

$$(f*g)(i)= \sum_{u=-\infty}^{\infty} f(i+u)g(u) \tag{6.1.7}$$

式中：$f(i)$ 为被卷积数据，$g(i)$ 为响应数据（卷积模板），$*$ 表示卷积变换符，u 表示卷积在 i 数据维度的作用范围。

（4）二维离散卷积。设 $f(i,j)$ 与 $g(i,j)$ 为两幅数字图像（i 为图像的行号，j 为图像的列号），则它们的离散卷积变换式为：

$$(f*g)(i,j)= \sum_{u=-\infty}^{\infty} \sum_{v=-\infty}^{\infty} f(i+u,j+v)g(u,v) \tag{6.1.8}$$

式中：$f(i,j)$ 为被卷积图像，$g(i,j)$ 为响应图像（卷积模板），$*$ 表示卷积变换符，u 与 v 分别表示卷积在被卷积图像的行与列的作用范围。

实际对图像进行卷积变换时，被卷积图像和卷积模板的大小都是有界的，而且卷积模板的大小都远小于被卷积图像的大小。设卷积模板大小为 $(2M+1)\times(2N+1)$，则对于任意像元点 (i,j) 的卷积变换式为：

$$(f*g)(i,j)= \sum_{u=0}^{2M} \sum_{v=0}^{2N} f(i+u-M,j+v-N)g(u,v) \tag{6.1.9}$$

每个像元点 (i,j) 的卷积所涉及的被卷积图像的范围又称为活动窗口，卷积模板实质反映的是活动窗口的拓扑性质，一般根据具体问题或需求设定。卷积模板内的像元值可以是固定的，也可以是随着窗口变化的，卷积模板像元值总和通常为 0 或 1。

从图 6.1.1 可以看出，在卷积模板大小为 3×3 的情况下，卷积图像比原图像上下各少一行，左右各少一列。同理，对于大小为 5×5 的卷积模板，则卷积图像上下、左右将各少两行、两列，依此类推。这是由于边缘处的像元无法满足窗口中心像素这一条件，且窗口的活动区域也无法扩展到图像以外。为了保持卷积图像与原图像大小一致，可在卷积之前对原图像进行扩边处理。如图 6.1.2 所示。

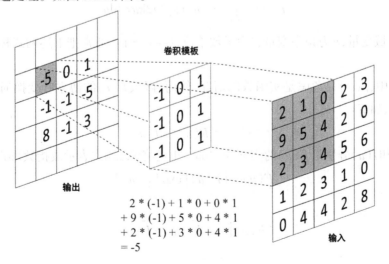

图6.1.1 图像卷积变换示意图

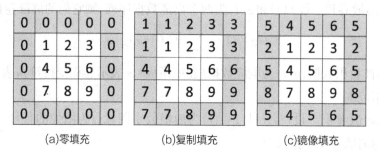

(a)零填充   (b)复制填充   (c)镜像填充

图6.1.2   图像卷积变换示意图

6.2   傅立叶变换

傅立叶变换是一种分析信号的方法，它可分析信号的成分，也可用这些成分合成信号，它广泛地应用于很多领域，取得了良好的效果。由于它可将傅立叶变换前的空间域中的复杂的卷积变换转化为傅立叶变换后的频率域的简单的乘积运算，同时还可以在频率域中简单而有效地实现增强处理和进行特征抽取，故而在图像处理中也得到了广泛的应用。

1.傅立叶变换的定义及基本概念

傅立叶变换在数学中的定义是严格的。令$f(x)$为实变量x的连续函数，如果$f(x)$满足下面的狄里赫莱条件：

(1)有有限个间断点；

(2)有有限个极值点；

(3)绝对可积。

则有以下二式成立：

$$F(u)=\int_{-\infty}^{+\infty}f(x)\exp(-i2\pi ux)\mathrm{d}x \tag{6.2.1}$$

$$f(x)=\int_{-\infty}^{+\infty}F(u)\exp(i2\pi ux)\mathrm{d}u \tag{6.2.2}$$

式中：x为时域变量，u为频率变量，i为虚数单位，$i=\sqrt{-1}$。通常把上述两式称为傅立叶变换对。

在本书中，$f(x)$只考虑是实函数的情况，然而，函数$f(x)$的傅立叶变换通常是一个复数，它可表示如下：

$$F(u)=R(u)+iI(u) \tag{6.2.3}$$

式中：$R(u)$和$I(u)$分别是$F(u)$的实部和虚部。也可将(6.2.3)式表示成指数形式，即：

$$F(u)=\left|F(u)\right|\exp\left[\varphi(u)\right] \tag{6.2.4}$$

其中

$$\left|F(u)\right|=\sqrt{R^2(u)+I^2(u)} \tag{6.2.5}$$

和

$$\varphi(u)=\arctan\left[I(u)/R(u)\right] \tag{6.2.6}$$

幅度函数$|F(u)|$被称为$f(x)$的傅立叶谱,而$\varphi(u)$为相角。傅立叶谱的平方:

$$E(u)=\left|F(u)\right|^2=R^2(u)+I^2(u) \tag{6.2.7}$$

一般称为$f(x)$的能量谱。

实际情况表明,傅立叶变换的条件几乎总是可以满足的,而且连续非周期函数的傅立叶谱是连续的非周期函数,连续的周期函数的傅立叶谱是离散的非周期函数。

傅立叶变换可以容易地推广到二维函数$f(x,y)$。如果二维函数$f(x,y)$满足狄里赫莱条件,那么将有下面二维傅立叶变换对存在:

$$F(u,v)=\int_{-\infty}^{+\infty}\int_{-\infty}^{+\infty}f(x,y)\exp\left[-i2\pi(ux+vy)\right]\mathrm{d}x\mathrm{d}y \tag{6.2.8}$$

$$f(x,y)=\int_{-\infty}^{+\infty}\int_{-\infty}^{+\infty}F(u,v)\exp\left[i2\pi(ux+vy)\right]\mathrm{d}u\mathrm{d}v \tag{6.2.9}$$

式中:u,v是频率变量。

与一维傅立叶变换类似,二维函数的傅立叶变换的相位和能量谱分别由下列关系式给出:

$$\left|F(u,v)\right|=\sqrt{R^2(u,v)+I^2(u,v)} \tag{6.2.10}$$

$$\varphi(u,v)=\arctan\left[I(u,v)/R(u,v)\right] \tag{6.2.11}$$

和

$$E(u,v)=R^2(u,v)+I^2(u,v) \tag{6.2.12}$$

式中:$I(u,v)$和$R(u,v)$分别是傅立叶变换的虚部和实部;

$F(u,v)$为傅立叶谱,$\varphi(u,v)$是相位谱;

$E(u,v)$是能量谱。

2.离散的傅立叶变换

由于图像是由像素组成的二维离散数据矩阵,对它进行傅立叶变换就必须知道离散的傅立叶变换。离散傅立叶变换使数学方法与计算机技术建立了联系,也为傅立叶变换这样的数学工具在实用中开辟了一条新的道路。

如果$f(x)$为一离散数字序列$(x=0,1,\cdots,N-1)$,则其离散傅立叶变换定义由下式来表示:

$$F(u)=\frac{1}{N}\sum_{x=0}^{N-1}f(x)\exp\left[\frac{-i2\pi ux}{N}\right] \tag{6.2.13}$$

式中:$u=0,1,\cdots,N-1$。而傅立叶反变换定义由下式来表示:

$$f(x)=\sum_{u=0}^{N-1}F(u)\exp\left[\frac{i2\pi ux}{N}\right] \tag{6.2.14}$$

式中:$x=0,1,\cdots,N-1$。

对于二维离散数据$f(x,y)(x=0,1,\cdots,M-1;y=0,1,\cdots,N-1)$,其傅立叶变换为:

$$F(u,v)=\frac{1}{MN}\sum_{x=0}^{M-1}\sum_{y=0}^{N-1}f(x,y)\exp\left[-i2\pi(\frac{ux}{M}+\frac{vy}{N})\right] \tag{6.2.15}$$

式中:$u=0,1,\cdots,M-1;\upsilon=0,1,\cdots,N-1$。而反变换式为:

$$f(x,y)=\sum_{u=0}^{M-1}\sum_{\upsilon=0}^{N-1}F(u,\upsilon)\exp\left[i2\pi\left(\frac{ux}{M}+\frac{\upsilon y}{N}\right)\right] \tag{6.2.16}$$

式中:$x=0,1,\cdots,M-1;y=0,1,\cdots,N-1$。$u,\upsilon$可称为空间频率。

在图像处理中,一般总是选择方形数据阵列(即$M=N$),此时的傅立叶变换对定义为:

正变换

$$F(u,\upsilon)=\frac{1}{N}\sum_{x=0}^{N-1}\sum_{y=0}^{N-1}f(x,y)\exp\left[\frac{-i2\pi(ux+\upsilon y)}{N}\right]$$
$$(u,\upsilon=0,1,2\cdots,N-1) \tag{6.2.17}$$

反变换

$$f(x,y)=\frac{1}{N}\sum_{u=0}^{N-1}\sum_{\upsilon=0}^{N-1}F(u,\upsilon)\exp\left[\frac{i2\pi(ux+\upsilon y)}{N}\right]$$
$$(x,y=0,1,2,\cdots,N-1) \tag{6.2.18}$$

应注意,在此情况下,两个表达式中都包含$1/N$项。因为$F(u,\upsilon)$和$f(x,y)$是一个傅立叶变换对,所以这些常数倍乘项的组合是任意的。

一维和二维离散函数的傅立叶谱、相位和能量谱也分别由式(6.2.5)~(6.2.7)和式(6.2.10)~(6.2.12)给出。唯一的差别是独立变量是离散的。

因为在离散的情况下,$F(u)$和$F(u,\upsilon)$两者总是存在的,所以和连续的情况不同,我们不必考虑关于离散傅立叶变换的存在性。

3.二维离散傅立叶变换的性质

傅立叶变换之所以被广泛应用,是因为它有一些良好的性质。在下面的介绍中,为了说明的方便,在没有特别声明的情况下,约定$f(x,y)$为二维离散函数,它的傅立叶变换为$F(u,\upsilon)$,同时约定离散函数的大小为$N\times N$。

(1)平均值。傅立叶变换域原点的频谱分量$F(0,0)$是空间域的平均值的N倍,因为在(6.2.17)式中令$u=\upsilon=0$时,有:

$$F(0,0)=\frac{1}{N}\sum_{x=0}^{N-1}\sum_{y=0}^{N-1}f(x,y)=N\left[\frac{1}{NN}\sum_{x=0}^{N-1}\sum_{y=0}^{N-1}f(x,y)\right]=N\bar{f}(x,y) \tag{6.2.19}$$

(2)变换域的周期性。设m,n为整数,$m,n=0,\pm1,\pm2,\cdots$,将$u+mN$和$\upsilon+nN$代入(6.2.17)式中,有:

$$F(u+mN,\upsilon+nN)=\frac{1}{N}\sum_{x=0}^{N-1}\sum_{y=0}^{N-1}f(x,y)\times\exp\left[\frac{-i2\pi[(u+mN)x+(\upsilon+nN)y]}{N}\right]$$
$$\tag{6.2.20}$$
$$=\frac{1}{N}\sum_{x=0}^{N-1}\sum_{y=0}^{N-1}f(x,y)\times\exp\left[\frac{-i2\pi(ux+\upsilon y)}{N}\right]\times\exp\left[-i2\pi(mx+ny)\right]$$

上式中,右边第二个指数项$\exp\left[-i2\pi(mx+ny)\right]$为单位值,因此傅立叶变换是周期性的,即:

$$F(u+mN,\upsilon+nN)=F(u,\upsilon) \tag{6.2.21}$$

(3)对称共轭性。由离散傅立叶变换定义可方便地证明,傅立叶变换满足:

$$F^*(u+mN,v+nN)=F(-u,-v) \tag{6.2.22}$$

式中:m,n的意义同上。

(4)平移性。若$f(x,y)$与$F(u,v)$之间的傅立叶变换对的关系可用双箭头表示,即:

$$f(x,y)\Longleftrightarrow F(u,v)$$

其中用小写字母表示空间域函数,用大写字母表示其频域变换,则平移性是指:

$$f(x,y)\exp\left[\frac{i2\pi(u'x+v'y)}{N}\right]\Longleftrightarrow F(u-u',v-v') \tag{6.2.23}$$

和

$$f(x-x',y-y')\Longleftrightarrow F(u,v)\exp\left[\frac{-i2\pi(ux'+vy')}{N}\right] \tag{6.2.24}$$

由于$\left|F(u,v)\exp\left[\frac{-i2\pi(ux'+vy')}{N}\right]\right|=|F(u,v)|$,因而说明$f(x,y)$的移动并不影响它的傅立叶变换的幅度。

(5)分配性和比例性。设$f(x,y)$可以用离散函数$f_1(x,y)$和$f_2(x,y)$线性表示,即:

$$f(x,y)=af_1(x,y)+bf_2(x,y) \tag{6.2.25}$$

若$F_1(u,v)$和$F_2(u,v)$分别是$f_1(x,y)$和$f_2(x,y)$的傅立叶变换,则根据傅立叶变换对的定义可直接得到傅立叶变换的分配性,即:

$$F(u,v)=aF_1(u,v)+bF_2(u,v) \tag{6.2.26}$$

式中:a和b为常数。

同时也可以很容易地证明傅立叶变换的比例性,即:

$$F(au,bv)=\frac{1}{|ab|}F\left(\frac{u}{a},\frac{v}{b}\right) \tag{6.2.27}$$

(6)可分离性。在(6.2.17)式和(6.2.18)式中给出的离散傅立叶变换对,可表示成分离的形式:

$$F(u,v)=\frac{1}{N}\sum_{x=0}^{N-1}\exp\left(\frac{-i2\pi ux}{N}\right)\times\sum_{y=0}^{N-1}f(x,y)\exp\left(\frac{-i2\pi vy}{N}\right) \tag{6.2.28}$$

$$f(x,y)=\frac{1}{N}\sum_{u=0}^{N-1}\exp\left(\frac{i2\pi ux}{N}\right)\times\sum_{v=0}^{N-1}F(u,v)\exp\left(\frac{i2\pi vy}{N}\right) \tag{6.2.29}$$

可分离性的主要优点是可以通过连续两次应用一维傅立叶变换或它的反变换来求得$F(u,v)$或$f(x,y)$。

(7)卷积定理。设$f(x,y),g(x,y)$是大小分别为$A\times B$和$C\times D$的两个离散函数,则它们的离散卷积定义为:

$$z(x,y)=f(x,y)*g(x,y)=\sum_{m=0}^{M-1}\sum_{n=0}^{N-1}f(m,n)g(x-m,y-n) \tag{6.2.30}$$
$$(x=0,1,\cdots,M-1;y=0,1,\cdots,N-1)$$

式中:$M=A+C-1,N=B+D-1$,则卷积定理为(双箭头意义同上):

$$f(x,y)*g(x,y)\Longleftrightarrow F(u,v)G(u,v) \tag{6.2.31}$$

$$f(x,y)g(x,y) \Longleftrightarrow F(u,v)*G(u,v) \qquad (6.2.32)$$

为了避免离散卷积中的交叠误差，需对被卷积函数进行延拓和补零，即：

$$f_e(x,y) = \begin{cases} f(x,y) & 0 \leqslant x \leqslant A-1 \text{ 及 } 0 \leqslant y \leqslant B-1 \\ 0 & A \leqslant x \leqslant M-1 \text{或} B \leqslant y \leqslant N-1 \end{cases} \qquad (6.2.33)$$

$$g_e(x,y) = \begin{cases} g(x,y) & 0 \leqslant x \leqslant C-1 \text{ 及 } 0 \leqslant y \leqslant D-1 \\ 0 & C \leqslant x \leqslant M-1 \text{或} D \leqslant y \leqslant N-1 \end{cases} \qquad (6.2.34)$$

式中：$M \geqslant A+C-1, N \geqslant B+D-1$。

于是欲求的卷积为：

$$z_e(x,y) = f_e(x,y)*g_e(x,y) \qquad (6.2.35)$$

4.快速傅立叶变换(FFT)

傅立叶变换是数字图像处理的重要工具。然而由于它的计算量大、运算时间长，在某种程度上限制了它的使用，为此 Cooley－Tukey 提出了快速傅立叶变换。

由前面的傅立叶变换的性质可知，二维离散的傅立叶变换可以通过连续进行两次一维的傅立叶变换来实现。而且傅立叶正变换和反变换只差一个符号，因而傅立叶正反变换的计算方法是一样的。通过前面的分析可知，傅立叶变换的快速实现只需对一维离散的情况实现即可。傅立叶快速变换的基本思想如下。

对于一个有限长离散信号序列 $\{f(x)\}$ $(0 \leqslant x \leqslant N-1)$，它的傅立叶变换如式(6.2.13)所示。令：

$$W_N = \exp\left[\frac{-i2\pi}{N}\right] \qquad (6.2.36)$$

由于

$$W_N^{(u+mN)(x+nN)} = W_N^{ux} \quad (m,n=0,\pm1,\pm2,\cdots) \qquad (6.2.37)$$

因此 W_N^{ux} 是以 N 为周期重复的。例如，当 $N=8$ 时，$W_N^N=1$，$W_N^{N/2}=-1$，$W_N^{N/4}=-i$，$W_N^{N/8}=i$。可见，当 N 为偶数时，离散傅立叶变换中的乘法运算有许多重复内容，在此基础上，令 $N=2M$（M 也为正整数），则傅立叶变换可表示为：

$$F(u) = \frac{1}{N}\sum_{x=0}^{N-1} f(x)W_N^{ux} = \frac{1}{2}\left[\frac{1}{M}\sum_{x=0}^{M-1} f(2x)W_{2M}^{u(2x)} + \frac{1}{M}\sum_{x=0}^{M-1} f(2x+1)W_{2M}^{u(2x+1)}\right] \quad (6.2.38)$$

因为 $W_{2M}^{u(2x)} = W_M^{ux}$，于是(6.2.38)式可表示为：

$$\begin{aligned} F(u) &= \frac{1}{2}\left[\frac{1}{M}\sum_{x=0}^{M-1} f(2x)W_M^{ux} + \frac{1}{M}\sum_{x=0}^{M-1} f(2x+1)W_M^{ux}W_{2M}^u\right] \\ &= \frac{1}{2}\left[F_1(u) + W_{2M}^u F_2(u)\right] \end{aligned} \qquad (6.2.39)$$

式中：$F_1(u)$ 和 $F_2(u)$ 分别是 $f(2x)$ 和 $f(2x+1)$ $(x=0,1,\cdots,M-1)$ 的傅立叶变换。由于 $F_1(u)$ 和 $F_2(u)$ 均是以 M 为周期的，所以

$$\begin{cases} F_1(u+M) = F_1(u) \\ F_2(u+M) = F_2(u) \end{cases} \qquad (6.2.40)$$

这说明当 $u \geqslant M$ 时，式(6.2.39)也是重复的。因此

$$F(u)=\frac{1}{2}\left[F_1(u)+W_{2M}^u F_2(u)\right](u=0,1,\cdots,N-1) \tag{6.2.41}$$

也是成立的。

由上面的分析可见,一个N(偶数)点的离散傅立叶变换可由两个$N/2$点的傅立叶变换得到。离散傅立叶变换的计算时间主要由乘法决定,分解后所需的乘法次数大为减少。当N是2的整数幂时,则上式中的$F_1(u)$和$F_2(u)$还可以再分解为两个更短的序列,因此计算时间会更短。由此可见,利用W_N的周期性和分解运算,从而减少乘法运算次数是实现快速运算的关键。

基于以上快速傅立叶变换的原理的实现方法很多,可参考有关文献。

6.3 小波变换

1.小波变换概述

小波分析与前面介绍的傅立叶分析有着惊人的相似,其基本的数学思想来源于经典的调和分析,其雏形形成于20世纪50年代初的纯数学领域,但此后30年并没有受到人们的重视,直到1984年由法国Elf—Aquitaine公司的地球物理学家J.Morlet提出了小波的概念。他在分析地质资料时,首先引进并使用了小波(Wavelet)这一术语,顾名思义"小波"就是小的波形。所谓"小"是指它具有衰减性;而称之为"波"则是指它的波动性,其振幅呈正负相间的震荡形式。

傅立叶分析是现代工程中应用最广泛的数学方法之一,特别是在信号及图像处理方面,利用傅立叶变换可以把信号分解成不同尺度上连续重复的成分,对图像处理与分析有很多优点,应用也相当多。然而傅立叶变换存在不能同时进行时间—频率局部分析的缺点,为了弥补这方面的不足,Gabor在1946年提出了信号的时频局部化分析方法,即所谓的Gabor变换。此方法以后在应用中不断发展完善,从而形成了一种新的信号处理方法——加窗傅立叶变换(短时傅立叶变换),加窗傅立叶变换是将信号在整个时域中分解为多个等长的子信号,并对它们分别采用傅立叶变换,从而获取信号的时频对应信息。虽然加窗傅立叶变换能够在一定程度上克服傅立叶变换的无法进行时频分析的缺点,但显而易见的是,该方法在实际使用的时候需要将信号分解为合适长度的子信号(即采用合适的窗口或窗函数对信号进行截取)才能够精确提取信息,这往往是比较困难的。

小波变换的出现较好的解决这一问题。它通过伸缩平移运算对信号逐步进行多尺度细化,具有局部分析与细化的能力,可聚焦到信号的任意细节,能够自动适应时频信号分析的要求,被称为"数学显微镜"。与传统的信号分析技术相比,小波变换还能在没有明显损失的情况下,实现对信号进行压缩和去噪。因此,现如今,小波分析已成为当前应用数学中一个迅速发展的新领域,在信号分析、语音合成、图像识别、计算机视觉、数据压缩、CT成像、地震勘探、大气与海洋波的分析、分形力学、流体湍流以及天体力学等众多领域均已取得了具有科学意义和应用价值的重要成果。

2.连续小波变换

同傅立叶变换一样,在小波变换中同样存在着一维、二维的连续小波变换。

（1）一维连续小波变换

定义 6.3.1.如果函数 $\varphi(t)\in L^2(R)$,($L^2(R)$ 为实数域上的平方可积函数空间)满足以下三个条件:

条件1: $$\int_{-\infty}^{+\infty}\varphi(t)\mathrm{d}t=0 \tag{6.3.1}$$

条件2: $$\int_{-\infty}^{+\infty}|\varphi(t)|\mathrm{d}t<+\infty \tag{6.3.2}$$

条件3: $$C_{\varphi}=\int_{-\infty}^{+\infty}\frac{\left|\hat{\varphi}(\omega)\right|^2}{\omega}\mathrm{d}\omega<+\infty \tag{6.3.3}$$

则称函数 $\varphi(t)$ 为基本小波函数。式(6.3.3)中,$\hat{\varphi}(\omega)$ 是 $\phi(t)$ 的傅立叶变换。

定义 6.3.1 中,条件 1 说明 $\varphi(t)$ 是一个正负交替的函数或振荡的波,函数值在正负两部分的某种能量相等,进而可推出 $\hat{\varphi}(0)=0$;条件 2 说明 $\varphi(t)$ 是一个"小的波",即在一个很小的区间之外函数为零,也就是函数应有速降特性;条件 3 只是为了使小波变换存在逆变换而施加的限制。

定义 6.3.2.设 $\varphi(t)$ 为基本小波函数,对于任意信号 $f(t)\in L^2(R)$ 的连续小波变换为:

$$W_f(a,b)=a^{-\frac{1}{2}}\int_R f(t)\varphi(\frac{t-b}{a})\mathrm{d}t=\int_{-\infty}^{+\infty}f(t)\varphi_{a,b}(t)\mathrm{d}t \tag{6.3.4}$$

式中:当其为复变函数时,采用复共轭函数 $\overline{\varphi}_{a,b}(t)$。

$\varphi_{a,b}(t)$ 中有 a、b 两个因子,其中 a 称为尺度因子或伸缩参数且 $a>0$,而 b 称为平移参数且 $a,b\in R$。

与其他积分变换一样,小波变换只有在其逆变换存在的条件下才有意义。

对于所有的 $f(t),\varphi(t)\in L^2(R)$,则连续小波逆变换(重构公式)由式(6.3.5)给出:

$$f(t)=\frac{1}{C_{\phi}}\int_{-\infty}^{+\infty}\int_{-\infty}^{+\infty}a^{-2}W_f(a,b)\varphi_{a,b}(t)\mathrm{d}a\mathrm{d}b \tag{6.3.5}$$

（2）一维小波变换的基本性质

① 小波变换是线性变换。它把一维信号分解成不同尺度的分量。设 $W_f(a,b)$、$W_{f_1}(a,b)$ 和 $W_{f_2}(a,b)$ 分别为 $f(t)$、$f_1(t)$ 和 $f_2(t)$ 的小波变换,若 $f(t)=\alpha f_1(t)+\beta f_2(t)$,则有 $W_f(a,b)=\alpha W_{f_1}(a,b)+\beta W_{f_2}(a,b)$。

② 关于平移参数具有共变性。若 $f(t)\leftrightarrow W_f(a,b)$ 是一对小波变换关系,则 $f(t-b_0)\leftrightarrow W_f(a,b-b_0)$ 也是小波变换对。

③ 关于尺度参数具有共变性。若 $f(t)\leftrightarrow W_f(a,b)$,则 $f(a_0t)\leftrightarrow\frac{1}{\sqrt{a_0}}W_f(a_0a,a_0b)$。

除上述性质外,小波变换还有诸如局部正则性、能量守恒性、空间—尺度局部化等特性。

（3）几种典型的一维小波。由于只要满足上述条件，基本小波的选取具有很大的灵活性，因此各个应用领域可根据所讨论问题的自身特点选取基本小波 φ。从这个方面看，小波变换比经典的傅立叶变换更具有广泛的适应性。傅立叶变换是将信号分解成一系列不同频率的正弦波的叠加，同样小波分析是将信号分解成一系列小波函数的叠加，而这些小波函数都是由一个基本小波函数经过平移与尺度伸缩变换而来。到目前为止，人们已经构造了各种各样的基本小波。从小波和正弦波的形状可以看出，变化剧烈的信号，用不规则的小波进行分析比用平滑的正弦波更好，即用小波更能描述信号的局部特征。

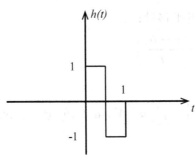

图6.3.1　Haar 小波的波形

下面给出几个有代表性的小波。

① Haar小波

$$h(t)=\begin{cases} 1, & t\in[0,1/2) \\ -1, & t\in[1/2,1] \end{cases} \tag{6.3.6}$$

该正交函数是由 Haar 提出来的，如图 6.3.1 所示。而由

$$h_{m,n}(t)=2^{m/2}h(2^m t-n) \qquad m,n\in\mathbf{Z} \tag{6.3.7}$$

构成 $L^2(\mathbf{R})$ 中的一个正交小波基，称为 Haar 基。式中，$\mathbf{Z}$ 为全体整数所组成的集合。由于 Haar 基不是连续函数，作为基本小波性能不是特别号，因而用途不广。

② 墨西哥草帽小波。高斯函数 $f(x)=e^{-\frac{x^2}{2}}$ 的 m 阶导数为：

$$\varphi_m(x)=(-1)^m\frac{\mathrm{d}^m f(x)}{\mathrm{d}x^m} \tag{6.3.8}$$

当 $m=2$ 时，$\varphi_2(\mathrm{x})$ 称为马尔(Marr)小波或墨西哥草帽小波，如图6.3.2所示。

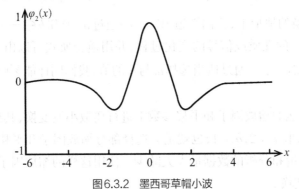

图6.3.2　墨西哥草帽小波

Marr小波在视觉信息加工研究和边缘监测方面应用较多。

(4)二维连续小波变换。图像处理是小波变换的重要应用领域之一。由于图像是二维信号，因此这里给出二维小波变换的定义。

若$\varphi(x,y)$是一个二维小波函数，则二维信号函数$f(x,y)$的连续小波变换是：

$$W_f(a,b_x,b_y)=\int_{-\infty}^{+\infty}\int_{-\infty}^{+\infty}f(x,y)\varphi_{a,b_x,b_y}(x,y)\mathrm{d}x\mathrm{d}y \tag{6.3.9}$$

式中：a为二维尺度因子；

b_x和b_y分别表示在x，y轴的平移量；

$$\varphi_{a,b_x,b_y}(x,y)=\frac{1}{a}\varphi\left(\frac{x-b_x}{a},\frac{y-b_y}{a}\right)。$$

二维连续小波逆变换为：

$$f(x,y)=\frac{1}{c_\varphi}\int_0^\infty\int_{-\infty}^\infty\int_{-\infty}^\infty a^{-3}W_f(a,b_x,b_y)\varphi_{a,b}(x,y)\mathrm{d}b_x\mathrm{d}b_y\mathrm{d}a \tag{6.3.10}$$

式中：$C_\varphi=\frac{1}{4\pi^2}\iint_R\frac{|\hat{\varphi}(\omega_1,\omega_2)|^2}{\sqrt{|\omega_1^2+\omega_2^2|}}\mathrm{d}\omega_1\mathrm{d}\omega_2$；

$\hat{\varphi}(\omega_1,\omega_2)$是$\varphi(x,y)$的傅里叶变换。

同理可以给出多维连续小波变换。

3. 离散小波变换

由于连续小波变换计算量巨大，且产生的数据量惊人（有许多数据是无用的），因此主要用于理论分析方面。在实际应用中，往往采用离散化的尺寸参数a和平移参数b。一般选取$a=a_0^j$，$j\in Z$（Z是整数集合），a_0是大于1的固定伸缩步长；选取$b=nb_0a_0^j$，其中$n\in Z$，$b_0>0$且与小波$\varphi_{a,b}(t)$具体形式有关。

把a和b离散化的小波变换称为离散小波变换（Discrete Wavelet Transform，DWT）。此时，离散小波为：

$$\varphi_{j,n}(t)=a_0^{-j/2}\varphi(a_0^{-j}t-nb_0) \tag{6.3.11}$$

相应的离散小波变换为：

$$W_f(j,n)=\int_{-\infty}^{+\infty}f(t)\varphi_{j,n}(t)\mathrm{d}t=a_0^{-j/2}\int_{-\infty}^{+\infty}f(t)\varphi(a_0^{-j}t-nb_0)\mathrm{d}t \tag{6.3.12}$$

在连续小波变换的情形下，我们知道$W_f(a,b)$通过$a>0$和$b\in(-\infty,+\infty)$连续取值可以完全刻画函数$f(t)$的性质或信号的变化过程，并用逆变换式可以由变换结果重构$f(t)$。可以证明用离散小波$\varphi_{j,n}(t)$，通过适当选择a_0与b_0的值，我们同样能刻画$f(t)$的性质或信号的变化过程。

另外，在每个可能的缩放因子和平移参数下进行离散小波变换，其计算量仍然相当大。如果在(6.3.11)式中，取$a_0=2$，$b_0=1$，也就是只选择部分缩放因子和平移参数来进行离散小波变换，就会使计算量和分析的数据量大大减少。使用这样的缩放因子和平移参数的小波变换称为二进小波变换。

后面的介绍若无特别声明,小波变换均指二进小波变换。

4.小波多分辨率分析

多分辨率分析理论是Mallat提出的,它是建立在函数空间概念基础上的理论。多分辨率不仅为$L^2(\mathbf{R})$空间正交小波基的构造提供了一个简便的方法,而且为小波的分解和重构提供了快速算法,即Mallat算法。

对于多分辨率的概念,可以用照相机镜头变焦的过程来形象地理解。对于二进小波变换,假设对于某一观测到的信号,其某部分内容的放大倍数为2^{-j},如果想进一步观看信号更小的细节,就需要增加放大倍数,即减少j的值;反之,若想了解信号更粗的内容,则可减少放大倍数,即加大j的值。基于此小波变换的这一性质被誉为"数学显微镜"。

定义6.3.3:若函数$\phi(t)\in L^2(\mathbf{R})$,则把$\{\phi_{j,n}(t)=2^{-\frac{j}{2}}\phi(2^{-j}t-n)\}_{n\in \mathbf{Z}}$中的所有函数张成的空间称为尺度空间,其中$j\in \mathbf{Z}$。记为:

$$V_j = \overline{\mathrm{Span}\{\phi_{j,n}(t)\}}_{n\in \mathbf{Z}} \tag{6.3.13}$$

由定义可知,所有尺度空间$\{V_j\}_{j\in \mathbf{Z}}$均由函数$\phi(t)$经伸缩平移的函数系列张成的空间,因此称$\phi(t)$为尺度函数。

定义6.3.4:设$\{V_j\}_{j\in \mathbf{Z}}$为尺度空间系列,若满足下列五个条件,则称$\{V_j\}_{j\in \mathbf{Z}}$为$L^2(\mathbf{R})$的一个正交多分辨率分析(正交 MRA):

① 一致单调性:$V_j \subset V_{j-1}(\forall j\in \mathbf{Z})$; $\tag{6.3.14}$

② 渐近完全性:$V_{+\infty}=\{0\}$,$V_{-\infty}=L^2(\mathbf{R})$; $\tag{6.3.15}$

③ 伸缩规则性:$f(t)\in V_j \leftrightarrow f(2t)\in V_{j-1}(\forall j\in \mathbf{Z})$; $\tag{6.3.16}$

④ 平移不变性:$f(t)\in V_0 \leftrightarrow f(t-n)\in V_0(\forall n\in \mathbf{Z})$; $\tag{6.3.17}$

⑤ 标准正交基存在性:存在$\phi(t)\in V_0$,使得$\{\phi_{0,n}(t)\}_{n\in \mathbf{Z}}$是$V_0$的标准正交基,可以证明此时$\{\phi_{j,n}(t)\}_{n\in \mathbf{Z}}$也必是$V_j$的标准正交基$(j\neq 0)$。

多分辨率分析的基础是信号在连续分辨率2^{j-1}和2^j中存在的信息差别,因此可以直接利用不同分辨率时的信息差别对信号进行分析。称分辨率2^{j-1}和2^j存在的信息差别为在分辨率2^{j-1}下的细节分量。由于对信号在分辨率2^{j-1}和2^j的分析分别等于在V_{j-1}和V_j向量空间的投影,因此细节分量也可以用正交投影的概念来定义。

设W_j是V_j在V_{j-1}上的正交补空间,即:

$$\begin{cases} V_{j-1}=V_j \oplus W_j \\ W_j \perp V_j \end{cases} \tag{6.3.18}$$

则存在以下事实:

① $W_j \perp W_k(j,k\in \mathbf{Z},j\neq k)$,且$L^2(\mathbf{R})=\bigoplus_{j\in \mathbf{Z}} W_j$,即$\{W_j\}_{j\in \mathbf{Z}}$构成了$L^2(\mathbf{R})$的一系列正交子空间,并且有$W_j=V_{j-1}-V_j$;

② 若$f(t)\in W_0$,则由$W_0=V_{-1}-V_0$和(6.3.16)式可得$f(2^{-j}t)\in V_{j-1}-V_j$,即有$f(t)\in W_0 \leftrightarrow f(2^{-j}t)\in W_j$。

此时，若设 $\{\varphi_{0,k}(t)\}_{k\in z}$ 为空间 W_0 的一组标准正交基，则所有尺度 $j\in Z$ 的 $\{\varphi_{j,k}(t)\}_{k\in z}$ 必为空间 W_j 的标准正交基。进而，由 $L^2(\mathbf{R})=\bigoplus\limits_{j\in z}W_j$，可知 $\{\varphi_{j,k}(t)\}_{j,k\in z}$ 必构成 $L^2(\mathbf{R})$ 的一组标准正交基，这里称 $\phi(t)$ 为小波函数，$\{W_j\}_{j\in z}$ 为小波空间。

由 $(6.3.18)$ 式可知，多分辨率的几何意义是：$V_0=V_1\oplus W_1=V_2\oplus W_2\oplus W_1=V_3\oplus W_3$ $\oplus W_2\oplus W_1=...$，对于 $\forall f(t)\in V_0$，我们可以把它分解为细节向量 W_1 和近似向量 V_1，然后将近似向量 V_1 进一步分解，不断重复就可得到任意尺度（或分辨率）上的近似分量和细节分量。这就是多分辨率分析的框架。

设 $\phi(t)$ 和 $\varphi(t)$ 分别为尺度空间 V_0 和小波空间 W_0 的一个标准正交基的母函数，由于 $V_0\subset V_{-1}$，$W_0\subset V_{-1}$，所以 $\phi(t)$ 和 $\varphi(t)$ 也必然属于 V_{-1} 空间，也即 $\phi(t)$ 和 $\varphi(t)$ 可用 V_{-1} 空间的正交基 $\{\phi_{-1,n}(t)\}_{n\in z}$ 线性展开：

$$\varphi(t)=\sum_n H(n)\phi_{-1,n}(t)=\sqrt{2}\,H(n)\phi(2t-n) \tag{6.3.19}$$

$$\phi(t)=\sum_n G(n)\phi_{-1,n}(t)=\sqrt{2}\,G(n)\phi(2t-n) \tag{6.3.20}$$

由线性代数知识可知展开系数 $H(n)$，$G(n)$ 分别为：

$$\begin{cases} G(n)=<\phi(t),\phi_{-1,n}(t)> \\ H(n)=<\varphi(t),\phi_{-1,n}(t)> \end{cases} \tag{6.3.21}$$

公式 $(6.3.19)$ 和 $(6.3.20)$ 描述的是相邻两尺度空间基函数之间的关系，也称为双尺度差分方程，展开系数 $H(n)$，$G(n)$ 分别称为高通和低通滤波器系数。

双尺度差分关系存在于任意两相邻尺度 $j-1$ 和 j 之间，可以证明 $H(n)$，$G(n)$ 与 j 的具体值无关，即不论对哪两个相邻尺度其值都相同。

设任意 $f(t)$（$f(t)\in V_{j-1}$）在 V_{j-1} 空间的展开式为：

$$f(t)=\sum_k c_{j-1,k}2^{(-j+1)/2}\phi(2^{-j+1}t-k) \tag{6.3.22}$$

将 $f(t)$ 进行一次分解（即分别投影到 V_j，W_j 空间），得：

$$f(t)=\sum_k c_{j,k}2^{-j/2}\phi(2^{-j}t-k)+\sum_k d_{j,k}2^{-j/2}\varphi(2^{-j}t-k) \tag{6.3.23}$$

式中：

$$c_{j,k}=<f(t),\phi_{j,k}(t)>=\int_R f(t)2^{-j/2}\phi(2^{-j}t-k)\mathrm{d}t \tag{6.3.24}$$

$$d_{j,k}=<f(t),\varphi_{j,k}(t)>=\int_R f(t)2^{-j/2}\varphi(2^{-j}t-k)\mathrm{d}t \tag{6.3.25}$$

一般称 $c_{j,k}$ 为尺度（近似）系数，$d_{j,k}$ 为小波系数。

由式 $(6.3.20)$ 可得：

$$\begin{aligned} \phi(2^{-j}t-k)&=\sqrt{2}\sum_n G(n)\phi(2^{-j+1}t-2k-n) \\ &=\sqrt{2}\sum_m G(m-2k)\phi(2^{-j+1}t-m),\quad m=n+2k \end{aligned} \tag{6.3.26}$$

将式(6.3.26)代入式(6.3.24)得:

$$c_{j,k} = \sum_m G(m-2k) \int_R f(t) 2^{(-j+1)/2} \phi(2^{-j+1}t-m)$$
$$= \sum_m G(m-2k) < f(t), \phi_{j-1,m}(t) >$$
$$= \sum_m G(m-2k) c_{j-1,k} \tag{6.3.27}$$

用同样方法可得:

$$d_{j,k} = \sum_m H(m-2k) c_{j-1,k} \tag{6.3.28}$$

j 尺度空间的尺度系数 $c_{j,k}$ 和小波系数 $d_{j,k}$ 可由 $j-1$ 尺度空间的尺度系数 $c_{j-1,k}$ 经滤波器系数 $G(n)$ 和 $H(n)$ 加权求和得到。递推式(6.3.27)和(6.3.28)即为 Mallat 小波分解算法公式。

利用同样的思路,可得下面的 Mallat 小波重构算法公式:

$$c_{j-1,m} = \sum_k c_{j,k} G(m-2k) + \sum_k d_{j,k} H(m-2k) \tag{6.3.29}$$

5. 二维图像的可分离小波变换

设在 $L^2(R)$ 中已给定一个多分辨率分析 $\{V_j\}_{j \in z}$ 及相应的小波函数 $\phi(t)$,定义 j 尺度下的二维空间 $\tilde{V}_j$ 为:

$$\tilde{V}_j = V_j \otimes V_j \tag{6.3.30}$$

若 $\{\phi_{j,n}(x) = 2^{-\frac{j}{2}} \phi(2^{-j}x-n)\}_{n \in z}$ 是 V_j 的标准正交基,则可知 $\{\phi_{j,n}(x) \phi_{j,m}(y)\}_{n,m \in z}$ 一定是 $\tilde{V}_j$ 的标准正交基。

令 W_j 为 V_j 在 V_{j-1} 中的正交补空间,则有:

$$\tilde{V}_{j-1} = V_{j-1} \otimes V_{j-1} = (V_j \oplus W_j) \otimes (V_j \oplus W_j)$$
$$= (V_j \otimes V_j) \oplus (W_j \otimes V_j) \oplus (V_j \otimes W_j) \oplus (W_j \otimes W_j)$$
$$= \tilde{V}_j \oplus \tilde{W}_j^1 \oplus \tilde{W}_j^2 \oplus \tilde{W}_j^3 \tag{6.3.31}$$

式中: $\tilde{W}_j^1$, $\tilde{W}_j^2$ 和 $\tilde{W}_j^3$ 分别称为二维小波空间。

显然,$\{\varphi_{j,n}(x) \phi_{j,m}(y)\}_{n,m \in z}$,$\{\phi_{j,n}(x) \varphi_{j,m}(y)\}_{n,m \in z}$ 和 $\{\varphi_{j,n}(x) \varphi_{j,m}(y)\}_{n,m \in z}$ 分别为构成 $\tilde{W}_j^1$, $\tilde{W}_j^2$ 和 $\tilde{W}_j^3$ 的标准正交基,且空间 $\tilde{V}_j$, $\tilde{W}_j^1$, $\tilde{W}_j^2$ 和 $\tilde{W}_j^3$ 两两正交。

假设 $s_{n,m}^j$ 为对应于尺度空间 $\tilde{V}_j$ 的展开系数;$\alpha_{n,m}^j, \beta_{n,m}^j, \gamma_{n,m}^j$ 分别为对应于小波空间 $\tilde{W}_j^1$, $\tilde{W}_j^2$ 和 $\tilde{W}_j^3$ 的小波展开系数;$H(n), G(n)$ 分别为高通和低通滤波器系数,则有下列二维小波变换的分解公式:

$$
\begin{cases}
\alpha_{i,l}^{j} = \sum_{k,m} H(k-2i)G(m-2l)s_{k,m}^{j-1} \\
\gamma_{i,l}^{j} = \sum_{k,m} H(k-2i)H(m-2l)s_{k,m}^{j-1} \\
\beta_{i,l}^{j} = \sum_{k,m} G(k-2i)H(m-2l)s_{k,m}^{j-1} \\
s_{i,l}^{j} = \sum_{k,m} G(k-2i)G(m-2l)s_{k,m}^{j-1}
\end{cases}
\tag{6.3.32}
$$

其重构公式为：

$$
s_{k,m}^{j-1} = \sum_{i,l} s_{i,l}^{j}G(k-2i)G(m-2l) + \sum_{i,l} \alpha_{i,l}^{j}H(k-2i)G(m-2l) +
$$
$$
\sum_{i,l} \beta_{i,l}^{j}G(k-2i)H(m-2l) + \sum_{i,l} \gamma_{i,l}^{j}H(k-2i)H(m-2l)
\tag{6.3.33}
$$

从式(6.3.32)和式(6.3.33)的二维图像小波变换分解和重构公式可知，小波变换中起决定性作用只是高通滤波器系数$H(n)$和低通滤波器系数$G(n)$，也就是说，只要有了$H(n)$和$G(n)$就可以完成对图像的小波分解。因此关键是$H(n)$和$G(n)$的获取，获取过程也是比较复杂的，当然不同的小波的$H(n)$和$G(n)$是不同的。Daubechies小波是最为常见的一系列正交小波，其对应的低通与高通滤波器系数如表6.3.1所示。

表6.3.1　Daubechies小波的低通滤波器G与高通滤波器H系数

类别		G	H	类别		G	H
1(Haar)	1	0.7071	-0.7071		2	-0.0126	0.6038
	2	0.7071	0.7071		3	-0.0062	-0.7243
2	1	-0.1294	-0.4830		4	0.0776	0.1384
	2	0.2241	0.8365		5	-0.0322	0.2423
	3	0.8365	-0.2241	5	6	-0.2423	-0.0322
	4	0.4830	-0.1294		7	0.1384	-0.0776
3	1	0.0352	-0.3327		8	0.7243	-0.0062
	2	-0.0854	0.8069		9	0.6038	0.0126
	3	-0.1350	-0.4599		10	0.1601	0.0033
	4	0.4599	-0.1350		1	-0.0011	-0.1115
	5	0.8069	0.0854		2	0.0048	0.4946
	6	0.3327	0.0352		3	0.0006	-0.7511
4	1	-0.0106	-0.2304		4	-0.0316	0.3153
	2	0.0329	0.7148	6	5	0.0275	0.2263
	3	0.0308	-0.6309		6	0.0975	-0.1298
	4	-0.1870	-0.0280		7	-0.1298	-0.0975
	5	-0.0280	0.1870		8	-0.2263	0.0275
	6	0.6309	0.0308		9	0.3153	0.0316

续表

类别		G	H	类别		G	H
4	7	0.7148	-0.0329	6	10	0.7511	0.0006
	8	0.2304	-0.0106		11	0.4946	-0.0048
5	1	0.0033	-0.1601		12	0.1115	-0.0011

(1)遥感图像小波分解。图6.3.3展示了遥感图像小波分解的方法,它可分为两步。第一步,原始遥感图像(图6.3.3(a))中每一行数据分别被低通滤波器和高通滤波器滤波,并且对滤波后的每一行数据按照2:1的方式进行下采样,分别得到低通滤波(G)与高通滤波(H)的两幅图像,它们的行数与原始图像一致,但是列数是原始图像的一半(图6.3.3(b))。第二步,将这两幅结果图像中每一列的数据按照第一步的步骤进行低通滤波、高通滤波及下采样,最终可以得到四幅图像,它们的行列数分别都是原始图像的一半(图6.3.3(c)),这四幅图像就是一级小波分解结果。

在图6.3.3(c)中,其左上角的子图像是经过行列方向两次低通滤波并下采样得到的结果(GG),因此该图像内容是原始图像的模糊版本(近似图像);右上角的子图像是经过行方向高通、列方向低通滤波并下采样得到的结果(HG),因此该图像内容是原始图像垂直方向的边缘;左下角的子图像是经过行方向低通、列方向高通滤波并下采样得到的结果(GH),因此该图像内容是原始图像水平方向的边缘;右下角的子图像是经过行列方向两次高通滤波并下采样得到的结果(HH),因此该图像内容是原始图像对角方向的边缘。由于左上角的子图像包含了原始图像中大部分的信息,因此如果要对图像二次小波分解,则将以左上角的子图像作为基础进行。

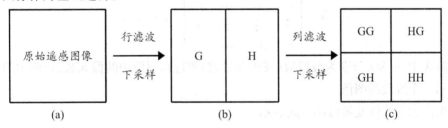

图6.3.3　遥感图像一级小波分解示意图

(2)遥感图像小波重构。图6.3.4展示了遥感图像小波重构的方法,它是小波分解的逆过程,同样可分为两步。第一步,对小波分解得到的四幅图像(即图6.3.3中的GG、GH、HG及HH)进行列方向2倍的上采样(通过每两个像素点中插入一个0实现),然后对上采样后的GG和GH分别进行列向的低通滤波和高通滤波,并求和得到G,同时对上采样后的HG和HH分别进行列向的低通滤波和高通滤波,并求和得到H。第二步,对G和H这两幅图像进行行方向2倍的上采样,然后对上采样后的G和H分别进行行向的低通滤波和高通滤波,并求和得到与原始图像大小一致的重构图像。

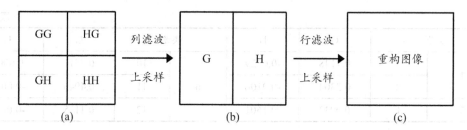

图6.3.4　遥感图像一级小波重构示意图

6.4　PCA变换

PCA变换（主成分分析）也称K－L（Karhunen－Loeve）变换或主分量分析，是在统计特征基础上的多维（如多波段）正交线性变换，它也是数字图像处理中最常用、最有用的一种变换算法。

图像的不同波段之间往往存在着很高的相关性，从直观上看，就是不同波段的图像很相似。因而从提取有用信息的角度考虑，有相当大一部分数据是重复和多余的。PCA变换的目的就是把原来多波段图像中的有用信息集中到数目尽可能少的新的主成分图像中，并使这些主成分图像之间互不相关，也就是说各个主成分包含的信息内容是不重叠的，从而大大减少总的数据量并使图像信息得到增强。

1.PCA变换

下面首先说明什么是PCA变换。为了叙述的方便，以矩阵的形式表示多波段图像的原始数据，如式(6.4.1)所示：

$$X=\begin{bmatrix} x_{11} & x_{12} & \cdots & x_{1n} \\ x_{21} & x_{22} & \cdots & x_{2n} \\ \vdots & \vdots & \vdots & \vdots \\ x_{m1} & x_{m2} & \cdots & x_{mn} \end{bmatrix}=[\,x_{ik}\,]_{m\times n} \tag{6.4.1}$$

矩阵X中，m和n分别为波段数（或称变量数）和每幅图像中的像元数；矩阵中的每一行矢量表示一个波段的图像。

一般图像的线性变换可用下式表示：

$$Y=TX \tag{6.4.2}$$

式中：X为待变换图像数据矩阵；

Y为变换后的数据矩阵；

T为实现这一线性变换的变换矩阵。

如果变换矩阵T是正交矩阵，并且它是由原始图像数据矩阵X的协方差矩阵S的特征向量所组成，则(6.4.2)式的线性变换称为PCA变换，并且称PCA变换后的数据矩阵的每一行矢量为PCA变换的一个主成分。

PCA变换的具体过程如下：

第一步，根据原始图像数据矩阵X，求出它的协方差矩阵S，X的协方差矩阵为：

$$S=\frac{1}{n}\,[\,X-\bar{X}l\,]\,[\,X-\bar{X}l\,]^{\mathrm{T}}=[\,s_{ij}\,]_{m\times m} \tag{6.4.3}$$

式中:$l=[1,1,\cdots,1]_{1\times n}$;

$\overline{X}=[\bar{x}_1,\bar{x}_2,\cdots,\bar{x}_m]^{\mathrm{T}}$;

$\bar{x}_i=\dfrac{1}{n}\sum\limits_{k=1}^{n}x_{ik}$(即为第 i 个波段的均值);

$s_{ij}=\dfrac{1}{n}\sum\limits_{k=1}^{n}(x_{ik}-\bar{x}_i)(x_{jk}-\bar{x}_j)$;

S 是一个实对称矩阵。

第二步,求 S 矩阵的特征值 λ 和特征向量,并组成变换矩阵 T,具体如下。考虑特征方程:

$$(\lambda I-S)U=0 \tag{6.4.4}$$

式中:I 为单位矩阵;

U 为特征向量。

解上述的特征方程即可求出协方差矩阵 S 的各个特征值 $\lambda_j(j=1,2,\cdots,m)$,将其按 $\lambda_1\geqslant\lambda_2\geqslant\cdots\geqslant\lambda_m$ 排列,求得各特征值对应的单位特征向量(经归一化)U_j:

$$U_j=[u_{1j},u_{2j},\cdots u_{mj}]^{\mathrm{T}} \tag{6.4.5}$$

若以各特征向量为列构成矩阵,即:

$$U=[U_1,U_2,\cdots,U_m]=[u_{ij}]_{m\times m} \tag{6.4.6}$$

U 矩阵满足:

$$U^{\mathrm{T}}U=UU^{\mathrm{T}}=I\ (\text{单位矩阵}) \tag{6.4.7}$$

即 U 矩阵是正交矩阵。

U 矩阵的转置矩阵 U^T 即为所求的 PCA 变换的变换矩阵 T。有了变换矩阵 T,将其代入(6.4.2)式,即得到 PCA 变换的具体表达式:

$$Y=\begin{bmatrix}u_{11}&u_{21}&\cdots&u_{m1}\\u_{12}&u_{22}&\cdots&u_{m2}\\\vdots&\vdots&\vdots&\vdots\\u_{1m}&u_{2m}&\cdots&u_{mm}\end{bmatrix}X=U^{\mathrm{T}}X \tag{6.4.8}$$

式中:Y 矩阵的行向量 $Y_j=[y_{j1},y_{j2},\cdots,y_{jn}]$ 为第 j 主成分。

经过 PCA 变换后,得到一组(m 个)新的变量(即 Y 的各个行向量),它们依次被称为第一主成分、第二主成分……第 m 主成分。这时若将 Y 矩阵的各行恢复为二维图像时,即可以得到 m 个主成分图像。

2. PCA 变换的性质和特点

PCA 变换是一种线性变换,而且是当取 Y 的前 $p(p<m)$ 个主成分经反变换而恢复的图像 $\hat{X}$ 和原图像 X 在均方误差最小意义上的最佳正交变换。它具有以下性质和特点:

(1)由于 PCA 变换是正交线性变换,所以变换前后的方差总和不变,变换只是把原来的方差不等量的再分配到新的主成分图像中。

(2)第一主成分包含了总方差的绝大部分(一般在 80% 以上),也就是说 PCA 变换的结果使得第一主成分几乎包含了原来多波段图像信息的绝大部分,即信息量最大,其余各主成分的方差依次减少,因而后面的主成分所包含的信息量也剧减。

(3)可以很容易地证明,变换后各主成分之间的相关系数为零,即各主成分间互相"垂直",也就是说各主成分所包含的信息内容是不同的。

(4)第一主成分相当于原来各波段的加权和,而且每个波段的加权值与该波段的方差大小成正比(方差大说明该波段图像所包含的信息量大,在第一主成分中占的比重就大),反映了地物总的反射强度。其余各主成分相当于不同波段组合的加权差值图像。

(5)PCA变换的第一主成分不仅包含的信息量大,而且降低了噪声,有利于细部特征的增强和分析,适用于进行高通滤波、线性特征增强和提取以及密度分割等处理。

(6)PCA变换是一种数据压缩和去相关技术,即把原来的多变量数据在信息损失最小的前提下,变换为尽可能少的互不相关的新的变量(主成分),以减少数据的维数,节省处理时间和费用。然而即使第一主成分包含了90%以上的总方差,也不能用它来代替多波段信息,而且在很多情况下,不能完全用主成分的顺序(即方差的大小)确定其在图像处理中的价值。因为第一主成分虽然包含了绝大部分信息,但是多数情况下它包含的是地形和植被方面的信息,从这个角度看,第一主成分图像并非是区分地质体的最佳主成分图像,也就是说不能依据主成分图像的方差大小来确定其在地质上的应用价值。其他主成分分量虽然信息少,但可能恰好包含了能够区分某些地物的信息,有时甚至第五、第六主成分对于特定的专题信息都有重要的意义。

(7)由前述可知,在PCA变换中起决定作用的是用于计算特征值和特征向量的协方差矩阵S,如果用于计算协方差矩阵S的图像数据是有选择的,然后把得出的变换矩阵T应用于整个图像,则所选择图像部分的地物类型就会更加突出。为此,可以在图像中局部地区或者选取的训练区的统计特征基础上进行整个图像的PCA变换,以重点增强主要的研究对象。

(8)通常进行PCA变换是把一幅图像的所有波段一起处理,得出与波段数目相同的主成分图像。然而也可以把所有波段分组进行PCA变换,然后由每一组里选取一个适当的主成分图像参加假彩色合成或其他处理。例如,由于TM图像具有分组特征(TM1,TM2,TM3为一组;TM4为一组;TM5,TM7为一组,TM6为一组),利用PCA变换的主成分图像进行假彩色合成时,可以首先分别对TM1,2,3和TM5,7两个波段组进行PCA变换,然后用TM4和这两个波段组PCA变换后的主成分图像进行假彩色合成,以增强研究对象。

(9)对同一信息源的多时相图像的差分图像进行PCA变换生成的图像,可突出用地动态变化信息。

(10)PCA变换在几何意义上相当于进行空间坐标的旋转,第一主成分取波谱空间中数据散布最大的方向;第二主成分则取与第一主成分正交且数据散布次大的方向,其余依此类推。

6.5 定向变换

1.定向变换原理及实现

定向变换是利用图像之间的相关性,在图像特征空间进行转轴变换,以便分离和消除干扰信息达到提取专题信息的目的。由于进行变换时其转轴的方向是确定和已知的,即相关轴方向,故称定向变换。定向变换在专题信息提取过程中,往往都是在两个变量之间进行的,因为这样各轴的意义易于确定。其原理如下:

在数字图像处理中,每一波段图像或经过处理得到的任一变量图像(如各种比值图像等),其像元值就是图像变量的取值。若在研究的图像中包含专题信息 T 和干扰信息 V,为了提取专题信息,可通过定向变换设法求得只含(或者主要反映)专题信息的图像:

$$\begin{cases} x_1 = f(T) + f_1(V) \\ x_2 = f_2(V) \end{cases} \tag{6.5.1}$$

式中:x_1 为专题信息的图像变量(当然也含有干扰信息);

x_2 为反映干扰信息的图像变量;

$f(T)$ 为我们感兴趣的专题信息(如岩石蚀变信息);

$f_1(V)$ 和 $f_2(V)$ 分别为 x_1 和 x_2 中的干扰信息(如植被信息)。

由式(6.5.1)可知,x_1 和 x_2 由于都包含着相同的干扰信息,所以 x_1 和 x_2 是两个相关的变量。它们的散点图如图6.5.1所示。由式(6.5.1)可知,$f(T)$ 越小,则 x_1 和 x_2 的相关性越大,散点 $P(x_1, x_2)$ 就越聚集在相关轴线 y_1 附近。此时相关信息就可用 $P(x_1, x_2)$ 点在相关轴线上的投影来代替,因此,y_1 就是经过转轴变换后集中相关信息(干扰信息)的新变量;$P(x_1, x_2)$ 在相关轴垂直线上的投影代表着独立信息,y_2 就是集中独立信息(专题信息)的新变量,即我们所要提取的专题信息。下面介绍定向变换的具体实现。

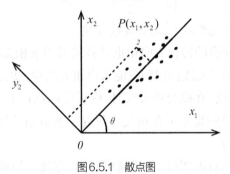

图6.5.1 散点图

由前面的介绍可知,定向变换即为转轴变换,而且在旋转角方向上的新变量由方向轴上的单位向量决定,即:

$$\begin{cases} y_1 = a_{11}x_1 + a_{12}x_2 \\ y_2 = a_{21}x_1 + a_{22}x_2 \end{cases} \tag{6.5.2}$$

$$\begin{cases} \boldsymbol{a}_1 = [a_{11}, a_{12}] \\ \boldsymbol{a}_2 = [a_{21}, a_{22}] \end{cases} \tag{6.5.3}$$

式中：$\boldsymbol{a}_1$ 和 $\boldsymbol{a}_2$ 分别为 y_1 和 y_2 轴上的单位向量；

a_{11}, a_{12} 分别为 $\boldsymbol{a}_1$ 在 x_1 和 x_2 轴上的投影；

a_{21}, a_{22} 分别为 $\boldsymbol{a}_2$ 在 x_1 和 x_2 轴上的投影。

若 y_1 轴的方向角为 θ，y_2 轴的方向角为 $90° + \theta$，则：

$$\begin{cases} a_{11} = \cos\theta, \ a_{12} = \sin\theta \\ a_{21} = -\sin\theta, \ a_{22} = \cos\theta \end{cases} \tag{6.5.4}$$

所以：

$$\begin{cases} y_1 = x_1 \cos\theta + x_2 \sin\theta = g_1(V) \\ y_2 = -x_1 \sin\theta + x_2 \cos\theta = g_2(T) \end{cases} \tag{6.5.5}$$

这样就可以消除干扰信息而将专题信息提取出来。

在实际处理中，旋转方向上的单位向量及其方向角可根据 x_1 和 x_2 的协方差矩阵的特征向量来计算，或者直接用拟合的相关线来确定。下面分别予以介绍。

（1）特征向量法。从图 6.5.1 可知，在相关轴 y_1 方向上，散点投影的离散度最大，即方差最大，而在 y_2 上的方差则最小。因此，y_1 和 y_2 就是对 x_1 和 x_2 作 $K-L$ 变换求出的第一、二主成分。$\boldsymbol{a}_1$ 和 $\boldsymbol{a}_2$ 就是从 x_1 和 x_2 协方差矩阵中求出的对应于第一和第二特征值（按从大到小顺序排列）的特征向量（需进行归一化）。

理论与实践表明，对于标准化或规格化的数据而言，$\theta = 45°$，则式（6.5.5）可写成：

$$\begin{cases} y_1 = \dfrac{\sqrt{2}}{2}(x_1 + x_2) \\ y_2 = \dfrac{\sqrt{2}}{2}(-x_1 + x_2) \end{cases} \tag{6.5.6}$$

由此可见，定向变换公式既简单，运算速度又快。

（2）相关线法。定向变换的转轴方向角也可直接采用求相关线的方法来确定。根据 x_1 和 x_2 平面上散点的分布，用二元线性回归就能求出相关线和它的方向角。

为了提高相关线的精度，在拟合相关线时，应正确选点 $p(x_1, x_2)$，剔除那些含已知专题信息的点，使散点的分布自然地集中在相关线附近。求出相关线及其方向角后，反映专题信息的新变量轴也就确定了。

如前所述，定向变换的目的明确、公式简单、计算方便。但必须指出，在图像变换处理中，由于具体情况比较复杂，若事先不对图像作某些预处理，变换效果就可能受到影响。所以变换前应对变量作某些预处理工作，包括在研究中剔除一些不感兴趣和对变换有不利影响的地区，再对图像变量作标准化处理等等。总之设法使变量满足定向变换的要求，定向变换才能取得良好效果。

2. 定向变换实例

下面介绍应用定向变换方法对浙江新昌、富阳地区的粘土化蚀变信息进行提取的研究实例。新昌地处我国东部新华夏构造隆起带上,火山活动频繁,构造复杂,属亚热带气候,植被发育。试验区有金银矿化和银铅锌矿化带,岩石蚀变呈分带现象,矿化两侧发育有绢英岩化、绢云母化和碳酸盐化。在富阳地区银铅锌矿外围,同样有绢云母和碳酸盐蚀变带。因此,提取上述蚀变信息对金、银等贵金属勘查有重要意义。

　　研究采用卫星 TM 数字图像。因为绢云母等粘土矿物在 TM5 波段有较强的光谱反射率,而在 TM7 波段上有羟基吸收带,反射率较小。因此可用比值 TM5/TM7 来增强粘土化蚀变信息,但由于植被在 TM5 和 TM7 波段上有与粘土矿物相似的光谱特征,使比值中包含着干扰的植被信息,必须设法消除。从植被光谱特征分析可知,植被在可见光区 $0.45\mu m$ 和 $0.66\mu m$ 处有强烈的叶绿素吸收带,而在近红外区有很强的红外反射带,所以比值 TM4/TM3(通常称植被指数)中主要是植被信息。因此用定向变换法时,可令:

$$\begin{cases} x_1 = TM5/TM7 \\ x_2 = TM4/TM3 \end{cases} \tag{6.5.7}$$

进行变换处理,就可将蚀变信息提取出来。

　　上述方法在研究区的试验中取得了良好的效果,它克服了由于植被信息干扰严重而导致常规比值增强无法突出蚀变信息的缺点。必须注意,提取出来的蚀变信息通常呈离散状,其中存在某些随机噪声的干扰信息,可用滤波法加以处理。

6.6　典型成分变换

　　在图像分类过程中,为了在减少各类的类内亮度(灰度)方差的同时,增大类间亮度方差以提高分类精度,需要选择恰当的投影方向(即变换),使同类的像元尽可能集中,不同类的像元尽可能分开,这样处理后将有利于分类精度的提高,这就是典型成分变换的基本思想。由于典型成分变换是在用训练样本取得的分类统计特征基础上的正交性变换,因而也可以用一般性变换式 $Y = TX$ 来表示。问题的关键是在于如何找到一个适合于典型成分变换要求的变换矩阵 T。

1.典型成分变换原理

　　典型成分变换需要满足的条件可以具体描述如下:首先,典型成分变换是通过类似于 PCA 变换的处理(即坐标变换或坐标轴旋转),使得在新的坐标轴上最大限度地体现类与类之间的差异,而且坐标轴之间互不相关(即正交关系);第二,与 PCA 变换不同的是在变换中还需对坐标轴进行适当调整,以使得同一类在每个新的坐标轴上的方差都相同。

　　一个类别内部可以认为是均一的,其内部像元之间亮度值的差异可以认为是纯属随机变化,并可用其协方差矩阵来度量。因此我们可以把所有类的协方差矩阵平均或合并在一起,得出一个共同的类内协方差矩阵 W,用以表示每一类别内部的差异。另外,各类的均值向量之间也有差异,可以用类间的协方差矩阵 A 表征这种差异。此时上述的典型成分变换的条件可具体表示为:

$$\begin{cases} TAT^{\mathrm{T}} = D \\ TWT^{\mathrm{T}} = I \end{cases} \tag{6.6.1}$$

其中：D 是一个对角线矩阵，类似于 PCA 变换中以特征值 $\lambda_1, \lambda_2, \cdots$ 为对角线，其他各项为零的矩阵，其作用是保证新的坐标轴之间互不相关（即协方差为零），并使它们按变换后的方差（即原来变量的特征值）的大小顺序排列。I 是单位矩阵，其作用是迫使类内的协方差变小并归一化。

图 6.6.1(a) 所示为四种地物类别在两个波段别上的分布情况，其中有些类别（如 B 类和 C 类）在两个坐标轴上都难以区分。图 6.6.1(b) 是经过典型成分变换后，将 x_1-x_2 坐标系旋转到 y_1-y_2 坐标系的情形。由于对 y_1 及 y_2 轴上的量度单位作了调整，因而椭圆形的密度分布变成了圆形。于是，区分不同类别的能力显著地提高了。

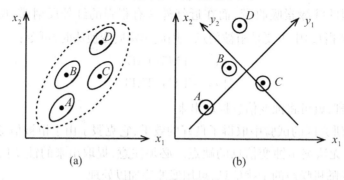

图6.6.1　典型成分分析

图 6.6.1 中，(a) 为变换前的四个类别，A, B, C 及 D，小椭圆代表类内协方差，大的虚线椭圆代表类间差异。(b) 为变换后新的坐标轴方向，由类间协方差决定（即图 (a) 中大椭圆的轴），类内协方差调整到各个轴都一致。

2.典型成分变换的实现

由前述可知，典型成分变换的关键问题是如何通过训练样本数据找到一个理想的变换矩阵 T。下面介绍获得变换矩阵 T 的具体步骤。

(1) 训练样本的选取。在待研究的图像中，按照不同的地物类型选取训练场地及训练样本，和一般监督分类方法所采用的训练程序是相似的，但选择的地物类别不一定包括所有的自然类别。设有 p 个变量（波段），选取 G 个类别，第 g 类选取 n_g 个标本，x_{igk} 为在 g 类训练样本中的第 k 个像元第 i 个变量的观测值。

(2) 计算类内及类间的协方差矩阵 W 和 A。首先根据所选定的训练样本，计算总的均值向量 $\bar{X}$ 以及各类的均值向量 $\bar{X}_g$ 和协方差矩阵 S_g，即：

$$\bar{X} = [\bar{x}_1, \bar{x}_2, \cdots, \bar{x}_p]^\mathrm{T} \tag{6.6.2}$$

$$\bar{X}_g = [\bar{x}_{1g}, \bar{x}_{2g}, \cdots, \bar{x}_{pg}]^\mathrm{T} \tag{6.6.3}$$

$$S_g = [s_{ij}^g]_{p \times p} (i, j = 1, 2, \cdots, p) \tag{6.6.4}$$

式中：$N = \sum\limits_{g=1}^{G} n_g$ ；

$$\bar{x}_i = (\sum_{g=1}^{G} \sum_{k=1}^{n_g} x_{igk}) / N ;$$

$$\bar{x}_{ig}=\left(\sum_{k=1}^{n_g}x_{igk}\right)/n_g;$$

$$s_{ij}^g=[\sum_{k=1}^{n_g}(x_{igk}-\bar{x}_{ig})(x_{igk}-\bar{x}_{jg})/(n_g-1)。$$

总的类内协方差矩阵 W 和类间协方差矩阵 A 可用下式计算：

$$W=[\sum_{g=1}^{G}(n_g-1)S_g]/(N-G) \tag{6.6.5}$$

$$A=[a_{ij}]_{p\times p} \tag{6.6.6}$$

式中：$a_{ij}=\sum_{g=1}^{G}(\bar{x}_{ig}-\bar{x}_i)(\bar{x}_{jg}-\bar{x}_j)$。

(3)构成特征向量矩阵。求出 W 的特征值 $w_1,w_2,\cdots,w_p$，并按大小顺序排列，然后求出与各特征值相对应的归一化特征量 $e_1,e_2,\cdots,e_p$，即特征向量满足：

$$e_i^T e_i=1 \ (i=1,2,\cdots,p) \tag{6.6.7}$$

构成特征向量矩阵 E：

$$E=[e_1,e_2,\cdots,e_p] \tag{6.6.8}$$

(4)计算变换矩阵 T。

①计算 $\sqrt{w_i}$，$i=1,2,\cdots,p$，并构成矩阵：

$$D^{1/2}=\begin{bmatrix} \sqrt{w_1} & 0 & \cdots & 0 \\ 0 & \sqrt{w_2} & \cdots & 0 \\ \vdots & \vdots & & \vdots \\ 0 & 0 & \cdots & \sqrt{w_p} \end{bmatrix} \tag{6.6.9}$$

②计算 $Q=ED^{1/2}$，Q^{-1} 及 $V=Q^{-1}A(Q^{-1})^T$。

③求 V 的特征值 $\lambda_1,\lambda_2,\cdots,\lambda_p$，以及与之相对应的特征向量 $f_1,f_2,\cdots,f_p$，并构成矩阵：

$$F=[f_1,f_2,\cdots,f_p]^T \tag{6.6.10}$$

④求出变换矩阵 T：

$$T=FQ^{-1} \tag{6.6.11}$$

⑤最后用矩阵 T 进行典型成分变换：

$$Y=TX \tag{6.6.12}$$

6.7 缨帽变换

缨帽变换是 R J Kauth 和 G S Thomas 通过分析陆地卫星 MSS 图像反映农作物和植被生长过程的数据结构后提出的一种经验性的多波段图像的正交线性变换，又称 $K-T$ 变换。

1.图像的数据特征

Kauth 和 Thomas 通过对陆地卫星 MSS 图像反映农作物和植被的生长过程的研究发

现，MSS图像信息随时间变化的空间分布形态是呈规律性形状的，它像一个顶部有缨子的毡帽，即植被信息的波谱数据点随时间变化的轨迹是一个缨帽（Tasselled Cap）形状（因而把分析这种信息结构的正交线性变换叫做缨帽变换），且具有较明显的三维结构，而缨帽的底面恰好反应了土壤信息的数据特征，称为土壤面，其与植被的波谱征互不相关（如图6.7.1所示）。

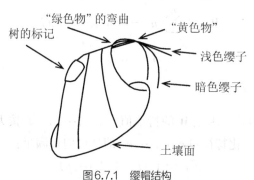

图6.7.1　缨帽结构

缨帽结构反映出如下事实，即植被开始生长于土壤平面，随着植被的成长，它向绿色植被区方向逼近，在达到发展的顶点后，植物开始衰落、变黄，波谱特征又向土壤面回落。

2. MSS图像的缨帽变换

为了增强和提取前述各种地物特征，Kauth和Thomas在总结了MSS图像的数据特征的基础上提出了适用于MSS图像数据的一种固定的经验线性变换，使波谱空间旋转到几个有意义的方向上，即：

$$Y = R^{\mathrm{T}} X + r \tag{6.7.1}$$

式中：X为由MSS图像四个波段数据组成的矩阵，每一行为一个波段的像元组成的向量；

Y为缨帽变换后的数据矩阵；

R为缨帽变换的正交变换矩阵，$R = [R_1, R_2, R_3, R_4]$。

R_1, R_2, R_3, R_4是相互正交的单位列向量，Kauth和Thomas根据MSS图像实例得出的各个单位列向量为：

$$R_1 = \begin{bmatrix} 0.433 \\ 0.632 \\ 0.586 \\ 0.264 \end{bmatrix} \quad R_2 = \begin{bmatrix} -0.290 \\ -0.562 \\ 0.600 \\ 0.491 \end{bmatrix} \quad R_3 = \begin{bmatrix} -0.829 \\ 0.522 \\ -0.039 \\ 0.194 \end{bmatrix} \quad R_4 = \begin{bmatrix} 0.223 \\ 0.012 \\ -0.543 \\ 0.810 \end{bmatrix}$$

式中：r为补偿向量，意在避免Y有负值出现。

变换后对应于R_1的特征量称为"亮度"，它在数值上是MSS四个波段的加权和，反映了地物总的电磁波辐射水平；对应于R_2的特征称为"绿色物"，它等于MSS6与MSS7的加权和再减去MSS4与MSS5的加权和，反映了植被的生长状况；对应于R_3的特征叫做"黄色物"，它是MSS5与MSS7的加权和减去MSS4与MSS6的加权和；对应于R_4的特征叫做"其他"。

3. TM图像的缨帽变换

MSS图像的缨帽变换被提出后,Crist和Cicone在1984年通过对TM图像数据特征的研究,认为TM数据的基本结构可用三维空间中的一个植被面、与之垂直的一个土壤面和介于这两个面之间的过渡带来表示(如图6.7.2所示)。

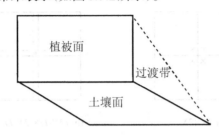

图6.7.2　TM图像数据的基本结构

Crist和Cicone根据三个地区TM图像的研究,给出了TM图像的缨帽变换系数(不包括红外波段),见表6.7.1所示。TM图像6个波段变换后的前3个变量反应的信息内容有明显差别(其他3个变量的信息特征还有待于进一步研究),按顺序分别为亮度、绿度和湿度:

(1)亮度:它是TM图像6个波段的加权和,代表总的电磁波辐射水平;

(2)绿度:反映了可见光波段与近红外波段之间的差异;

(3)湿度:反映的是TM1,TM2,TM3,TM4波段与TM5,TM7波段之间的对比,这是MSS图像没有的新信息,但"湿度"值并不代表水分多少。

表6.7.1　TM图像缨帽变换系数表

特征	TM1	TM2	TM3	TM4	TM5	TM7
亮度	0.3037	0.2793	0.4743	0.5585	0.5082	0.1863
绿度	−0.2848	−0.2435	−0.5436	0.7243	0.0840	−0.1800
湿度	0.1509	0.1973	0.3279	0.3406	−0.7112	−0.4572
第四	−0.8242	0.0849	0.4392	−0.0580	0.2012	−0.2768
第五	−0.3280	0.0549	0.1075	0.1855	−0.4357	0.8085
第六	0.1084	−0.9022	0.4120	0.0573	−0.0251	0.0238

植被面包含了绿度和亮度信息的组合;土壤面包含了亮度和湿度信息的组合;过渡带是植被面与土壤面之间的过渡或转化带。可以考虑测量这两个面之间的角度来确定任何植被与土壤的混合情况。

6.8　其他图像变换

在数字图像处理中,虽然傅立叶变换、PCA变换、缨帽变换等是最常用的变换,但除此之外,在图像处理中还有一些其他的使人感兴趣的有用变换。

1. 离散余弦变换

对任何一个坐标轴是偶对称的图像,其傅立叶变换的结果将只有余弦分量。把这种思想用于图像变换,先采用如图6.8.1所示的两种拼图格式之一,则其傅立叶变换的结果只有余弦分量,这就是余弦变换。余弦变换是一种正交变换,当取图6.8.1(a)拓展的余弦变换为偶数点余弦变换,取图6.8.1(b)拓展的余弦变换为奇数点余弦变换。下面只介绍偶数点余弦变换。

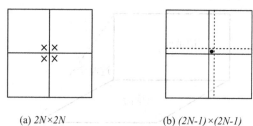

(a) $2N \times 2N$ (b) $(2N-1) \times (2N-1)$

图6.8.1 余弦变换数据对称拓展

设$f(x,y)$为二维空间的离散图像函数,大小为$N \times N$,其偶数点拓展为:

$$f_s(x,y) = \begin{cases} f(x,y) & x \geq 0, y \geq 0 \\ f(-x-1,y) & x < 0, y \geq 0 \\ f(x,-y-1) & x \geq 0, y < 0 \\ f(-x-1,-y-1) & x < 0, y < 0 \end{cases} \quad (6.8.1)$$

此时,$2N \times 2N$新图像的对称中心是$(-1/2,-1/2)$。对新图像$f_s(x,y)$以对称点作为坐标原点进行傅立叶变换可得:

$$F_s(u,v) = \frac{1}{2N} \sum_{x=-N}^{N-1} \sum_{y=-N}^{N-1} f_s(x,y) \exp\left\{-i2\pi\left[\frac{u(x+1/2)+v(y+1/2)}{2N}\right]\right\} \quad (6.8.2)$$
$$(u,v = -N, \cdots, -1, 0, 1, \cdots, N-1)$$

由于$f_s(x,y)$是实对称函数,所以上式可简化为:

$$F_s(u,v) = \frac{2}{N} \sum_{x=0}^{N-1} \sum_{y=0}^{N-1} f_s(x,y) \cos\left[\frac{\pi u(x+1/2)}{N}\right] \cos\left[\frac{\pi v(y+1/2)}{N}\right] \quad (6.8.3)$$
$$(u,v = -N, \cdots, -1, 0, 1, \cdots, N-1)$$

由于变换系数是偶函数,故四个象限的变换结果完全相同。因此,变量u,v可仅取正值。于是得到二维离散余弦变换为:

$$\begin{cases} F(0,0) = \frac{1}{N} \sum_{x=0}^{N-1} \sum_{y=0}^{N-1} f(x,y) \\ \qquad (u=v=0) \\ F(u,v) = \frac{2}{N} \sum_{x=0}^{N-1} \sum_{y=0}^{N-1} f(x,y) \cos\left[\frac{\pi u(2x+1)}{2N}\right] \cos\left[\frac{\pi v(2y+1)}{2N}\right] \\ \qquad (u,v = 1,2,\cdots,N-1) \end{cases} \quad (6.8.4)$$

反变换与正变换有同样的表达式,即:

$$\begin{cases} f(0,0) = \dfrac{1}{N} \sum_{u=0}^{N-1} \sum_{v=0}^{N-1} F(u,v) \\ \qquad (x = y = 0) \\ f(x,y) = \dfrac{2}{N} \sum_{u=0}^{N-1} \sum_{v=0}^{N-1} F(u,v) \cos \left[\dfrac{\pi u(2x+1)}{2N} \right] \cos \left[\dfrac{\pi v(2y+1)}{2N} \right] \\ \qquad (x,y = 1,2,\cdots,N-1) \end{cases} \qquad (6.8.5)$$

正反偶数点余弦变换均可用傅立叶变换算法计算,从而可以实现余弦变换的快速计算。

2.沃尔什(Walsh)变换·哈达玛(Hadamard)变换

由于傅立叶变换和余弦变换在快速算法中都要用到复数乘法,占用的时间仍然比较多。在某些应用领域中,需要更为便利、更为有效的变换方法,沃尔什变换和哈达玛变换就是属于这种类型的变换,而且也都是正交变换。

对于 $N \times N (N = 2^n, n$ 为正整数)大小的图像 $f(x,y)$,沃尔什变换和哈达玛变换如下。

(1)沃尔什变换。正变换为:

$$W(u,v) = \frac{1}{N} \sum_{x=0}^{N-1} \sum_{y=0}^{N-1} f(x,y) \prod_{i=0}^{n-1} (-1)^{[b_i(x)b_{n-1-i}(u)+b_i(y)b_{n-1-i}(v)]} \qquad (6.8.6)$$
$$(u,v = 0,1,\cdots,N-1)$$

反变换为:

$$f(x,y) = \frac{1}{N} \sum_{u=0}^{N-1} \sum_{v=0}^{N-1} W(u,v) \prod_{i=0}^{n-1} (-1)^{[b_i(x)b_{n-1-i}(u)+b_i(y)b_{n-1-i}(v)]} \qquad (6.8.7)$$
$$(x,y = 0,1,\cdots,N-1)$$

式中:$b_k(z)$ 等于当 z 用二进制表示时的第 k 位值。例如当 $z = 6$ 时(二进制为110)时,有 $b_0(z) = 0, b_1(z) = 1, b_2(z) = 1$。

(2)哈达玛变换。正变换为:

$$H(u,v) = \frac{1}{N} \sum_{x=0}^{N-1} \sum_{y=0}^{N-1} f(x,y)(-1)^{\sum_{i=0}^{n-1}[b_i(x)b_i(u)+b_i(y)b_i(v)]} \qquad (6.8.8)$$
$$(u,v = 0,1,\cdots,N-1)$$

反变换为:

$$f(x,y) = \frac{1}{N} \sum_{u=0}^{N-1} \sum_{v=0}^{N-1} H(u,v)(-1)^{\sum_{i=0}^{n-1}[b_i(x)b_i(u)+b_i(y)b_i(v)]} \qquad (6.8.9)$$
$$(x,y = 0,1,\cdots,N-1)$$

同傅立叶变换一样,二维沃尔什变换和二维哈达玛变换都可通过分解为两次一维变换来实现,即先做行(列)的一维变换再做列(行)的一维变换。对于它们的反变换也同样。

3.斜(Slant)变换

斜变换也是一种实的正交变换,适用于灰度逐渐改变的图像信号。其原理是:根据图像信号的相关性,某行的亮度具有基本不变或线性渐变的特点,通过构造一个变换矩阵,来反映这种递增或递减(线性渐变)特性的行向量。

设 $f(x,y)$ 是一幅大小为 $N \times N(N=2^n, n$ 为正整数$)$ 的图像，S_N 表示 $N \times N$ 的斜矩阵，则 $f(x,y)$ 的斜变换对为：

正变换：

$$F = S_N f S_N^{\mathrm{T}} \tag{6.8.10}$$

反变换：

$$f = S_N^{\mathrm{T}} F S_N \tag{6.8.11}$$

$N=2$ 的斜矩阵为：

$$S_2 = \frac{1}{\sqrt{2}} \begin{bmatrix} 1 & 1 \\ 1 & -1 \end{bmatrix} \tag{6.8.12}$$

对于其他高阶（N 阶）的斜矩阵可由低阶（$N/2$ 阶）的斜矩阵获得，即：

$$S(N) = \frac{1}{\sqrt{2}} \begin{bmatrix} \begin{matrix} 1 & 0 \\ a_N & b_N \end{matrix} & & 0 & \begin{matrix} 1 & 0 \\ -a_N & b_N \end{matrix} & & 0 \\ & I_2 & & & I_2 & \\ & & \ddots & & & \ddots \\ 0 & & I_2 & 0 & & I_2 \\ \begin{matrix} 0 & 1 \\ -b_N & a_N \end{matrix} & & 0 & \begin{matrix} 0 & -1 \\ b_N & a_N \end{matrix} & & 0 \\ & I_2 & & & I_2 & \\ & & \ddots & & & \ddots \\ 0 & & I_2 & 0 & & I_2 \end{bmatrix} \begin{bmatrix} S(N/2) & 0 \\ 0 & S(N/2) \end{bmatrix} \tag{6.8.13}$$

式中：I_2 为 2×2 的单位矩阵；

$a_1 = 1$；

$b_N = \sqrt{1 + 4a_{N/2}^2}$；

$a_N = 2b_N a_{N/2}$；

$N = 4, 8, \cdots, 2^n$。

第7章 空间域图像增强

图像增强是数字图像处理的最基本方法之一,是具有重要实用价值的技术。其目的是突出图像中的有用信息,扩大不同图像特征之间的差别,从而提高对图像的解译和分析能力。但是图像增强处理是不以图像保真为原则的,也不能增加原图像的信息,而是通过一定方法突出对我们有用的信息,抑制无用信息,以提高图像的使用价值。换句话说,增强处理只是增强了对某些信息的辨别能力。也就是说图像增强在增强了某些信息的同时,其他信息实际上被压缩了。

图像增强是图像处理中被广泛使用的技术。但是,图像增强是一个相对的概念,增强效果的好坏,除与算法的优劣有关外,还与图像的数据特征有直接关系,同时由于图像质量的优劣往往取决于观察者的主观评价,没有通用的定量判据,因此增强技术大多属于试探式的和面向问题的,导致对某类图像效果较好的增强方法未必一定适合于另一类图像。因此在实际应用中,针对某个应用场合的图像,可同时挑选几种适当的增强方法进行试验,从中选出视觉效果比较好的、计算复杂性相对小的、又合乎应用要求的方法。

本章和第8章分别从空间域和频率域的角度介绍图像增强方法。

空间域图像增强是在图像的空间域中直接修改像元及相邻像元灰度值来增强图像的处理方法。

7.1 图像代数运算增强

图像的代数运算是指对覆盖同区域的两幅(或两幅以上)输入图像的对应像元逐个地进行和、差、积、商及其复合运算,以产生有增强效果的图像。图像的代数运算是一种比较简单和有效的增强处理,是遥感图像增强处理中常用的一种方法。图像的代数运算可表示为(以两幅图像为例):

$$g(x,y) = f_1(x,y) :: f_2(x,y) \tag{7.1.1}$$

式中:$f_1(x,y)$和$f_2(x,y)$为输入图像;

$g(x,y)$为输出图像;

"::"代表加、减、乘或除。

对上述关系式还可进行适当组合,形成复合代数运算式,例如:

$$g'(x,y)=\frac{1}{f_1(x,y)+f_2(x,y)+g(x,y)} \tag{7.1.2}$$

1.图像的四则运算

设 $f_1(i,j)$ 和 $f_2(i,j)$ 为覆盖区域相同而时相不同或波段不同的两幅图像，$g(i,j)$ 为经运算产生的新图像。

图像相加是把同一景物的多重图像加起来求平均，可以减少图像的随机噪声。加法运算公式为：

$$g(i,j)=f_1(i,j)+f_2(i,j) \tag{7.1.3}$$

图像相减可以用来消除图像中不希望的附加模式或检测图像之间的变化。减法运算公式为：

$$g(i,j)=f_1(i,j)-f_2(i,j) \tag{7.1.4}$$

图像相乘可以起到掩膜的效果，最为有效的就是卷积运算。乘法运算公式为：

$$g(i,j)=f_1(i,j)\times f_2(i,j) \tag{7.1.5}$$

图像相除又称比值处理，是遥感图像处理中常用的方法。除法运算公式为：

$$g(i,j)=f_1(i,j)\div f_2(i,j) \tag{7.1.6}$$

利用比值处理可以扩大不同地物的光谱差异，区分在单波段中容易发生混淆的地物，同时可以消除或减弱地形阴影、云影响和植被干扰以及显示隐伏构造等。

(1)比值处理扩大不同地物的光谱差异。有些地物在单波段遥感图像中的灰度差异极小，用常规方法难以区分它们。但若选择适当的波段进行比值，则可有效地扩大不同地物之间的差异。如图 7.1.1 所示，在 MSS7/5 与 MSS5/4 构成的空间中，即可较好地区分植被与铁帽信息。

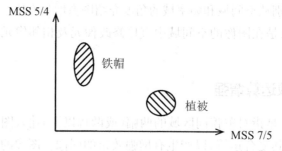

图7.1.1　比值处理扩大植被与铁帽的差异

(2)消除或减弱地形阴影、云影等的影响。遥感成像过程中，由于地形、薄云等的影响，使光照条件发生变化，导致形成阴影。由于阴影的存在，光照区与阴影区的同一类地物易被误判为两类地物。但是由于同一地物的某种亮度比值会保持不变，因而比值遥感图像能消除某些干扰因素的影响，突出目标信息。如图 7.1.2 所示，阴坡与阳坡的砂岩灰度值在 MSS4 和 MSS5 波段中截然不同，但从 MSS4 和 MSS5 的比值可以看出，它们属于同一地物，从而消除了阴影对地物判别的影响。但该法要求地形起伏不能过大，若山太高，阴影区亮度为零，则比值处理无法进行，也就无法消除阴影。

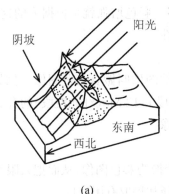

光照情况	MSS4	MSS5	MSS 4/5
阳坡	28	42	0.66
阴坡	22	34	0.65

(a) 　　　　　　　　　　　　(b)

图7.1.2　比值处理消除光照差异影响

2.常用的图像代数运算

(1)归一化植被指数(Normalized Difference Vegetation Index, NDVI)。NDVI是遥感图像中最常用、最稳定、最经典的指数之一,它很好地反映了植被的长势和营养信息。植被在近红外波段具有高反射值,而由于叶绿素在红光波段具有强吸收的特征,导致植被在红光波段的反射值非常低,植被的这种特有的性质使得它能够通过近红外波段与红色波段的组合运算而被较好地识别。具体的NDVI公式为:

$$NDVI = (NIR - R)/(NIR + R) \tag{7.1.7}$$

式中:NIR 为近红外波段图像;

R 为红光波段图像;

$NDVI$ 为归一化植被指数图像。

NDVI能够在一定程度上消除因太阳高度角、卫星观测角、地形等造成的辐射变化影响,能很好的突出遥感图像中植被的特征。NDVI的值域为[-1, 1],负值对应云、水、雪等可见光范围内的高反射地物;0附近对应岩石或裸土等地物;正值对应有植被覆盖的区域,且其值随覆盖度的增大而变大。

(2)归一化水体指数(Normalized Difference Water Index, NDWI)。NDWI是反映遥感图像中水体信息的指数。具体的NDWI公式为:

$$NDWI = (G - NIR)/(G + NIR) \tag{7.1.8}$$

式中:NIR 为近红外波段图像;

G 为绿光波段图像;

$NDWI$ 为归一化水体指数图像。

NDWI的值域为[-1, 1],其值越大表示地物作为水体的可能性就越大。NDWI的稳定性不如NDVI好,使用它进行一些不纯净水体的提取时效果不佳。

7.2　图像彩色增强

彩色增强在图像处理中应用十分广泛且效果显著。众所周知,人眼能区分的灰度等级只有二十多个,而人的视觉系统对彩色相当敏感,能区分不同亮度、色调和饱和度的几千种彩色,而且人看彩色图像要比看黑白图像舒服得多。彩色增强就是根据人的这个特点,将彩色用于图像增强之中,从而提高了图像的可鉴别性。

1. 真彩色增强处理

一般把能真实反映或近似反映地物本来颜色的图像叫做真彩色图像。例如TM图像的三个可见光波段TM1(蓝光波段)、TM2(绿光波段)和TM3(红光波段)的合成图像就近似真彩色图像,另外真彩色航空照片也是真彩色图像。

2. 伪彩色增强处理

伪彩色增强是将一个波段或单一的黑白图像变换为彩色图像,从而把人眼不能区分的微小的灰度差别显示为明显的色彩差异,更便于解译和提取有用信息。

(1)密度分割。密度分割或密度分层是伪彩色增强中最简单的一种方法,它是对图像亮度范围进行分割,使一定亮度间隔对应某一类地物或几类地物从而有利于图像的增强和分类。如图7.2.1所示,假定把一幅图像看成是一个二维的强度函数,可以假想一个平面,不妨叫做密度分割平面,使其平行于图像的坐标平面,这样密度分割平面和二维亮度函数相交,就把亮度函数进行横割分层,密度分割平面在$f(x,y)=L_i$处把亮度函数分为上、下两部分,也就是分成了两个级别。若用多个密度分割平面(平行于$x-y$平面)来分割$f(x,y)$,那么在亮度函数$f(x,y)$的亮度轴上就可以得到多个不同的L级别,对于这些不同的L级别规定以不同的彩色,那么原来的单波段图像就变为彩色图像了。

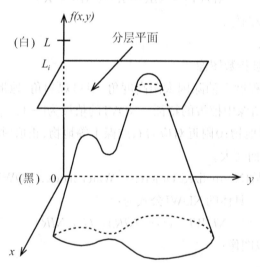

图7.2.1　密度分层技术的几何解释

密度分割具体做法如下:若将亮度函数$f(x,y)$分为K层,其间要有$K-1$个密度分割平面,分隔面的亮度值为$L_i(i=1,2,\cdots,K-1)$,用C_i表示赋予每一层的颜色($i=1,2,\cdots,K$),则有:

$$g(x,y)=\begin{cases} C_1 & 当f(x,y)\leqslant L_1 \\ C_i & 当L_{i-1}<f(x,y)\leqslant L_i \quad (i=2,3,\cdots,K-1) \\ C_K & 当f(x,y)>L_{K-1} \end{cases} \qquad (7.2.1)$$

进行密度分割后,色彩的调配主要以突出和增强图像信息为目的,当然这里的色彩并不一定与地物的实际色彩一致。

在具体应用时,密度分割平面之间可以是等间隔的(线性密度分割),也可以是不等间隔的(非线性密度分割),而且密度分割平面数也可以不同,其选取要根据专业知识和经验,同时考虑到地物波谱特征和待研究突出的目标等来决定。例如可以根据图像直方图峰点和谷点的具体值来决定分割级数和分割点;也可以根据各类地物亮度值,求出各类地物的均值、标准差,从而确定分割级数和分割点。

(2)伪彩色变换。伪彩色变换与前面介绍的密度分割相比,更具有通用性,因为它比密度分割更易于在广泛的彩色范围内达到图像增强的目的。

我们知道,绝大部分色彩都可以用三元色(红、绿、蓝),按不同比例进行组合而成。若把一幅单波段图像的每一个像元的灰度值经过三种不同彩色变换得到的三个分量图像进行合成,就可以获得一幅含有多种彩色的图像(图7.2.2)。伪彩色变换增强就是由输入的单波段图像,通过三个独立的数学变换,产生红、绿、蓝三个分量图像,然后合成为伪彩色图像。伪彩色变换增强的图像中的彩色组合情况取决于三个彩色变换函数的搭配关系。图7.2.3给出了一组典型的彩色变换函数,其中 L 表示最大的亮度值,对应于红、绿、蓝三个分量采用三个不同的分段线性变换。从该变换关系可知,最低的亮度映射为蓝色,最高的亮度映射为红色,中间亮度($\frac{L}{2}$)映射为绿色。只有在亮度范围的两端点和中心点的亮度才是纯三元色,而介于三者之间的是渐变的中间色调。显然用这种组合方案,将使整个亮度范围内的任何两种亮度都具有不同的色彩。

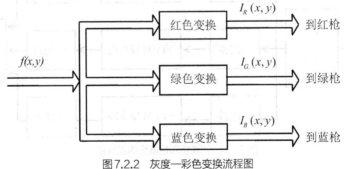

图7.2.2　灰度—彩色变换流程图

应当注意,在伪彩色变换中,色彩与像元亮度值的对应关系是人为设定的,在具体实现时可以用输入参数来选择不同颜色对应的亮度值范围和变化梯度,从而可以实现对色调、饱和度和亮度的调整。通常,为了加强伪彩色变换的效果,在进行伪彩色增强以前,可事先对原图像进行一些其他增强处理。例如,先进行一次直方图均衡等。

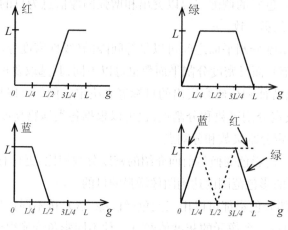

图7.2.3 一组典型的伪彩色变换函数

(3)滤波伪彩色增强。滤波伪彩色增强不是对亮度域直接进行伪彩色变换，而是先把单波段图像经傅立叶变换到频率域，在频率域中用三个不同传递特性的滤波器(通常所用的三个滤波器分别是低通、带通和高通滤波器)分离成三个独立分量，然后再对它们进行傅立叶反变换，得到三幅代表不同频率分量的单色图像，对这三幅图像再作进一步的后处理(如直方图均衡)，然后将它们合成为伪彩色图像。从而实现频率域的伪彩色增强，如图7.2.4所示。

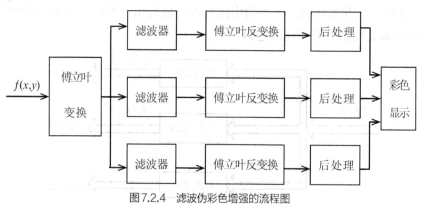

图7.2.4 滤波伪彩色增强的流程图

3.假彩色增强处理

在遥感图像处理中，假彩色合成是应用最广泛的彩色增强方法。在前述的伪彩色增强处理中，由于只有一个波段，故判译地物精度不高。由于地物的差异更多地表现在不同波段上，如何将反映在不同波段上的差异综合地反映出来，扩大地物间的差异，提高地物判译精度，这就是假彩色合成的目的。其方法是选定三个波段图像，例如TM5、TM4、TM3，并分别指定为红、绿、蓝三个颜色，建立每个波段的亮度与彩色的变换表，再将变换结果合成便得到了假彩色合成图像，如图7.2.5所示，其中Σ表示加色作用。假彩色合成关键在于正确选择彩色变换表，其选择应尽可能扩大彩色级的动态范围。

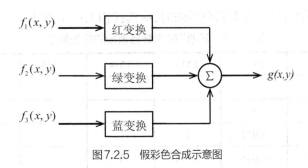

图7.2.5　假彩色合成示意图

假彩色合成增强处理时,最主要的工作是选择哪三个波段或已处理的分量(如比值图像、差值图像、主成分图像等)作为假彩色合成的分量,使得假彩色合成取得最佳的效果。最佳假彩色合成变量的选择依赖于对遥感图像信息特征的分析。下面对一些有效的变量选择方法进行介绍(以多光谱遥感图像为例)。

(1)信息量分析。根据信息量计算公式(2.1.1),表7.2.1为某地TM图像(除热红外波段)的信息量计算结果。不难看出,不同波段的信息量是不同的,近红外波段的信息量(TM4,TM5,TM7)大于可见光波段(TM1,TM2,TM3),且TM5最大,TM2最小。当然,进行假彩色增强时需选用信息量大的波段。

表7.2.1　某地TM图像的信息量

波段	TM1	TM2	TM3	TM4	TM5	TM7
信息量	4.345	3.988	4.560	5.195	5.905	4.933

(2)遥感图像统计特征分析。表7.2.2为某地TM图像统计特征。可以看出,TM图像的有效数据域(动态范围)只占整个动态范围(0~255)的一小部分,大多在1/10~3/10之间,三个红外波段(TM4,TM5,TM7)的有效数值域相对较大,是包含信息较多的波段。

表7.2.2　某地TM图像统计特征

波段	动态范围	均值	标准差
TM1	64~115	77.825	5.174
TM2	22~61	33.045	3.993
TM3	19~79	32.606	6.125
TM4	19~105	52.716	9.082
TM5	14~142	67.982	14.545
TM6	112~141	124.939	3.974
TM7	5~75	27.476	7.616

(3)各波段的相关系数分析。表7.2.3为某地TM图像各波段相关系数。由表可见,三个可见光波段之间具有较高的相关性;TM4波段相对比较"独立",与其他波段的相关系数 $r<0.684$;TM5和TM7相关程度亦较高,它们与其他波段相关程度相对较低;热红外波段

（TM6）是最"独立"的波段。在假彩色增强时,应选择相关性小的波段。

表7.2.3　某地TM图像各波段的相关系数

波段	TM1	TM2	TM3	TM4	TM5	TM6	TM7
TM1	1						
TM2	0.933	1					
TM3	0.925	0.952	1				
TM4	0.519	0.648	0.545	1			
TM5	0.529	0.610	0.657	0.684	1		
TM6	0.488	0.479	0.515	0.449	0.655	1	
TM7	0.625	0.670	0.751	0.546	0.947	0.643	1

　　（4）最佳波段组合指数分析。最佳波段组合指数是Chavez(1982)提出的,即用三个波段的标准差及两两之间的相关系数计算一个最佳指数因子OIF (Optimum Index Factor)：

$$\text{OIF} = \sum_{i=1}^{3} (s_i / \sum_{j=1}^{3} |r_{ij}|) \tag{7.2.2}$$

式中：s_i为i波段的标准差；

　　r_{ij}是第i波段与第j波段之间的相关系数。

　　在众多的组合中,OIF越大说明此三个波段包含的信息量越大,波段间的相关性越小。因此,可选用最佳指数因子OIF最高的波段组合作为最佳组合。

　　（5）协方差矩阵分析。Charlles Sheffield(1985)提出一种从p维中选择n子维的方法（$n<p$）。它是基于数据子集的最大熵。即：

$$S = \frac{n}{2} + \frac{n}{2}\ln(2\pi) + \frac{1}{2}\ln|\boldsymbol{M}_s| \tag{7.2.3}$$

其中：S为n维数据子集的熵；

　　$\boldsymbol{M}_s$为n维数据子集的协方差矩阵。

　　选择最佳n个波段组合的子集,即为选择具有最大熵的子集,也就相当于选择最大的$|\boldsymbol{M}_s|$值（$\boldsymbol{M}_s$的行列式值）的子集。

　　（6）多维亮度重叠指数分析。前面介绍的方法都是从信息总量的角度来选择最佳波段。Zhen Kuima(1989)等提出了地物间光谱重叠的量度方法——多维亮度重叠指数法（MBVOI）,它是针对特定地物提取而设计的,表示了该地物在该波段组合中与其他地物地可分离性,这对突出某些专题信息是有利的。例如在遥感找矿中,我们只关心矿产信息或它的指示信息,其他地物信息在图像上反应的优劣并不重要,此时可用MBVOI来确定能够比较好地反应矿产信息的最佳波段。MBVOI的原理是计算特定地物的空间分布和其他地物分布的重叠像元数与特定地物分布的总像元数之比。从理论上讲,各地物的分布近于正态分布,对于二维分布来讲,这种分布呈椭圆形;对于三维分布,呈椭球体。计算重叠像元时,最好采用接近实际的正态分布比较法,但由于其计算复杂,因而一般采用平行切割比较法,具体方法如下：

① 计算各地物样本在各波段的极值、均值、方差;

② 计算特定地物与其他地物在各波段组合中交叠构成的多面体范围;

③ 统计属于各交叠多面体的各类重叠像元总数,并求其总和;

④ 统计特定地物本身构成的多面体内的特定地物像元总数,称为基数;

⑤ 将③的值除以④的基数,即为MBVOI。

前面介绍了一些最佳波段组合的选择方法,但在具体图像处理时,往往需综合分析多种方法,同时还需结合工作区的具体情况和所要突出的专题信息来合理选择最佳波段组合。

4. IHS变换彩色增强

IHS变换也称彩色变换或蒙塞尔(Munsell)变换。在图像处理时通常使用的有两种彩色坐标系(或称彩色空间):一是由红(R)、绿(G)、蓝(B)三原色构成的彩色空间(RGB坐标系或RGB空间);另一种是由色调(颜色的类别,如红、绿、蓝等,记为H)、饱和度(颜色的纯度,亦即浓淡程度,记为S)及亮度(人眼感受到的颜色的明亮程度,记为I)三个变量构成的彩色空间(IHS坐标系或IHS空间),也称蒙塞尔彩色空间。也就是说一种颜色既可以用RGB空间内的R,G,B来描述,也可以用IHS空间的I,H,S来描述,前者是从物理学角度出发描述颜色,后者则是从人眼的主观感觉出发描述颜色。IHS变换就是RGB空间与IHS空间之间的变换。由于RGB空间在图像处理中简单有效,所以在图像处理中常用。但由于RGB空间是用红、绿、蓝三原色的混合比例定义不同的色彩,使得不同的色彩难以用准确的数值来表示,从而难以进行定量分析;而且,当彩色合成图像通道之间的相关性很高时,会使合成图像的饱和度偏低,色调差异小,图像的视觉效果差。即使对相关性较高的图像通道作对比度扩展,通常也只是扩大了图像的明亮度,对增强色调差异作用较小;此外,人眼不能直接感觉红、绿、蓝三色的比例,只能通过感知颜色的亮度、色调和饱和度来区分物体。所以在图像处理中可以利用IHS变换,使图像在I,H,S坐标系中进行有目的各种增强处理,然后再反变换到R,G,B坐标系进行显示,使图像彩色增强获得更佳的效果,另外也可使不同分辨率的图像进行融合获得最佳的显示效果(IHS融合具体见第9章)。

要实现IHS变换就要实现IHS空间与RGB空间的相互转换,也就是说要获取这两个坐标系之间的相互转换关系,称从RGB空间到IHS空间的变换为IHS正变换,从IHS空间到RGB空间的变换为IHS反变换。

在RGB空间中定义I,H,S三个参数有多种策略,不同策略对应不同的IHS变换模型。本书介绍一种既常用又简单的变换模型——三角形色度坐标系模型。

在色度坐标系模型中,不直接采用三原色成分(R,G,B)的数值来表示颜色,而用三原色各自在$R+G+B$总量中的相对比例来表示,故颜色的色度坐标r,g,b为:

$$\begin{cases} r=R/(R+G+B) \\ g=G/(R+G+B) \\ b=B/(R+G+B) \end{cases} \tag{7.2.4}$$

由式(7.2.4)可知$r+g+b=1$,任意一种颜色在色度坐标系中表示成一个色点

$P(r,g,b)$,而且各色点均处于图7.2.6所示的三角平面 Δrgb 上。因为若已知 r,g 即可求出 b,所以也可以说各色点均处在投影面 Δrgb 上。随着 r,g,b 值的变化,颜色就发生变化,例如,当 $g=b=0$ 即 $r=1$ 时,为红色;当 $r=g=b$ 时,为白色,即图7.2.6中 Δrgb 三角形面的中心点 $W(1/3,1/3,1/3)$。

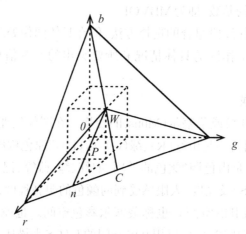

图7.2.6　色度坐标中IHS变换关系示意图

在色度坐标系模型中的 R、G、B 与 I、H、S 之间的关系定义如下:

(1)饱和度 S。由于随着离开中心点 W 相对距离的增加,颜色的纯度(浓度)增加,当达到三角形 Δrgb 的边线时,颜色的浓度达到最大值(即最纯)。因此,在这一坐标系中,任一颜色(色点 P)的饱和度 S 可定义为色点 P 距离中心点 W 的相对距离。设 P 与 W 的连线和边线(Δrgb)的交点为 N,即 $S=WP/WN$。在图7.2.6所示的色度坐标系中,根据上述 S 的定义利用三角形的比例关系可以推导出:

$$S=1-3b \tag{7.2.5}$$

(2)色调 H。从图中的色调变化来看,从 r 点开始沿三角形 Δrgb 边线逆时针方向(也可顺时针方向)旋转一周,其变化为红→黄→绿→青→蓝→紫→红。由于在 WN 线上的所有点其颜色皆相同(只是饱和度不同),因此色点 P 的色调 H 可定义为 N 点离 r 点(设色调的起点为 r)的相对距离。在 ΔWrg 范围内,H 定义为 $H=rN/rg$。同样,在图7.2.6所示的色度坐标系中,根据上述 H 的定义可以推导出:

$$H=(g-b)/(1-3b) \tag{7.2.6}$$

(3)亮度 I。由于亮度是颜色的明亮程度,因此可以定义颜色的亮度与红、绿、蓝三原色之和成正比,即:

$$I=K(R+G+B) \tag{7.2.7}$$

为了计算时的归一化需要,这里取 $K=1/3$,即:

$$I=(R+G+B)/3 \tag{7.2.8}$$

此时根据(7.2.4)式有 $b=\dfrac{B}{3I}$,$g=\dfrac{G}{3I}$。将 b,g 代入(7.2.5)式和(7.2.6)式中,并和(7.2.8)合并,则得到IHS正变换式为:

$$\begin{cases} I = (R+G+B)/3 \\ H = \dfrac{(G-B)}{3(I-B)} \\ S = 1 - B/I \end{cases} \tag{7.2.9}$$

另外由(7.2.9)式可求出从I、H、S到R、G、B的IHS反变换式:

$$\begin{cases} R = I(1+2S-3SH) \\ G = I(1-S+3SH) \\ B = I(1-S) \end{cases} \tag{7.2.10}$$

式(7.2.9)和(7.2.10)是色调H在$0\sim1$之间变化的IHS变换,为了把H扩展到$1\sim3$之间(以覆盖所有色调),需要在计算H前,判断色点P所在色调区间,从图7.2.6可知,色点处在ΔWrg,ΔWgb,ΔWbr中的条件分别为$R>B<G$,$G>R<B$和$B>G<R$,故在具体实现时可采用下算式(考虑$R=G$,$G=B$和$B=R$的情况):

$$\begin{cases} H = \dfrac{(G-B)}{3(I-B)} & \text{当}R>B\leqslant G\text{时} \\ H = \dfrac{(B-R)}{3(I-R)} + 1 & \text{当}R<G\text{时} \\ H = \dfrac{(R-G)}{3(I-G)} + 2 & \text{当}R\geqslant G\text{时} \end{cases} \tag{7.2.11}$$

需要指出的是:在(7.2.11)式中,后面算式必须在前面算式不成立时方可使用。

H经扩展后完整的IHS变换与反变换公式如表7.2.4所示。

表7.2.4 IHS变换公式

条件	正变换计算公式	反变换计算公式
$R>B\leqslant G$或$0\leqslant H<1$	$I=(R+G+B)/3$ $H=\dfrac{(G-B)}{3(I-B)}$ $S=1-B/I$	$R=I(1+2S-3SH)$ $G=I(1-S+3SH)$ $B=I(1-S)$
$G>R\leqslant B$或$1\leqslant H<2$	$I=(R+G+B)/3$ $H=\dfrac{(B-R)}{3(I-R)}+1$ $S=1-R/I$	$R=I(1-S)$ $G=I(1+5S-3SH)$ $B=I(1-4S+3SH)$
$B>G\leqslant R$或$2\leqslant H<3$	$I=(R+G+B)/3$ $H=\dfrac{(R-G)}{3(I-G)}+2$ $S=1-G/I$	$R=I(1-7S+3SH)$ $G=I(1-S)$ $B=I(1+8S-3SH)$

7.3 图像直方图增强

直方图是对图像每一亮度间隔内像元频数的统计,亮度间隔可人为确定,既可以是均匀的,也可以是不均匀的。图像的亮度直方图给出了该幅图像概貌的总体描述,如一幅图像的明暗状况及对比度等,都可通过直方图反映出来。一般情况下,由于遥感图像的灰度分布集中在较窄的区间,从而引起图像细节的模糊,为了使图像细节清晰,并使一些目标得到突出,达到增强图像的目的,可通过改善图像各部分亮度的比例关系,即可通过改造直方图的方法来实现。常用的直方图调整方法有两种:直方图均衡化和直方图规定化。

1.直方图均衡化

直方图均衡化又称直方图平坦化,是将一已知灰度概率密度分布的图像,经过某种变换,变成一幅具有均匀灰度概率密度分布的新图像,其结果是扩展了像元取值的动态范围。一般遥感图像的概率密度函数曲线为一起伏的曲线,直方图均衡化就是使变换后的图像的概率密度函数曲线变为一平坦的直线。下面先讨论连续变化图像的均衡化问题,然后再推广到离散的数字图像上。

图7.3.1所示的就是连续情况下非均匀概率密度函数$P_r(r)$经变换函数$T(r)$转换为均匀概率分布$P_s(s)$的情形。图中r为变换前的归一化灰度值,$0 \leqslant r \leqslant 1$,$T(r)$为变换函数,$s = T(r)$为变换后的灰度值,也归一化为$0 \leqslant s \leqslant 1$。

由前述可知,对图像进行直方图均衡化处理的关键是求得变换函数$T(r)$。

设r是已经进行过归一化处理的连续遥感图像函数灰度值,即$0 \leqslant r \leqslant 1$,$P_r(r)$是此遥感图像的概率密度函数,$T(r)$为进行直方图均衡化处理的变换函数,图像均衡化处理后的灰度值为$s[=T(r)]$,概率密度函数$P_s(s)$,假定变换函数$T(r)$满足下述条件:

① 变换函数$T(r)$在区间$0 \leqslant r \leqslant 1$内是一单调递增函数,且满足$0 \leqslant T(r) \leqslant 1$;

② 反变换$r = T^{-1}(s)$存在,$0 \leqslant s \leqslant 1$,且也满足类似的条件,也就是使变换后的灰度仍保持由黑到白的单一变化顺序,且变化范围与原图像一致。

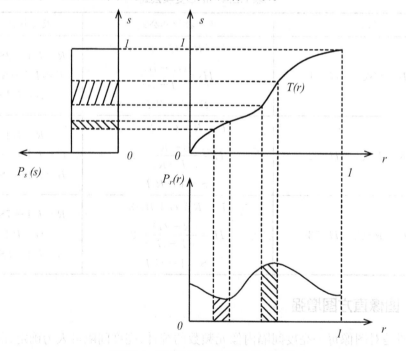

图7.3.1　将非均匀密度变换为均匀密度

由概率论概率分布知识有：

$$P_s(s)\mathrm{d}s = P_r(r)\mathrm{d}r \tag{7.3.1}$$

在直方图均衡化时有 $P_s(s)=\dfrac{1}{L}$，这里 L 为均衡化后的灰度变化范围。归一化表示时 $L=1$，则有 $P_s(s)=1$，此时式(7.3.1)简化为 $\mathrm{d}s = P_r(r)\mathrm{d}r$，即：

$$\mathrm{d}s = \mathrm{d}T(r) = P_r(r)\mathrm{d}r$$

两边取积分得：

$$s = T(r) = \int_0^r P_r(r)\mathrm{d}r \tag{7.3.2}$$

由上面的推导可见，经(7.3.2)式变换后的变量 s 在定义域内的概率密度是均匀分布的，因此式(7.3.2)就是所要求的连续图像函数均衡化处理的变换函数 $T(r)$，它表明变换函数是原图像的累计概率密度函数，是一个非负递增函数。这也说明只要知道原图像的概率密度函数，就很容易确定变换函数。

上述结论可推广到离散情况。设一幅图像总像元数为 n，有 L 个灰度级，n_k 代表第 k 个灰度级 r_k 出现的频数，则第 k 灰度级出现的概率为：

$$P_r(r_k) = \frac{n_k}{n} \qquad (0 \leqslant r_k \leqslant 1, k=0,1,\cdots,L-1) \tag{7.3.3}$$

此时变换函数可表示为：

$$s_k = T(r_k) = \sum_{j=0}^k P_r(r_j) = \sum_{j=0}^k \frac{n_j}{n} \qquad (0 \leqslant r_k \leqslant 1, k=0,1,\cdots,L-1) \tag{7.3.4}$$

因此，根据原图像的直方图统计值就可算出均衡化后各像元的灰度值。按(7.3.4)式对图像进行均衡化处理后，直方图上灰度分布较密的部分被拉伸；灰度分布稀疏的部分被压缩，从而使一幅图像的对比度在总体上得到很大的增强。

下面用一例子说明直方图均衡化的过程。设一幅图像大小为 64×64，有 8 个灰度级，其灰度分布直方图 $P_r(r_k)$ 如图 7.3.2(a)所示，灰度概率分布如表 7.3.1 所示。根据变换函数公式(7.3.4)可算出各 $s_{k\text{计算}}$（见表 7.3.1）。

表 7.3.1 图像灰度分布表

r_k	n_k	$\dfrac{n_k}{n}$	$s_{k\text{计算}} = \sum\limits_{j=0}^k \dfrac{n_j}{n}$
$r_0 = 0$	790	0.19	0.19
$r_1 = 1/7$	1023	0.25	0.44
$r_2 = 2/7$	850	0.21	0.65
$r_3 = 3/7$	656	0.16	0.81
$r_4 = 4/7$	329	0.08	0.89
$r_5 = 5/7$	245	0.06	0.95
$r_6 = 6/7$	122	0.03	0.98
$r_7 = 1$	81	0.02	1.00

图 7.3.2(b)示出了 $s_{k计算}$ 和 r_k 之间的阶梯状关系。由于原图像的灰度只有 8 级，因此上述各 $s_{k计算}$ 需以 1/7 为量化单位进行舍入运算，得到：

$$s_{0舍入}=1/7 \quad s_{1舍入}=3/7 \quad s_{2舍入}=5/7$$
$$s_{3舍入}=6/7 \quad s_{4舍入}=6/7 \quad s_{5舍入}=1$$
$$s_{6舍入}=1 \quad s_{7舍入}=1$$

由上述数值可见，新图像只有 5 个不同的灰度级别，取为：

$$s_0=1/7 \quad s_1=3/7 \quad s_2=5/7 \quad s_3=6/7 \quad s_4=1$$

因为 $r_0=0$ 经变换得 $s_0=1/7$，所以有 790 个像元取 s_0 这个灰度值；r_1 映射到 $s_1=3/7$，所以有 1023 个像元取 $s_1=3/7$ 这一灰度值。以此类推，有 850 个像元取 $s_2=5/7$ 这一灰度值。但是，因为 r_3 和 r_4 均映射到 $s_3=6/7$ 这一灰度级，所以有 656+329=985 个像元取这个值；同样有 245+122+81=448 个像元取 $s_4=1$ 这个新灰度值。均衡后的新直方图示于图 7.3.2(c)。

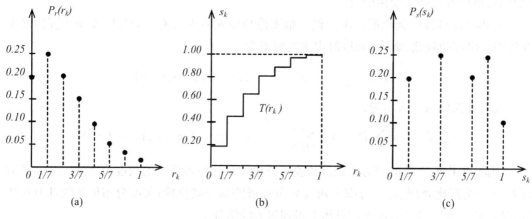

图 7.3.2　直方图均衡化示例

由此可见，在离散情况下，直方图仅能接近于概率密度函数，很少能在均衡后获得完全平直的直方图，但毕竟比原始图像的直方图平坦得多，而且其动态范围也大大地扩展了。

直方图均衡化实质上是减少图像的灰度等级以换取对比度的扩大。在上例中，原来的 8 个灰度级已缩减成了 5 个。由于在均衡化过程中，原直方图上频数较小的灰度级被并入少数几个或一个灰度级中，对应的图像部分得不到增强。若这些灰度级所构成的图像细节较重要，则采用局部自适应的直方图均衡化较为适宜，简称为 LAHE（Local Adaptive Histogram Equalization）。本法用一个滑动窗口，先计算该窗口的直方图，再对这个局部直方图进行均衡以实现对窗口中心像元灰度级的修整。窗口从左至右和从上而下移动，完成对整幅图像灰度的修整。选用的窗口可为正方形或矩形，也可为圆形或椭圆形，窗口大小可变，在进行直方图运算时，可计算窗口内所有像元，也可仅取水平、垂直及对角方向的像元。

2.直方图规定化

虽然直方图均衡化是行之有效的增强方法，但是由于它只能产生一种结果——近似均匀的直方图，从而限制了这种方法的效能。因为面对不同的需求，并不是总需要具有均匀直方图的图像，有时需要具有特定的直方图的图像，以便能够对图像中的某些灰度级予以增强。直方图规定化方法就是基于上述思想提出来的一种直方图修正增强方法。

顾名思义,直方图规定化就是将原始图像的直方图调整到一事先规定的形状(如正态分布),并以此来对原始图像的特定灰度范围进行增强处理。下面依然从连续灰度级的概率密度函数入手来讨论直方图的规定化方法。

假设 $P_r(r)$ 是原始图像灰度分布的概率密度函数, $P_z(z)$ 是希望得到的图像的概率密度函数,如何建立 $P_r(r)$ 和 $P_z(z)$ 之间的联系是直方图规定化处理的关键。

首先对原始图像进行直方图均衡化处理,即:

$$s = T(r) = \int_0^r P_r(\omega) d\omega \tag{7.3.5}$$

假定已经得到了所希望的图像,并且它的概率密度函数是 $P_z(z)$。对这幅图像也作直方图均衡化处理,即:

$$v = G(z) = \int_0^z P_z(\omega) d\omega \tag{7.3.6}$$

因为对于两幅图像(注意:这两幅图像只是灰度分布的概率密度不同)同样作了直方图均衡化处理,所以 $P_s(s)$ 和 $P_v(v)$ 具有相同的均匀密度。由于式(7.3.6)的逆过程是 $z = G^{-1}(v)$,这样,如果用从原始图像中得到的均匀灰度级 s 来代替逆过程中的 v,其结果灰度级 $z = G^{-1}(v) = G^{-1}(s)$ 将是所要求的概率密度函数 $P_z(z)$ 的灰度级。

根据以上的分析,可以总结出直方图规定化增强处理的步骤如下:

①用式(7.3.2)把原始图像的灰度级均衡化;

②规定希望的密度函数,并用式(7.3.6)得到变换函数 $G(z)$;

③将逆变换函数 $z = G^{-1}(s)$ 用到步骤①中所得到的灰度级。

以上三个步骤得到了原始图像的另一种处理方式,在这种处理方法中得到的新图像的灰度级具有事先规定的概率密度函数 $P_z(z)$。

虽然直方图规定化方法中包括两个变换函数,这就是 $T(r)$ 和 $G^{-1}(s)$,但可将这两个增强步骤简单地组合成一个函数,利用它可从原始图像产生所希望的灰度分布。从上面的讨论中,我们得到:

$$z = G^{-1}(s) \tag{7.3.7}$$

将式(7.3.2)代入式(7.3.7),得到下面的组合变换函数:

$$z = G^{-1}[T(r)] \tag{7.3.8}$$

此时 z 是 r 的函数。很显然,当 $G^{-1}[T(r)] = T(r)$ 时,这个表示式就简化为直方图均衡化方法了。

式(7.3.8)的意思是很明显的,一幅图像不需要直方图均衡化就可实现直方图规定化,它只需求出 $T(r)$ 并与反变换函数 $G^{-1}(s)$ 组合在一起,再对原始图像施以变换即可。

直方图规定化在连续变量的情况下涉及到求反变换函数的解析式问题,一般情况下较为困难。但是由于数字图像处理是处理离散变量,而且离散的灰度级的数目通常是很少的,对于每一个可能的像元值,计算和存贮其映射是可行的,因而可以通过近似的方法绕过这个问题。

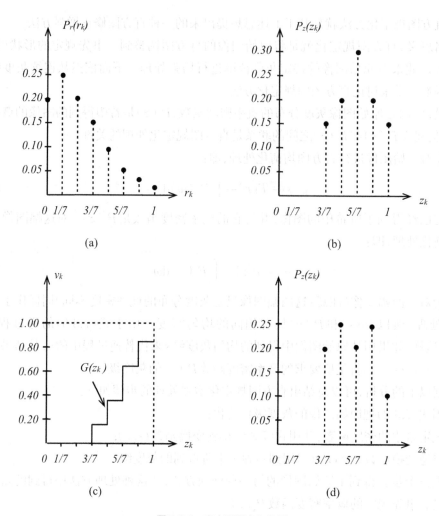

图7.3.3 直方图规定化示例

下面通过例子来说明图像直方图规定化的过程。这里仍用大小为64×64、灰度级为8的图像为例。其直方图如图7.3.3(a)所示，图7.3.3(b)是规定的直方图，图7.3.3(c)是变换函数，图7.3.3(d)是处理后的结果直方图。原始图像直方图和规定化后的直方图的数值列于表7.3.2中。

表7.3.2 原始与规定的直方图数据

原始直方图数据			规定的直方图数据	
r_k	n_k	n_k/n	z_k	$P_z(z_k)$
$r_0 = 0$	790	0.19	$z_0 = 0$	0.00
$r_1 = 1/7$	1023	0.25	$z_1 = 1/7$	0.00
$r_2 = 2/7$	850	0.21	$z_2 = 2/7$	0.00
$r_3 = 3/7$	656	0.16	$z_3 = 3/7$	0.15
$r_4 = 4/7$	329	0.08	$z_4 = 4/7$	0.20

原始直方图数据			规定的直方图数据	
$r_5=5/7$	245	0.06	$z_5=5/7$	0.30
$r_6=6/7$	122	0.03	$z_6=6/7$	0.20
$r_7=1$	81	0.02	$z_7=1$	0.15

计算步骤如下：

①对原始图像进行直方图均衡化处理，处理结果列于表7.3.3中。

表7.3.3　直方图均衡化处理后的直方图数据

$r_j \rightarrow s_k$	n_k	$p_s(s_k)$
$r_0 \rightarrow s_0=1/7$	790	0.19
$r_1 \rightarrow s_1=3/7$	1023	0.25
$r_2 \rightarrow s_2=5/7$	850	0.21
$r_3,r_4 \rightarrow s_3=6/7$	985	0.24
$r_5,r_6,r_7 \rightarrow s_4=1$	448	0.11

②利用(7.3.4)式计算变换函数：

$$v_k=G(z_k)=\sum_{j=0}^{k}P_z(z_j)$$

得到的数值为：

$$v_0=G(z_0)=0.00 \quad v_4=G(z_4)=0.35$$
$$v_1=G(z_1)=0.00 \quad v_5=G(z_5)=0.65$$
$$v_2=G(z_2)=0.00 \quad v_6=G(z_6)=0.85$$
$$v_3=G(z_3)=0.15 \quad v_7=G(z_7)=1.00$$

变换函数如图7.3.3(c)所示。

③用直方图均衡化中的s_k进行G的反变换来求得z：

$$z_k=G^{-1}(s_k)$$

因为我们处理的是离散值的情况，在反映射中常常必须进行近似。例如，最接近于$s_0=1/7\approx0.14$的是$G(z_3)=0.15$，所以可以写成$G^{-1}(0.15)=z_3$。用这样的方法可得到下列映射：

$s_0=1/7 \rightarrow z_3=3/7$ $s_1=3/7 \rightarrow z_4=4/7$ $s_2=5/7 \rightarrow z_5=5/7$

$s_3=6/7 \rightarrow z_6=6/7$ $s_4=1 \rightarrow z_7=1$

④用$z=G^{-1}[T(r)]$找出r与z的映射关系：

$r_0=0 \rightarrow z_3=3/7$ $r_1=1/7 \rightarrow z_4=4/7$ $r_2=2/7 \rightarrow z_5=5/7$ $r_3=3/7 \rightarrow z_6=6/7$

$r_4=4/7 \rightarrow z_6=6/7$ $r_5=5/7 \rightarrow z_7=1$ $r_6=6/7 \rightarrow z_7=1$ $r_7=1 \rightarrow z_7=1$

⑤根据这些映射重新分配像元，并用$n=4096$去除，得到直方图的最后结果，如图7.3.3(d)所示，其数值列于表7.3.4中。

表7.3.4　结果直方图数据

z_k	n_k	$p_z(z_k)$
$z_0 = 0$	0	0.00
$z_1 = 1/7$	0	0.00
$z_2 = 2/7$	0	0.00
$z_3 = 3/7$	790	0.19
$z_4 = 4/7$	1023	0.25
$z_5 = 5/7$	850	0.21
$z_6 = 6/7$	985	0.24
$z_7 = 1$	448	0.11

　　必须指出，虽然每一个规定灰度级都填满了，但结果直方图并不是很接近所希望的形状，而且在灰度级数减少时，规定的和最后得到的直方图之间的误差还会趋向于增加。就像在直方图均衡化中的情况一样，这种误差是由于只有在连续情况下才能保证变换得到准确的结果。然而，尽管用一个近似于所希望的直方图也能得到很有用的增强效果。

　　实际上，从 s 到 z 的反变换有时不是单值的，当在规定的直方图中没有填满的灰度级或在 $G^{-1}(s)$ 取最接近的可能的灰度级的过程中，就会产生这种情况。处理这种情况的方法一般是指定一个灰度级，使这个灰度级尽可能与给定的灰度级相匹配。

3.直方图拉伸

　　人眼是基于各像元之间的灰度值差异（对比度）来识别图像的，然而并非只要存在差异就能被识别，而是只有当这种差异达到一定程度（当然有时还取决于地物的空间分布形态）才能被人眼识别。直方图拉伸就是通过扩大目标与背景的对比度来达到图像增强目的的，具体就是扩大目标的灰度值范围，压缩背景的灰度值范围。

　　直方图拉伸是一种应用广且简单的图像增强方法。

　　直方图拉伸是以波段为处理对象，以直方图为选择拉伸方法的基本依据，将波段中的所有像元的灰度值范围按某种关系扩展至指定灰度值范围或整个灰度值动态范围。

　　(1)线性拉伸。如图7.3.4所示，设原图像 $f(x,y)$ 的灰度值范围是 $[a,b]$，希望增强图像 $g(x,y)$ 的灰度值范围是 $[a',b']$，则线性拉伸公式为：

$$g(x,y) = \frac{(b'-a')}{b-a}(f(x,y)-a) + a' \qquad (7.3.9)$$

　　式(7.3.9)中的 $\dfrac{b'-a'}{b-a}$ 是线性拉伸变换直线的斜率，当 $(b'-a') > (b-a)$ 时，图像 $g(x,y)$ 的对比度得到增强，否则是降低了对比度。

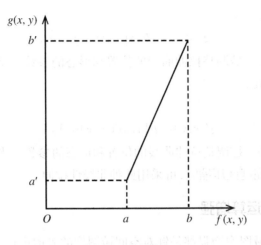

图7.3.4 线性拉伸

(2)分段线性拉伸。若已知需要增强的目标地物的灰度值范围,则可以通过扩展目标地物的灰度值范围来实现增强,这种局部扩展灰度值范围的增强方法就是分段线性拉伸。分段线性拉伸可以有效地利用有限个灰度级,达到最大限度增强图像中有用信息的目的。

常用的分段线性拉伸是三段线性拉伸,如图7.3.5所示,设原图像$f(x,y)$的灰度值范围是$[0,M_f]$,目标地物的灰度值范围是$[a,b]$,增强图像$g(x,y)$的灰度值范围是$[0,M_g]$,目标地物希望输出的灰度值范围是$[a',b']$,则线性拉伸公式为:

$$g(x,y)=\begin{cases} \dfrac{a'}{a}f(x,y) & 0\leqslant f(x,y)<a \\[2mm] \dfrac{b'-a'}{b-a}(f(x,y)-a)+a' & a\leqslant f(x,y)<b \\[2mm] \dfrac{M_g-b'}{M_f-b}(f(x,y)-b)+b' & b\leqslant f(x,y)\leqslant M_f \end{cases} \qquad(7.3.10)$$

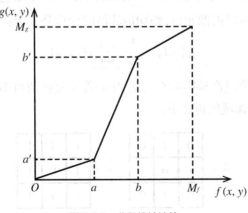

图7.3.5 分段线性拉伸

(3)非线性拉伸。如果灰度拉伸函数是非线性的,则称为非线性拉伸。常用的非线性拉伸函数有指数函数、对数函数等。

①指数拉伸函数：

$$g(x,y)=b\exp(af(x,y))+c \tag{7.3.11}$$

式(7.3.11)中，a、b、c是调整拉伸曲线的位置和形态的参数。指数拉伸可以对图像的高亮度区给予较大的扩展。

②对数拉伸函数：

$$g(x,y)=b\ln(af(x,y)+1)+c \tag{7.3.12}$$

式(7.3.12)中，a、b、c是调整拉伸曲线的位置和形态的参数。当希望对图像的低亮度区有较大的拉伸而对高亮度区压缩时，可采用此种非线性拉伸。

7.4　图像卷积运算增强

前面介绍的空间域图像增强都是针对空间域图像的光谱进行的。实际上，图像的增强还可以从像元及其邻域像元的灰度值关系的角度进行增强，即可以有目的地增强或模糊邻域像元灰度值反差实现图像增强。这种增强实质就是卷积运算。下面分别介绍图像平滑和图像锐化的图像增强方法。

1. 图像平滑

在遥感图像获取和传输的过程中，由于传感器的故障以及大气等各种干扰因素的影响，会在遥感图像上产生一些斑点(也称噪声)，或者在遥感图像中出现亮度变化过大的区域。这些斑点或亮度变化过大的区域表现为高频干扰，可以通过图像平滑突出图像的宽大区域和主干部分(低频成分)并抑制图像噪声(高频干扰)，图像平滑可以使图像亮度平缓渐变，减小突变梯度，改善图像质量。

空间域中图像平滑的主要方法有：

(1)均值滤波。均值滤波方法是均等地对待邻域中的每个像元，对于每个像元在以它为中心的邻域内取平均值，作为该像元新的灰度值，常用的邻域有4邻域和8邻域。假设f和g分别为平滑前和平滑后的图像，对任一像元点(i,j)，其邻域包含坐标点集合为S，像元数为M，$f(m,n)$为活动窗口内像元值，则均值滤波的计算公式为：

$$g(i,j)=\frac{1}{M}\sum_{(m,n)\in S}f(m,n) \tag{7.4.1}$$

为了避免中心像元值过高地影响平均值，中心像元点的值可不参与运算，仅用周围4个或8个像元点进行计算，邻域模板如下：

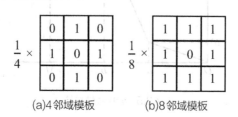

(a)4邻域模板　　　　(b)8邻域模板

图7.4.1　均值滤波邻域模板

均值滤波算法简单，计算速度快，可抑制图像中的加性噪声，但在去掉尖锐噪声的同时会造成图像模糊，特别是图像的边缘和细节将被削弱。而且随着邻域范围的扩大，模糊程度越严重。为了保留图像的边缘和细节信息，可对上述算法进行改进，引人阈值T，将原图像灰度值$f(i,j)$和平均值$g(i,j)$之差的绝对值与选定的阈值进行比较，根据比较结果决定像元(i,j)的最后灰度值$G(i,j)$。当差小于阈值时取原值；差大于阈值时取均值。其表达式为：

$$G(i,j)=\begin{cases} g(i,j) & |f(i,j)-g(i,j)|>T \\ f(i,j) & |f(i,j)-g(i,j)|\leqslant T \end{cases} \tag{7.4.2}$$

(2)中值滤波。中值滤波是一种非线性的图像平滑方法，其思想是对每个像元为中心的$M\times N$邻域内的所有像元按灰度值大小排序，取其中位数作为中心像元新的灰度值。图7.4.2示出了一幅5×5的图像，采用1×3模板的中值滤波（注意：左右边界保持原值）。从图7.4.2的输出结果可以看出，不仅噪声值10和12被去除，图像整体的灰度变化也趋于平和。

4	2	7	6	3
2	1	0	5	2
3	3	4	1	7
5	6	10	4	3
2	4	12	6	7

INPUT

2 4 7 ⇨

4	4	6	6	3
2	1	1	2	2
3	3	3	4	7
5	6	6	4	3
2	4	6	7	7

OUTPUT

图7.4.2 中值滤波示意图

一维中值滤波的概念很容易推广到二维，二维中值滤波器比一维滤波器抑制噪声的效果更好，其窗口形状可以有很多种（如线状、方形、十字形、菱形等），不同形状的滤波器产生的效果不同，使用时可根据图像的内容和不同的要求加以选择。

相较于均值滤波，中值滤波能够有效地保留边缘、减少模糊，对孤立噪声点的消除非常有效，所以常常用于去除图像的椒盐噪声。但是中值滤波的缺点也很明显，其对随机噪声的抑制比均值滤波差，同时因为要进行排序操作，所以处理的时间长，是均值滤波的5倍以上。

2.图像锐化

为了突出边缘、轮廓以及线状目标信息，通常采用图像锐化的方法。图像锐化可突出图像的边缘信息和线性目标，因此也称为边缘增强。由于图像微分运算体现的是像元值变化率（也称梯度），它有加强高频分量的作用，可使图像轮廓清晰，因此图像锐化通常采用微分法。图像平滑是通过积分使图像边缘模糊，而图像锐化则通过微分突出图像边缘。

(1)一阶轴向梯度。连续图像$f(x,y)$在坐标点(x,y)处的梯度矢量为：

$$\mathrm{grad}f(x,y)=\begin{bmatrix} \dfrac{\partial f(x,y)}{\partial x} \\ \dfrac{\partial f(x,y)}{\partial y} \end{bmatrix} \tag{7.4.3}$$

式中：$\dfrac{\partial f(x,y)}{\partial x}$ 和 $\dfrac{\partial f(x,y)}{\partial y}$ 分别为 $f(x,y)$ 对应于 x 和 y 的偏导数。

梯度的模为各分量的平方和的平方根，即为：

$$\left| \mathrm{grad} f(x,y) \right| = \sqrt{\left[\frac{\partial f(x,y)}{\partial x} \right]^2 + \left[\frac{\partial f(x,y)}{\partial y} \right]^2} \tag{7.4.4}$$

由梯度值组成的图像为梯度图像。从梯度的定义可知，梯度实际上反映了相邻像元之间灰度的变化率。由于图像中的河流、湖泊和道路等的边缘处的灰度变化率较大，因此具有较大的梯度值；而大面积的平原、海面的内部灰度变化率较小，则梯度值也较小；对于灰度值为常数的区域，梯度值为 0。

数字图像的一阶偏导一般用一阶差分来近似，式(7.4.4)的一种近似形式为轴向差分近似，称为一阶轴向梯度，即：

$$\left| \mathrm{grad} f(i,j) \right| \cong \left| f(i,j) - f(i+1,j) \right| + \left| f(i,j) - f(i,j+1) \right| \tag{7.4.5}$$

式(7.4.5)中，i 为数字图像的行号，j 为数字图像的列号。

一阶轴向梯度对应的两个卷积模板为：

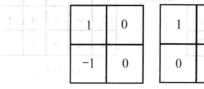

图 7.4.3   一阶轴向梯度卷积模板

（2）Roberts 梯度。针对数字图像，式(7.4.4)的另一种近似形式为交叉差分近似，称为 Roberts 梯度（如图 7.4.4），即：

$$\left| \mathrm{grad} f(i,j) \right| \cong \left| f(x,y) - f(x+1,y+1) \right| + \left| f(i,j+1) - f(x+1,y) \right| \tag{7.4.6}$$

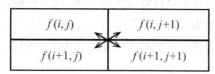

图 7.4.4   Roberts 梯度

Roberts 梯度对应的两个卷积模板为：

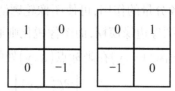

图 7.4.5   Roberts 梯度卷积模板

（3）Laplace 梯度。对于图像中的灰度均匀变化的区域来说，这些区域本身并不是边缘，但在用前述的一阶偏导计算梯度时,这些区域也被视为边缘而被检测出来。为了克服一阶偏导存在的上述问题,Laplace(拉普拉斯)提出了基于二阶偏导的梯度。连续图像函数 $f(x,y)$ 的Laplace(拉普拉斯)梯度为:

$$\mathrm{grad}f(x,y)=\nabla^2 f(x,y)=\frac{\partial^2 f(x,y)}{\partial x^2}+\frac{\partial^2 f(x,y)}{\partial y^2} \tag{7.4.7}$$

式中:∇^2 表示Laplace梯度;

$\dfrac{\partial^2 f(x,y)}{\partial x^2}$ 和 $\dfrac{\partial^2 f(x,y)}{\partial y^2}$ 分别为 $f(x,y)$ 对应于 x 和 y 的二阶偏导。

对于数字图像,二阶偏导可以用二阶差分近似计算,式(7.4.7)的一种近似形式为:

$$\mathrm{grad}f(i,j)=\nabla^2 f(i,j)\cong f(i+1,j)+f(i-1,j)+f(i,j+1)+f(i,j-1)-4f(i,j) \tag{7.4.8}$$

式(7.4.8)的卷积模板为:

0	1	0
1	-4	1
0	1	0

图7.4.6 Laplace梯度卷积模板

与前面的梯度相比,Laplace梯度较多地考虑了邻域点的关系,扩大了模板,从 2×2 扩大到 3×3 来进行差分。作为二阶偏导,Laplace梯度检测的是变化率的变化率,对于图像中灰度均匀或灰度变化均匀的部分 $\nabla^2 f(i,j)$ 均为0,而对于灰度值突变的部分反应强烈。

8	9	10	11	12	12	12
8	9	10	11	12	12	12
8	9	10	11	12	12	12
8	9	10	11	12	12	12
8	8	8	8	8	8	8
8	8	8	8	8	8	8
8	8	8	8	8	8	8

(a)原图像

0	0	0	0	-1	0	0
0	0	0	0	-1	0	0
0	0	0	0	-1	0	0
-1	-1	-2	-3	-5	-4	-4
1	1	2	3	4	4	4
0	0	0	0	0	0	0
0	0	0	0	0	0	0

(b)Laplace计算结果

8	9	10	11	13	12	12
8	9	10	11	13	12	12
8	9	10	11	13	12	12
9	10	12	14	17	16	16
7	7	6	5	4	4	4
8	8	8	8	8	8	8
8	8	8	8	8	8	8

(c) (a)-(b)结果

图7.4.7 Laplace梯度示意图

图7.4.7(a)是一幅 7×7 的图像,其左上部分的灰度均匀变化。Laplace梯度计算结果见图7.4.7(b),原图像中灰度为常数的下部与均匀变化的左上部值的梯度值均为0。

Laplace锐化结果(图7.4.7(b))出现了负值,而图像的灰度值一般应为非负数。一种处理方法是对所有像元值加上一个常数即可解决,另外一种处理方法是用原图像的值减去Laplace计算结果的整数倍,即:

$$g(i,j)=f(i,j)-k\nabla^2 f(i,j) \tag{7.4.9}$$

式中:k为正整数;

$g(i,j)$为最后计算结果。

图 7.4.7(c)是当k=1时的计算结果。既保留了原图像的背景,又扩大了边缘处的对比度,锐化效果更好。

除了图 7.4.6 的 Laplace 梯度卷积模板外,还有一些其他 Laplace 梯度卷积模板:

0	1	0
1	-8	1
0	1	0

0	-1	0
-1	5	-1
0	-1	0

1	-2	1
-2	5	-2
1	-2	1

图 7.4.8　其他常用 Laplace 梯度卷积模板

(4)Prewitt 梯度和 Sobel 梯度。针对数字图像,式(7.4.7)还有各种不同的近似形式,Prewitt 梯度和 Sobel 梯度就是典型的代表。

Prewitt 梯度的两个卷积模板为:

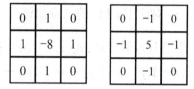

图 7.4.9　Prewitt 梯度卷积模板

Sobel 梯度是在 Prewitt 梯度的基础上,对卷积模板的 4 邻域采用加权方法进行差分,因而对边缘的检测更加精确,其对应的两个卷积模板为:

图 7.4.10　Sobel 梯度卷积模板

图 7.4.11(a)是一个 5×5 的图像,对该图像分别计算 Roberts 梯度和 Sobel 梯度得到的梯度图像如图 7.4.11(b)和(c)所示。

12	12	12	6	6
12	12	12	6	6
12	12	12	6	6
6	6	6	6	6
6	6	6	6	6

0	0	12	0	0
0	0	12	0	0
12	12	6	0	0
0	0	0	0	0
0	0	0	0	0

0	0	24	24	0
0	0	24	24	0
24	24	36	24	0
24	24	24	12	0
0	0	0	0	0

(a)原图像　　　　(b)Roberts 梯度　　　　(c)Sobel 梯度

图 7.4.11　Roberts 和 Sobel 梯度对比

图7.4.11(b)和(c)显示了两种算法的差异,图7.4.11 (b)中提取的边界是边缘处的一边,图7.4.11 (c)则提取了边缘处的双边,即两个像元的宽度。因此,在处理一个或两个像元宽度的线性目标时,要根据具体情况选择处理方法。

(5)定向梯度。前面介绍的各种方法在增强边缘时没有指定特定的方向。为了有目的地增强某一特定方向的边缘、线性目标或纹理特征,可以选用特定的卷积模板进行卷积运算(针对数字图像,这相当于对式(7.4.7)的近似形式的特别设定)。常用的定向卷积模板有:

①垂直边界梯度卷积模板(见图7.4.12)。

-1	0	1
-1	0	1
-1	0	1

或

-1	2	-1
-1	2	-1
-1	2	-1

图7.4.12　检测垂直边界卷积模板

②水平边界梯度卷积模板(见图7.4.13)。

-1	-1	-1
0	0	0
1	1	1

或

-1	-1	-1
2	2	2
-1	-1	-1

图7.4.13　检测水平边界卷积模板

③对角线边界梯度卷积模板(见图7.4.14)。

0	1	1
-1	0	1
-1	-1	0

或

1	1	0
1	0	-1
0	-1	-1

或

2	-1	-1
-1	2	-1
-1	-1	2

或

-1	-1	2
-1	2	-1
2	-1	-1

图7.4.14　检测对角线边界卷积模板

(6)梯度图像形式。根据上述的各种算法计算出各个像元的梯度后,可以根据不同的需求生成不同的梯度图像,一般有以下几种方法:

①突出梯度信息的梯度图像。突出梯度信息的梯度图像的获取方法有:

$$g(i,j) = \left| \mathrm{grad}f(i,j) \right| \tag{7.4.10}$$

或

$$g(i,j) = \begin{cases} \left| \mathrm{grad}f(i,j) \right| & \text{当} \left| \mathrm{grad}f(i,j) \right| \geqslant T \\ L_{\mathrm{B}} & \text{其他} \end{cases} \tag{7.4.11}$$

式中:T为梯度阈值;

L_B为常数(如$L_B=0$),表示背景。

前一种方法是直接由各像元点的梯度值组成梯度图像,后一种方法是突出主要边缘信息方法。

②梯度与图像融合的梯度图像。由于自然界的复杂性和随机性,遥感图像的像元灰度

值的差异是普遍存在的，为了在突出主要边缘信息的同时保留原图像背景，通常采用梯度和原图像融合的方法，即：

$$g(i,j)=\begin{cases}\left|\operatorname{grad}f(i,j)\right| & 当\left|\operatorname{grad}f(i,j)\right|\geqslant T\\ f(i,j) & 其他\end{cases} \qquad(7.4.12)$$

或

$$g(i,j)=\begin{cases}L_G & 当\left|\operatorname{grad}f(i,j)\right|\geqslant T\\ f(i,j) & 其他\end{cases} \qquad(7.4.13)$$

式中：T 为梯度阈值；

　　L_G 为常数（如 $L_G = 255$），表示边缘。

　　③梯度二值化的梯度图像。梯度二值化为梯度图像的方法为：

$$g(i,j)=\begin{cases}L_G & \left|\operatorname{grad}f(i,j)\right|\geqslant T\\ L_B & 其他\end{cases} \qquad(7.4.14)$$

式中：T 为梯度阈值；

　　L_G 为常数（如 $L_G = 255$），表示边缘；

　　L_B 为常数（如 $L_B = 0$），表示背景。

第8章 频率域图像增强

频率域图像增强是指通过对频率域图像进行某种有目的的处理实现图像增强的方法。该方法以傅立叶变换为基础,即通过傅立叶变换把图像从空间域变换到频率域,然后在频率域对图像进行有目的的处理,最后再对频率域图像进行傅立叶反变换获得增强的空间域图像。空间域图像增强与频率域图像增强是两种截然不同的技术,在一定程度上可以说它们是在不同的领域做相同的事情,只是有些图像增强更适合在空间域进行,而有些则更适合在频率域中进行。

频率域滤波的基础是傅立叶变换及卷积定理,即:

$$g(x,y)=h(x,y)*f(x,y)$$

从卷积定理我们可以得到频率域关系如下:

$$G(u,v)=H(u,v)F(u,v)$$

式中:$G(u,v),H(u,v),F(u,v)$分别是$g(x,y),h(x,y),f(x,y)$的傅立叶变换的结果。$H(u,v)$为传递函数,也称滤波因子或滤波器函数。

在典型图像增强问题中,$f(x,y)$是待增强的图像,在计算获得$F(u,v)$之后,目的是要通过选择合适的$H(u,v)$,使得对$G(u,v)$求傅立叶反变换得到所需的增强后的图像$g(x,y)$。$g(x,y)$具有$f(x,y)$的某种鲜明的特征,如利用函数$H(u,v)$使$F(u,v)$的高频成分衰减,即低通滤波;或者相反,利用$H(u,v)$强调$F(u,v)$的高频分量,使$f(x,y)$的边缘信息得到增强,即高通滤波。下面将分别予以介绍。

8.1 低通滤波图像增强

衰减或抑制高频信息,让低频信息通过的滤波过程称为低通滤波图像增强。在一幅图像中,边缘和其他尖锐的跳跃(例如噪声)对频率域的高频信息分量有很大贡献,所以低通滤波抑制了反映灰度急剧变化的高频信息以及包括在高频中的孤立点噪声,起到平滑图像和去噪声的增强作用。下面介绍常用的几种滤波器函数,由于它们以完全相同的方式修改图像频谱的实部和虚部,而不改变频谱的相位,故而被称为零相位移滤波器函数。

1.理想滤波器

二维理想低通滤波器函数为:

$$H(u,v)=\begin{cases}1 & \text{当} D(u,v)\leqslant D_0 \\ 0 & \text{当} D(u,v)>D_0\end{cases} \tag{8.1.1}$$

式中：D_0是一个指定的非负的量；

$D(u,v)$是频率平面中的点(u,v)到原点的距离，也就是：

$$D(u,v)=\sqrt{u^2+v^2} \tag{8.1.2}$$

理想滤波器的名字来源于以D_0为半径的圆内的所有信息无损保留，圆外的所有信息完全衰减。

本章讨论的所有滤波器函数都是以原点径向对称的。具体是：首先指定一个剖面，从原点出发沿半径方向画出一个随距离变化的函数曲线，然后将剖面绕原点旋转360°，便得到了滤波器函数。在本书中，对于大小为$N\times N$的频率域图像，径向对称滤波器函数是以如下假设为前提的，即傅立叶变换的原点已经处在频率域图像的中心。对于理想低通滤波器的剖面，在$H(u,v)=1$和$H(u,v)=0$之间的跳跃点(D_0)通常称为截止频率。

2. 巴特沃斯滤波器（Butterworth）

n阶巴特沃斯低通滤波器函数为：

$$H(u,v)=1/(1+\left[\frac{D(u,v)}{D_0}\right]^{2n}) \tag{8.1.3}$$

式中：$D(u,v)$由式(8.1.2)给定。

与理想低通滤波器不同，巴特沃斯低通滤波器函数的特点是在通过频率与滤去频率之间没有明显的不连续，n越大，则该滤波器越接近于理想滤波器。

3. 高斯滤波器（Guassian）

高斯低通滤波器函数为：

$$H(u,v)=\exp(-\left[\frac{D(u,v)}{D_0}\right]^{n}) \tag{8.1.4}$$

式中：$D(u,v)$由式(8.1.2)决定，n决定高斯函数的衰减率。

4. 梯形滤波器

梯形低通滤波器函数为：

$$H(u,v)=\begin{cases}1 & \text{若} D(u,v)<D_0 \\ \dfrac{D(u,v)-D_1}{D_0-D_1} & \text{若} D_0\leqslant D(u,v)\leqslant D_1 \\ 0 & \text{若} D(u,v)>D_1\end{cases} \tag{8.1.5}$$

式中：$D(u,v)$由式(8.1.2)决定，D_0和D_1是事先指定的，且$D_0<D_1$。为了实现方便，我们将滤波器函数第一个转换点D_0定义为截止频率，第二个变量D_1是任意的，只要它大于D_0即可。

梯形低通滤波器函数是对理想低通滤波器函数和完全平滑低通滤波器函数的折中。

8.2　高通滤波图像增强

衰减或抑制低频信息，让高频信息通过的滤波过程称为高通滤波图像增强。因为边缘及灰度急剧变化部分与高频信息分量相关联,在频率域中进行高通滤波将使图像得到锐化增强。下面介绍的几种滤波器函数,与低通滤波图像增强相同,也是零相位移滤波器函数。

1.理想滤波器

二维理想高通滤波器函数为:

$$H(u,v)=\begin{cases} 0 & 若D(u,v)\leqslant D_0 \\ 1 & 若D(u,v)>D_0 \end{cases} \tag{8.2.1}$$

式中:D_0是频率域平面上从原点算起的截止距离,$D(u,v)$由式(8.1.2)给出。

应当指出,这个滤波器函数正好和低通滤波中讨论的理想低通滤波器函数相反,因为它把半径为D_0圆内的所有信息完全衰减掉,对圆外的所有信息无损失地保留。

2.巴特沃斯滤波器(Butterworth)

n阶巴特沃斯高通滤波器函数为:

$$H(u,v)=1/(1+\left[\frac{D_0}{D(u,v)}\right]^{2n}) \tag{8.2.2}$$

式中:$D(u,v)$由式(8.1.2)给定。

3.高斯滤波器(Guassian)

高斯高通滤波器函数为:

$$H(u,v)=1-\exp(-\left[\frac{D(u,v)}{D_0}\right]^{n}) \tag{8.2.3}$$

式中:$D(u,v)$由式(8.1.2)决定,参量n控制着从原点算起的距离函数$H(u,v)$的增长率。

4.梯形滤波器

梯形高通滤波器函数为:

$$H(u,v)=\begin{cases} 1 & 若D(u,v)>D_0 \\ \dfrac{D(u,v)-D_1}{D_0-D_1} & 若D_1\leqslant D(u,v)\leqslant D_0 \\ 0 & 若D(u,v)<D_1 \end{cases} \tag{8.2.4}$$

式中:$D(u,v)$由式(8.1.2)决定,D_0和D_1是事先指定的,且$D_0>D_1$。为了方便,我们将D_0定义为截止频率,第二个变量D_1任意,只要小于D_0即可。

实践经验表明,有时遥感图像在高频分量增强处理之后,对其再进行直方图均衡化,图像增强效果可得到很大改善。

8.3 带通(阻)滤波图像增强

让指定宽度的频率信息通过(衰减)、其他频率信息衰减(通过)的滤波过程称为带通(阻)滤波图像增强。

1.理想滤波器

理想带阻滤波器函数为:

$$H(u,v)=\begin{cases}1 & D(u,v)<D_0-W/2 \\ 0 & D_0-W/2\leqslant D(u,v)\leqslant D_0+W/2 \\ 1 & D(u,v)>D_0+W/2\end{cases} \qquad (8.3.1)$$

式中：W为带宽。

理想的带通滤波器函数与此相反，由1减去带阻滤波器函数即可得到。

2. 巴特沃斯滤波器（Butterworth）

n阶巴特沃斯带阻滤波器函数为：

$$H(u,v)=1/(1+\left[\frac{D(u,v)W}{D^2(u,v)-D_0^2}\right]^{2n}) \qquad (8.3.2)$$

巴特沃斯带通滤波器函数与此相反，由1减去巴特沃斯带阻滤波器函数即可得到。

3. 高斯滤波器（Guassian）

高斯带阻滤波器函数为：

$$H(u,v)=1-\exp(-\left[\frac{D^2(u,v)-D_0^2}{D(u,v)W}\right]^n) \qquad (8.3.3)$$

高斯带通滤波器函数与此相反，由1减去高斯带阻滤波器函数即可得到。

8.4　同态滤波图像增强

同态滤波图像增强是以图像的照明反射模型作为频率域处理的基础，利用压缩灰度范围和增强对比度来改善图像的一种处理技术，具体过程是：首先，将原始空间域的图像经由非线性映射，获得可以使用线性滤波器的频率域图像；其次，对频率域图像运用线性操作进行有目的的处理；最后再将其反映射到原始空间域获得增强的图像。同态的性质就是保持相关的属性不变，而同态滤波的好处是将原本复杂的运算转为效能相同但相对简单的运算。

一般来说，我们可以将图像$f(x,y)$建模成照明分量$i(x,y)$和反射分量$r(x,y)$的乘积，即：

$$f(x,y)=i(x,y)r(x,y) \qquad (8.4.1)$$

式中：$i(x,y)$为照明分量（入射分量），是入射到景物上的光强度；

$r(x,y)$称为反射分量，是受到景物反射的光强度。

由于傅立叶变换无法将式(8.4.1)中具有乘积关系的两个分量分开，也就是说：

$$F\{f(x,y)\}\neq F\{i(x,y)\}F\{r(x,y)\}$$

如果把式(8.4.1)两边取对数就可以把式中的乘积关系变成加法关系，即：

$$z(x,y)=\ln f(x,y)=\ln i(x,y)+\ln r(x,y) \qquad (8.4.2)$$

对式(8.4.2)两端进行傅立叶变换，得：

$$F\{z(x,y)\}=F\{\ln f(x,y)\}=F\{\ln i(x,y)\}+F\{\ln r(x,y)\} \qquad (8.4.3)$$

令：

$$Z(u,v)=F\{z(x,y)\}$$
$$I(u,v)=F\{\ln i(x,y)\}$$

$$R(u,v) = F\{\ln r(x,y)\} \tag{8.4.4}$$

则：

$$Z(u,v) = I(u,v) + R(u,v) \tag{8.4.5}$$

如果用一个滤波器函数 $H(u,v)$ 来处理 $Z(u,v)$，则：

$$S(u,v) = H(u,v)Z(u,v) = H(u,v)I(u,v) + H(u,v)R(u,v) \tag{8.4.6}$$

将 $S(u,v)$ 再施以傅立叶反变换，则：

$$s(x,y) = F^{-1}\{S(u,v)\} = F^{-1}\{H(u,v)\cdot I(u,v)\} + F^{-1}\{H(u,v)\cdot R(u,v)\} \tag{8.4.7}$$

令：

$$i'(x,y) = F^{-1}\{H(u,v)I(u,v)\}$$
$$r'(x,y) = F^{-1}\{H(u,v)R(u,v)\}$$

式(8.4.7)可写成如下形式：

$$s(x,y) = i'(x,y) + r'(x,y) \tag{8.4.8}$$

因为 $z(x,y)$ 是 $f(x,y)$ 的对数，为了得到所要求的增强图像 $g(x,y)$，还要进行一次相反的运算，即：

$$g(x,y) = \exp\{s(x,y)\} = \exp\{i'(x,y) + r'(x,y)\} = \exp\{i'(x,y)\}\exp\{r'(x,y)\} \tag{8.4.9}$$

令：

$$i''(x,y) = \exp\{i'(x,y)\}$$
$$r''(x,y) = \exp\{r'(x,y)\}$$

则：

$$g(x,y) = i''(x,y)r''(x,y) \tag{8.4.10}$$

式中：$i''(x,y)$ 是处理后的照明分量；

$r''(x,y)$ 是处理后的反射分量。

一般来说，遥感图像的光照基本是均匀渐变的，所以 $i(x,y)$ 应该是低频分量，而不同物体对光的反射是具有突变的，所以 $r(x,y)$ 是高频分量。这个特征使我们可以把一幅图像取对数后的傅立叶变换的低频分量和照明分量联系起来，而把反射分量与高频分量联系起来。虽然这样的近似有些粗糙，但是却可以获得有效的增强效果。

用同态滤波方法进行增强处理的流程如图 8.4.1 所示。

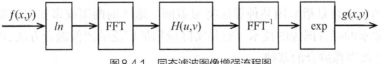

图8.4.1　同态滤波图像增强流程图

一般情况下，照明决定了图像中像元灰度的动态范围，而对比度是图像中某些内容反射特性的函数。用同态滤波器可以理想地控制这些分量，适当地选择滤波器函数 $H(u,v)$ 将会对傅立叶变换中的低频分量和高频分量产生不同的响应。对低频分量进行压制，就降低了动态范围，而要对高频进行提高，就增强了图像的对比度。

第9章 遥感图像融合

在对地观测过程中,数目众多的传感器以不同的电磁波段、不同的时相、不同的入射角、不同的成像机理、不同的空间分辨率等为我们提供了地物的丰富的遥感信息。遥感图像融合就是要通过各种遥感信息之间的相互补充,来克服单一传感器获取的图像在几何、光谱和空间分辨率等方面存在的局限性,从而提高遥感图像的分辨能力。图像融合不是图像信息的简单复合,而是强调信息的优化,突出有用的专题信息,消除或抑制无关的信息,改善目标识别图像环境。在遥感技术迅猛发展的今天,传感器的种类和数量越来越多,各种传感器获取的遥感信息的融合已显得日趋重要。

9.1 图像融合基本概念

图像融合是将两个或者两个以上的传感器在同一时间(或不同时间)获取的关于某个区域的图像或者图像序列信息加以综合,生成该区域的一幅新图像,而该图像是从单一传感器获取的信息中无法得到的。如果将上述定义的条件减弱一些,有时图像融合处理的对象也可以是单一传感器在不同时间获取的图像数据。

图像融合的形式大致可分为以下三种:

(1)不同传感器同时获取的图像的融合;

(2)不同传感器不同时获取的图像的融合;

(3)单一传感器不同时间,或者不同环境条件下获取的图像的融合。

图像融合按层次大致可分为:像素级图像融合、特征级图像融合和决策级图像融合。

1.像素级图像融合

像素级图像融合是指采用某种算法将覆盖同一地区的两幅或多幅空间配准的图像生成满足某种要求的融合图像的技术。它是实际应用最广泛的图像融合方法,也是特征级图像融合和决策级图像融合的基础。

遥感图像像素级融合包括:单一传感器的多时相图像融合、多传感器的多时相图像融合、单一平台多传感器的多空间分辨率图像融合、多平台单一传感器的多时相图像融合和同一时相多传感器图像融合等。

2.特征级图像融合

特征级图像融合属于图像融合的中间层次,其融合方法是先对来自不同传感器的原始图像信息进行特征提取,然后再对从多传感器获得的多个图像特征信息进行综合分析和处理,以实现对多传感器数据的分类、汇集和综合。

基于特征的图像融合,强调"特征(结构信息)"之间的对应,并不突出像元的对应,在处理上避免了像元重采样等方面的人为误差。由于它强调对"特征"进行关联处理,把"特征"分类成有意义的组合,因而它对特征属性的判断具有更高的可信度和准确性,围绕辅助决策的针对性更强,结果的应用更有效,且数据处理量大大减少,有利于实时处理。然而由于它不是基于原始图像数据而是基于特征,所以在特征提取过程中不可避免地会出现信息的部分丢失,并难以提供细微信息。

由于特征级图像融合中所提取的特征直接与决策分析有关,因而融合结果能最大限度地给出决策分析所需要的特征信息。特征级图像融合的主要方法有:聚类分析法、Dempster—Shafer推理法、贝叶斯估计法、信息熵法、加权平均法、表决法以及神经网络法等。

3.决策级图像融合

基于决策的图像融合是指在图像理解和图像识别基础上的融合,也就是经"特征提取"和"特征识别"过程后的融合。它是一种高层次的融合,往往直接面向应用,为决策支持服务。此种融合首先由图像信息提取特征和一些辅助信息,然后对其运用判别准则、决策规则加以判断、识别、分类,最后在一个更为抽象的层次上,将这些信息进行融合,获得综合的决策结果,以提高识别和解译能力,更好地理解研究目标,更有效地反映实际情况。常用的决策级图像融合方法有:多源决策分类、贝叶斯决策分类、模糊集聚类、专家系统评判等。

图像融合可以在单层次上进行,也可以在多层次上进行,但往往是从低层到高层、逐步抽象的数据处理过程。本章只介绍遥感图像融合处理中最常用的像素级融合方法,特征级和决策级的图像融合请参考图像变换和图像分类等相关章节。

9.2 IHS变换图像融合

在7.2节介绍了IHS变换增强,IHS变换图像融合就是基于IHS变换的融合。现代的遥感卫星上往往同时搭载全色、多光谱等传感器以获取同步图像。由于多光谱波段范围窄,要保持图像的信噪比,必须保证足够大的瞬时视场(IFOV)以获得更多的辐射能量,导致图像空间分辨率不高;而成像光谱范围较宽的全色图像则空间分辨率较高,但缺乏光谱信息。

实际上多光谱图像可以看作是由空间信息和光谱信息两部分组成的。为此,首先可以将多光谱图像进行某种变换来分离空间信息和光谱信息,得到与高分辨率图像高度相关的空间信息分量和光谱信息分量;其次,为增强空间信息,用高分辨率图像或高分辨率图像经灰度直方图匹配得到的图像代替多光谱图像变换后的空间信息分量(称替换分量),而保持光谱信息分量不变;然后进行逆变换至原始图像空间,得到融合图像。其目的是经过融合处理在保持原始光谱信息不变的同时,将高空间分辨率图像的空间信息传递到多光谱图像中,获得高分辨率多光谱图像。

IHS变换恰好能够较好地对多光谱图像进行空间信息和光谱信息的分离,其中H和S分量表达了光谱信息,而I分量表达了空间信息。IHS变换图像融合就是根据这一特点,将多光谱图像和全色图像进行融合。它可以保持多光谱图像的光谱信息和全色图像的空间信息,如图9.2.1所示。

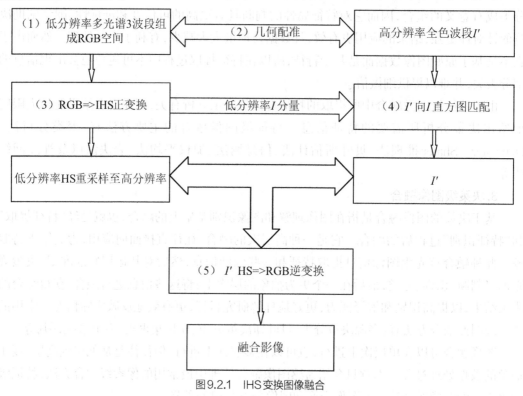

图9.2.1　IHS变换图像融合

9.3　PCA变换图像融合

前面介绍的IHS变换图像融合只能对3个波段的多光谱图像进行融合,随着遥感技术的发展,多(高)光谱波段数越来越多,这些光谱信息的有效融合也是非常重要的,PCA变换图像融合就是能够对多个波段(>3)的多(高)光谱图像进行有效融合的方法之一。

PCA变换对低分辨率多光谱图像与高空间分辨率图像融合的过程如下:首先,对多光谱图像进行PCA变换获取各个主成分;其次,用高空间分辨率图像或高空间分辨率图像经灰度直方图匹配得到的图像替换多光谱图像PCA变换后的第一主成分;最后,对替换了第一主成分的所有主成分进行PCA反变换获得融合图像。

PCA变换是一种线性变换,变换矩阵是由多光谱图像的各波段之间的协方差矩阵的特征向量构成的。由于多光谱图像的各波段的方差是不同的,所以使用协方差矩阵的PCA变换将导致各波段的重要程度不一致,进而会影响图像融合效果。为了克服上述缺点,在PCA变换图像融合时,变换矩阵一般是由多光谱图像的各波段之间的相关系数矩阵的特征向量构成的。由于在相关系数的计算中使用的是各波段归一化后的均方差,因此各波段具有同等的重要性。实际应用也表明,基于相关系数矩阵的PCA变换融合法效果更好。

PCA变换对低分辨率多光谱图像与高空间分辨率图像融合的流程见图9.3.1。

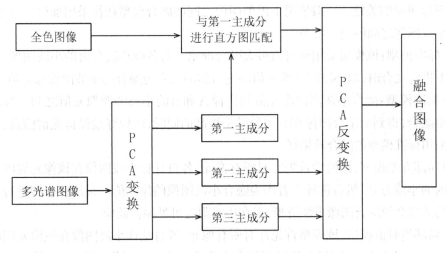

图9.3.1 PCA变换图像融合法

采用PCA变换融合法融合的图像不仅清晰度和空间分辨率比原多光谱图像有所提高，而且在保留原多光谱图像的光谱特征方面优于IHS融合法，即光谱特征的扭曲程度小，因而可增强多光谱图像的判读和量测能力。

9.4 小波变换图像融合

国内外很多学者对小波变换融合法进行了研究，并给出了各种融合方案。图9.4.1是基于Mallat小波变换图像融合的流程图，具体的融合过程为：第一步，对图像A和B分别进行小波变换，分别获取图像A的近似图像A_0和图像B的近似图像B_0，以及图像A的小波图像A_1、A_2、A_3和图像B的小波图像B_1、B_2、B_3；第二步，对近似图像进行加权融合处理（AB_0）；第三步，根据融合模型对小波图像进行融合（AB_1、AB_2、AB_3）；第四步，将融合后的近似图像（AB_0）和小波图像（AB_1、AB_2、AB_3）进行小波逆变换获取融合图像。

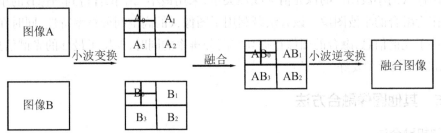

图9.4.1 基于Mallat小波变换图像融合

原始图像的小波变换的过程称为一级分解，这种分解过程可以不断地进行下去，也就是可以进行多级分解。一般情况下，对小波图像不再分解，而是对近似图像进行连续分解，这样就可以得到图像在不同分辨率下的近似图像，这一过程称为多分辨率的小波分析。基于多分辨率的小波分析的图像融合称为多分辨率小波变换图像融合。

　　对于小波变换图像融合来说，对近似图像之间和小波图像之间的融合模型的研究是提高融合图像质量的关键。一般情况下近似图像之间的融合模型往往采用加权融合方式，下面介绍小波图像之间的融合模型。

　　(1)标准模型：该模型采用绝对值最大融合准则。对各级小波分解的小波图像，在相应的层次上进行融合时，取小波图像像元值的绝对值的大者为融合的小波图像像元值。

　　(2)加法模型：融合小波图像像元值是图像 A 和 B 的小波图像像元值之和。采用这种融合模型融合，得到的融合图像在空间分辨率提高的同时，能较好地保持光谱信息，一般情况下比采用标准模型的融合效果好。

　　(3)局部方差模型：该模型首先针对所有像元，各自计算小波图像在该像元周围一定大小窗口内的小波方差，然后选较大者作为融合小波图像的像元值。采用该模型进行小波图像融合的结果会使融合图像更加清晰，但在边缘附近可见振铃效应。

　　(4)局部绝对值模型：该模型首先针对所有像元，各自统计小波图像在该像元周围一定大小窗口内的最大小波绝对值，然后选较大者作为融合小波图像的像元值，其融合效果与局部方差模型的融合效果相似。

　　(5)尺度自适应模型：其思想是利用小波变换同时具有时—频局部化特性，使融合的信息能自适应于不同传感器图像的局部信息。在小尺度下(放大倍数大)，同一小波图像保护能量较大者(保护高频成分)，抑制能量较小者，使图像细节得到保护；在大尺度下，同一小波图像抑制能量较大者，保护能量较小者。这种有向竞争融合准则，可以提高融合图像的空间分辨率。

　　(6)Wallis 变换模型：该模型假定 A 是高空间分辨率图像，融合的小波图像是将图像 A 的小波图像拉伸成具有图像 B 的小波图像的均值和方差后的小波图像。该方法既利用了图像 A 的高空间分辨率特性又顾及了光谱特性，融合图像在提高空间分辨率的同时，整体上保持了光谱信息。

　　(7)最小二乘拟合模型：该模型假定 A 是高空间分辨率图像，且图像 B 的小波图像的像元值与图像 A 的小波图像的像元值为线性关系，采用最小二乘拟合得到图像 B 的小波图像拟合值作为融合的小波图像。该方法既利用了图像 A 的高空间分辨率特性，同时在最大程度上保持了光谱信息，融合的图像在提高空间分辨率的同时，保持了最佳的光谱信息，其结果比 Wallis 变换模型要好。

9.5　其他图像融合方法

1.加权融合法

　　加权融合法是通过加权法将高空间分辨率图像的空间信息传递给低空间分辨率的多光谱图像，来获取空间分辨率增强的多光谱图像。加权融合法一般采用下式进行融合：

$$I_{fused} = A \times (P_H \times I_H + P_L \times I_L) + B \qquad (9.5.1)$$

式中：I_{fused} 为融合图像灰度值；

　　A、B 为常数；

P_H、P_L 是权系数；

I_H、I_L 分别是高空间分辨率图像和低分辨率多光谱图像的像素灰度值。

该方法融合图像的效果与权系数 P_H、P_L 和比例系数 A、B 的选取有关，但融合图像与原多光谱图像的光谱特征有较大差异。

2.乘积性融合法

Cliche(1985)提出了三种乘积性融合方法对 SPOT 全色图像和多光谱图像融合，表达式如下：

$$I_{\text{fused}} = A \times (I_H \times I_L^{[i]})^{1/2} + B \tag{9.5.2}$$

$$I_{\text{fused}} = A \times (I_H \times I_L^{[i]}) + B \tag{9.5.3}$$

$$\begin{cases} I_{\text{blue}} = A_1 \times (I_H \times I_L^{[1]})^{1/2} + B_1 \\ I_{\text{green}} = A_2 \times (I_H \times I_L^{[2]})^{1/2} + B_2 \\ I_{\text{red}} = A_3 \times (0.25I_H + 0.75I_L^{[3]}) + B_3 \end{cases} \tag{9.5.4}$$

式中：I_H 代表全色图像；

$I_L^{[i]}$ 代表第 i 波段多光谱图像。

(9.5.2)式的融合方法由于红波段和绿波段图像与全色图像相关性较大，能保证融合图像灰度值动态范围与源图像基本一致，且融合图像灰度值近似为原图像灰度值的线性函数，因此红波段和绿波段图像与全色图像融合效果较好，而红外波段图像因与全色图像相关性较小，故融合效果不理想；(9.5.3)式的融合方法会导致融合的图像反差变小；(9.5.4)式的融合方法对红外波段采用加权融合，且权重大，因此能得到较好的视觉效果。

3.比值融合法

比值处理是遥感图像处理中常用的方法。对于多光谱图像而言，比值处理可将反映地物细节的反射分量扩大，不仅有利于地物的识别，还能在一定程度上消除太阳照度、地形起伏阴影等的影响。

对于高空间分辨率图像和低空间分辨率多光谱图像融合，针对不同图像类型有多种比值融合方法，其中 Brovey 法是一种常用的增强多光谱图像的比值融合方法。该方法假设高空间分辨率全色图像的光谱响应范围与低空间分辨率多光谱图像基本相同，其融合表达式如下：

$$I_i = \frac{M_i \times P}{\sum_{j=1}^{n} M_j} \tag{9.5.5}$$

式中：n 为多光谱图像波段数；

M_i 为多光谱波段图像；

P 为全色图像；

I_i 为融合图像；

i,j 为多光谱波段序号。

Brovey 法的优点在于提高图像空间分辨率的同时能够保持原多光谱图像的光谱信息，

但全色波段与多光谱波段光谱响应范围不一致的图像融合效果不佳。

4.空间高通滤波融合法

提高多光谱图像空间分辨率的方法之一是将较高空间分辨率图像的高频信息(细节和边缘等)逐像素叠加到低空间分辨率的多光谱图像上。根据对高频信息分量的叠加方式可分为不加权高通滤波融合法和加权高通滤波融合法。

(1)不加权高通滤波融合法。不加权高通滤波融合法是用高通滤波器对高空间分辨率图像进行滤波,将高通滤波得到的高频成分逐像素地直接加到各低空间分辨率多光谱图像上,来获得空间分辨率增强的多光谱图像。融合表达式如下：

$$F_k(i,j)=M_k(i,j)+HPH(i,j) \tag{9.5.6}$$

式中：$F_k(i,j)$表示第k波段像素(i,j)的融合值;

$M_k(i,j)$表示低空间分辨率多光谱图像第k波段像素(i,j)的值;

$HPH(i,j)$表示采用空间高通滤波器对高空间分辨率图像$P(i,j)$滤波得到的高频图像像素(i,j)的值。

该方法是将高空间分辨率图像的高频信息与多光谱图像的光谱信息融合,获得空间分辨率增强的多光谱图像,并具有一定的去噪功能。采用这一融合方法的关键是设计适合的高通滤波器。

(2)加权高通滤波融合法。加权高通滤波融合法也叫高频调制融合法,是将高空间分辨率图像$P(i,j)$与空间配准的低空间分辨率第k波段多光谱图像$M_k(i,j)$进行相乘,并用高空间分辨率图像$P(i,j)$经过低通滤波后得到的图像$LPH(i,j)$进行归一化处理,得到增强后的第k波段融合图像。其公式为：

$$F_k(i,j)=M_k(i,j)\times P(i,j)/LPH(i,j) \tag{9.5.7}$$

高空间分辨率图像$P(i,j)$经过低通滤波后分解成$LPH(i,j)$和$HPH(i,j)$两部分。即：

$$P(i,j)=LPH(i,j)+HPH(i,j) \tag{9.5.8}$$

将上式代入(9.5.7式)得到：

$$F_k(i,j)=M_k(i,j)+M_k(i,j)\times HPH(i,j)/LPH(i,j) \tag{9.5.9}$$

令$K(i,j)=M_k(i,j)/LPH(i,j)$,则有：

$$F_k(i,j)=M_k(i,j)+K(i,j)\times HPH(i,j) \tag{9.5.10}$$

可见(9.5.10)式是对高空间分辨率图像高频部分$HPH(i,j)$用权$K(i,j)$调整,然后加到多光谱图像上,因此称为加权融合法。该方法的关键在于设计合适的高通滤波器和低通滤波器。

总之,空间高通滤波融合法的优点是简单,且对波段数没有限制,特别是加权高通滤波融合法在提高多光谱图像的空间分辨率的同时,能够有效保护原始多光谱图像的光谱信息。

第10章　遥感图像纹理特征

纹理分析在计算机视觉、模式识别以及数字图像处理中起着重要的作用。纹理可以用来探测和辨别不同的物体和区域、推断物体的表面方向、研究物体的形状、辨别各种物体所具有的不同纹理类型。因此,对图像纹理的描述、分割以及分类等,不仅是图像处理的重要理论研究课题,而且也有着广泛的应用前景。

遥感图像的分析和解译,最基本的依据就是灰度(波谱信息)及纹理(空间信息)两个方面的信息。目前用得最多的是图像的波谱信息。随着遥感图像处理的深入,仅仅使用波谱信息已经不能满足遥感应用的需要,而作为遥感图像重要信息之一的空间信息的提取和分析,在遥感图像分类识别中呈现出了举足轻重的作用。例如,地质上,由于岩石受其他因素(如含水性等)的影响,其波谱信息非常复杂,规律性较差,而纹理主要反映岩石的影纹结构以及岩石表面的粗糙度,与岩石的类型密切相关,因而用纹理信息辅助岩石识别有重要的意义。

纹理(又称结构)反映的是亮度(灰度)的空间变化情况,有三个主要标志:

(1)某种局部的序列性在比该序列更大的区域内不断重复;

(2)序列是由基本部分非随机排列组成的;

(3)各部分大致都是均匀的统一体,在纹理区域内的任何地方都有大致相同的结构尺寸。

纹理序列的基本部分通常被称为纹理基元。因此,也可以认为纹理是由纹理基元按某种确定性的规律或者某种统计规律排列组成的,前者称为确定性纹理(如人工纹理),后者则称为随机性纹理(如自然纹理)。

事实上,对于确定性纹理,它的基元及重复性也只能是相似的,并不要求完全相同,因此,Goold等人给纹理以更为模糊的定义,即纹理是由大量或多或少有序的相似基元或模式组成的一种结构,这些基元或模式中没有一个特别引人注目。

纹理在图像中表现为平滑性、均一性、粗糙性和复杂性,以及纹理基元或灰度空间组合在一个区域内重复出现的特征(如频率、方向性、强弱程度等)。显然,粗糙度是与局部灰度变化的空间重复周期长短有关的,长周期和低频率相当于粗纹理,而短周期的起伏变化相当于细纹理。

目视解释虽然可以人工识别各种不同的纹理特征,但一般没有定量的标准,很难形成统一的尺度。为了能够用计算机进行纹理分析和形成统一的尺度，需将纹理进行量化。定量的纹理信息无法由遥感图像数据直接得到，必须通过图像处理方法进行提取。根据原图像中相邻像元的空间变化特征及组合情况，通过各种运算获取反映纹理信息的定量数据，形成纹理变量或纹理图像，以便于分析和解译，是纹理分析或纹理信息提取的主要目的。很多情况下，纹理变量可以用于图像的分类，把波谱信息和纹理信息结合起来进行图像分类可以取得更好的效果。

　　归纳起来，对纹理分析的方法有两种：一是统计纹理分析法；二是结构纹理分类法。由于地物的组成、空间分布的复杂性和多样化，遥感图像的纹理不具有像布匹花纹那样规则不变的局部模式和简单的周期重复，其纹理信息及重复往往只有统计学上的意义。这使得结构纹理分析方法在遥感图像中的应用效果不佳，所以遥感图像纹理分析常采用的是统计纹理分析方法。

　　描述纹理的参量有很多，如纹理的强度、纹理的密度、纹理的方向以及纹理的粗糙程度等。另外，计算纹理要选择窗口，仅一个点是无纹理可言的，所以纹理是二维的。下面将分别介绍常用的统计纹理分析方法。

10.1　空间自相关函数特征

　　纹理常用地物表面结构的粗糙程度来描述，粗糙性是纹理的一个重要特征。下面介绍用空间自相关函数来描述纹理的粗糙程度的方法。

1.图像自相关函数纹理测度

　　不难想象，由于纹理是由纹理基元在空间的重复排列组成的，所以纹理和纹理基元的空间尺寸有关，大尺寸的纹理基元对应于较粗的纹理，而小尺寸的纹理基元将对应较细的纹理。图像自相关函数能很好地反映纹理基元的尺寸特征，即如果纹理基元较大，则自相关函数随相关距离的增大而缓慢下降；如果纹理基元较小，则自相关函数随相关距离的增大而迅速下降。

　　用空间自相关函数作为纹理测度的方法如下：设 $I(i,j)$ 是大小为 $M \times N$ 的图像，则自相关函数定义如下：

$$r(\varepsilon,\eta) = (\sum_{i=0}^{M-1}\sum_{j=0}^{N-1} I(i,j)I(i+\varepsilon,j+\eta)) / \sum_{i=0}^{M-1}\sum_{j=0}^{N-1} I(i,j)^2 \qquad (10.1.1)$$

式中：ε 为常数，表示纵坐标方向的移动步长；

　　η 为常数，表示横坐标方向的移动步长；

　　$r(\varepsilon,\eta)$ 为自相关系数。

　　另外，在(10.1.1)式的计算过程中，当图像横纵坐标的取值范围超过原图像范围时均取为零值。

　　由(10.1.1)式易知，当 $\varepsilon=0$ 和 $\eta=0$ 时，$r(\varepsilon,\eta)=1$ 为最大值；对于 ε 和 η 的其他取值，$0 \leqslant r(\varepsilon,\eta) \leqslant 1$。

　　当 ε,η 变化时，可以画出图像的自相关函数随 $d=\sqrt{\varepsilon^2+\eta^2}$ 变化的曲线，并可以通过它来描述一幅图像的粗糙度特征。通常,粗纹理的自相关函数随d变化的曲线的下降速度缓慢,而细纹理下降速度较快。

当ε,η不变(即d固定)时,图像中的粗纹理的自相关系数比细纹理的自相关系数大。

以上分析说明,自相关函数能够表示纹理的粗糙程度。

纹理的粗糙度特征可用于图像的识别。具体步骤如下:

第一步,训练样本自相关函数的确定。首先确定待分类图像的分类类别数及对应于各类别的训练场地,然后利用训练场地的训练样本计算各类别的自相关函数。

第二步,对图像未知区进行识别。首先计算图像各个未知类别区域的自相关函数,然后将它与各类别训练样本的自相关函数进行逐一比较,并将未知区域归并到最相近的类中去。

2.局部自相关函数分析

如果d固定,并且(10.1.1)式的计算是对图像的某一个局部区域(窗口)进行的,那么这种自相关函数分析即称为局部自相关函数分析,局部自相关函数分析的结果是一幅局部自相关图像。

在局部自相关函数分析时,如果图像的纹理粗糙度发生变化,那么随着窗口的移动,所构成的自相关图像的像元值必然要发生变化,因而局部自相关图像可以表征纹理的粗糙程度。

对图像进行局部自相关函数分析时,关键的问题是d值与窗口大小的确定。d值的确定可以通过从小到大计算各个d值所对应的自相关图像,然后选择比较清晰的自相关图像所对应的d值。窗口一般选用正方形区域,其大小也可用确定d的方法进行确定。

另外,局部自相关函数分析根据窗口移动方式的不同可分为:非重叠窗口法和重叠窗口法。非重叠窗口法是窗口在图像中滑动时,后一个正方形窗口与前一个正方形窗口互不重叠;重叠窗口法是窗口在图像中滑动时,后一个正方形窗口与前一个正方形窗口有部分重叠。由于前者计算出来的自相关图像往往降低了原始图像的空间分辨率,使自相关图像与其他相关图像在空间上不匹配,因而图像自相关函数分析一般采用重叠窗口法。

10.2　傅立叶功率谱特征

该方法是把傅立叶变换的功率谱作为图像纹理的测度。由傅立叶变换可知,图像中变化较快的细小特征(即细纹理)对应于频率域的高频成分;而变化较慢的粗大特征(粗纹理)对应于频率域的低频成分。因此图像频率域的频率成分及频率方向能够反映图像纹理的粗糙程度以及纹理密度与方向,即频率也是图像纹理的一种测度。由于傅立叶变换的频率图像可由其功率谱来反映,所以功率谱可以作为描述纹理的一种测度,并且可以通过对功率谱进行方向滤波来提取反映纹理信息的功率谱的二次特征信息。

设图像为$f(x,y)$,其傅立叶变换为$F(u,v)$,功率谱为$|F(u,v)|^2$,且傅立叶变换和功率谱的极坐标形式分别为$F(r,\theta)$和$|F(r,\theta)|^2$,则通过对频率域进行滤波处理可以有如下作用:

1.反映粗糙程度

如图10.2.1(a)所示，考虑距离原点为r的圆上的能量为：

$$\varphi(r)=\int_0^{2\pi}\left|F(r,\theta)\right|^2\mathrm{d}\theta \tag{10.2.1}$$

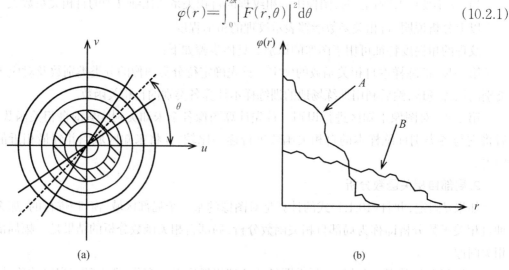

(a) (b)

图10.2.1　图像纹理的功率谱分析

由式(10.2.1)可以得到能量随半径r的变化$\varphi(r)$曲线如图10.2.1(b)所示。对实际纹理图像的研究表明，在纹理较粗的情况下，能量多集中在离原点近的范围内，如图中曲线A那样，而在纹理较细的情况下，能量分散在离原点较远的范围内，如图中曲线B所示。由此可总结出如下分析规律：如果r较小时$\varphi(r)$很大，而r很大时$\varphi(r)$反而较小，此时说明纹理是粗糙的；反之，如果r变化对$\varphi(r)$的影响不是很大，则说明纹理是比较细的。

2.反映纹理方向

如图10.2.1(a)所示，研究某个θ方向上的能量，这个能量随角度变化的规律可由下式求出：

$$\varphi(\theta)=\int_0^{\infty}\left|F(r,\theta)\right|^2\mathrm{d}r \tag{10.2.2}$$

如果纹理表现出沿θ方向存在很多线、边缘的方向性时，则在频率域内沿$\theta+\pi/2$(与θ角方向成直角)的方向上能量集中出现，即功率谱也呈现方向性。如果纹理不表现出方向性，则功率谱也不呈现方向性。因此，$|F(u,v)|^2$值可以反映纹理的方向性。

应指出，除傅立叶变换外，其他正交变换(如$K-L$变换、沃尔什变换以及哈达玛变换等)也可以用于纹理特征描述，其思想和功率谱类似。

10.3　灰度共生矩阵特征

灰度共生矩阵特征(又称为灰度联合概率矩阵法)是对图像所有像元进行统计计算，以便描述其灰度分布的一种方法。

在图像中任意取一点(x,y)及偏离它的另一点$(x+a,y+b)$构成一个点对，设该点对的灰度值为(f_1,f_2)。再令点(x,y)在整幅图像上移动，则会得到各种(f_1,f_2)值，设灰度值的级数为k,则f_1与f_2的组合共有k^2种。对于整幅图像,统计出每一种(f_1,f_2)值出现的次数,然后组成一个方阵,再用(f_1,f_2)出现的总次数将它们归一化为出现的概率$P(f_1,f_2)$,则称这样的方阵为灰度共生矩阵。

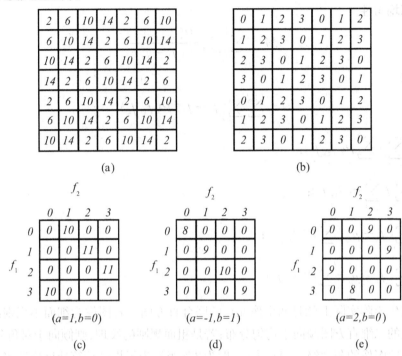

图10.3.1　灰度共生矩阵计算示例

图10.3.1为一个灰度共生矩阵计算的简单例子。图10.3.1(a)为原图像,灰度级为16级。为使灰度共生矩阵简单些,首先将灰度级数减为4级,这样图10.3.1(a)变为图10.3.1(b)的形式,此时(f_1,f_2)取值范围为[0,3]。由此,将(f_1,f_2)各种组合出现的次数排列起来,就可得到(c)~(e)图所示的灰度共生矩阵。由此可见,距离差分值(a,b)取不同的数值组合,可以得到不同情况下的灰度共生矩阵。a和b的取值要根据纹理周期分布的特性来选择,对于较细的纹理,选取(1,0),(1,1),(2,0)等这样小的差分值是有必要的。当a,b取值较小时,对于变化缓慢的纹理图像,其灰度共生矩阵对角线上的数值较大,且纹理的变化越快,则对角线上的数值越小,而对角线两侧上的元素值增大。

为了能够描述纹理特征,有必要设计能综合表现灰度共生矩阵状况的参数。设灰度级为L,则典型的参数有以下几种:

1.能量

$$\varepsilon=\sum_{f_1=0}^{L-1}\sum_{f_2=0}^{L-1}P^2(f_1,f_2) \tag{10.3.1}$$

2.熵

$$H=-\sum_{f_1=0}^{L-1}\sum_{f_2=0}^{L-1}P(f_1,f_2)\lg P(f_1,f_2) \tag{10.3.2}$$

3.相关性

$$C = \frac{1}{\sigma_x \sigma_y} \sum_{f_1=0}^{L-1} \sum_{f_2=0}^{L-1} (f_1 - \mu_x)(f_2 - \mu_y) P(f_1, f_2) \tag{10.3.3}$$

4.局部均匀性

$$M = \sum_{f_1=0}^{L-1} \sum_{f_2=0}^{L-1} \frac{P(f_1, f_2)}{1 + (f_1 - f_2)^2} \tag{10.3.4}$$

5.惯性

$$I = \sum_{f_1=0}^{L-1} \sum_{f_2=0}^{L-1} (f_1 - f_2)^2 P(f_1, f_2) \tag{10.3.5}$$

其中：$\mu_x = \sum\limits_{f_1=0}^{L-1} f_1 \sum\limits_{f_2=0}^{L-1} P(f_1, f_2)$；

$\mu_y = \sum\limits_{f_2=0}^{L-1} f_2 \sum\limits_{f_1=0}^{L-1} P(f_1, f_2)$；

$\sigma_x^2 = \sum\limits_{f_1=0}^{L-1} (f_1 - \mu_x)^2 \sum\limits_{f_2=0}^{L-1} P(f_1, f_2)$；

$\sigma_y^2 = \sum\limits_{f_2=0}^{L-1} (f_2 - \mu_y)^2 \sum\limits_{f_1=0}^{L-1} P(f_1, f_2)$。

灰度共生矩阵实际上就是两个像元点的联合直方图。若图像为细而不规则的纹理，则成对像元点的二维直方图倾向于均匀分布；若是粗而规则的纹理，则倾向于对角分布。

由于遥感图像的灰度级一般较大（一般为256级），为了提高计算速度应适当压缩，一般取 $L=8$ 或 $L=16$。

10.4　灰度游程长度特征

设图像中像元点 (x, y) 的灰度值为 f，根据地理学第一定律，与其相邻的像元点的灰度值可能也为 f。统计从任意像元点出发沿 θ 方向上连续 n 个像元点都具有灰度值 f 这种情况发生的频数，记为 $P(f, n)$。在某一方向上具有相同灰度值的像元个数称为游程长度（run length）。由 $P(f, n)$ 可以引出一些能够较好地描述图像纹理特征的参数。设 N_f 为灰度级数，N_r 是游程数。则：

1.强调短游程的矩

$$\sum_{i=0}^{N_f-1} \sum_{j=0}^{N_r-1} \frac{P(i, j)}{j^2} \bigg/ \sum_{i=0}^{N_f-1} \sum_{j=0}^{N_r-1} P(i, j) \tag{10.4.1}$$

2.强调长游程的矩

$$\sum_{i=0}^{N_f-1} \sum_{j=0}^{N_r-1} j^2 P(i, j) \bigg/ \sum_{i=0}^{N_f-1} \sum_{j=0}^{N_r-1} P(i, j) \tag{10.4.2}$$

3.灰度级非均匀性

$$\sum_{i=0}^{N_f-1} \Big[\sum_{j=0}^{N_r-1} P(i, j) \Big]^2 \bigg/ \sum_{i=0}^{N_f-1} \sum_{j=0}^{N_r-1} P(i, j) \tag{10.4.3}$$

4.游程长度非均匀性

$$\sum_{j=0}^{N_r-1} \left[\sum_{i=0}^{N_f-1} P(i,j) \right]^2 / \sum_{i=0}^{N_f-1}\sum_{j=0}^{N_r-1} P(i,j) \qquad (10.4.4)$$

5.以游程表示的图像分数

$$\sum_{i=0}^{N_f-1}\sum_{j=0}^{N_r-1} P(i,j) / \sum_{i=0}^{N_f-1}\sum_{j=0}^{N_r-1} \left[jP(i,j) \right] \qquad (10.4.5)$$

10.5　其他纹理特征

除前述的几种纹理统计特征外,还有一些其他特征。

1.最大最小值特征

设(x,y)为数字图像中的任意像元点,最大最小值特征是计算以像元(i,j)为中心的窗口$(2k+1)\times(2k+1)$内的灰度最大值与最小值的差值,并把它作为窗口中心的纹理统计值。即:

$$D(x,y) = \max_{x-k \leqslant i,j \leqslant z+k} \left[f(i,j) \right] - \min_{x-k \leqslant i,j \leqslant z+k} \left[f(i,j) \right] \qquad (10.5.1)$$

该特征统计的是纹理的强度,窗口大小决定了被检测的纹理尺度,而且该特征也可以按方向进行。

2.绝对差特征

绝对差特征是把$(2k+1)\times(2k+1)$窗口内的每个像元灰度值与窗口内的灰度平均值的绝对差值的和,定义为窗口中心的纹理特征统计值。即:

$$D(x,y) = \sum_{i=x-k}^{x+k}\sum_{j=y-k}^{y+k} |f(i,j) - \overline{f}| \qquad (10.5.2)$$

式中:$\overline{f}$为窗口内的灰度平均值。

该特征主要反映的也是纹理强度信息。

3.方差特征

方差特征就是把$(2k+1)\times(2k+1)$窗口内的灰度方差作为窗口中心的纹理特征统计值。即:

$$D(x,y) = \sum_{i=x-k}^{x+k}\sum_{j=y-k}^{y+k} \left[f(i,j) - \overline{f} \right]^2 \qquad (10.5.3)$$

式中:$\overline{f}$为窗口内灰度平均值。

该特征主要反映的也是纹理强度信息。

4.信息熵特征

信息熵特征是把$(2k+1)\times(2k+1)$窗口内每个像元的灰度值百分比熵的和作为窗口中心的纹理特征统计值。即:

$$H(x,y) = -\sum_{i=x-k}^{x+k}\sum_{j=y-k}^{y+k} P_{ij} \lg P_{ij} \qquad (10.5.4)$$

式中：$P_{ij}=f(i,j)/\sum\limits_{w=x-k}^{x+k}\sum\limits_{l=y-k}^{y+k}f(w,l)$，这里 $f(i,j)$ 为原始图像的灰度值。

该特征主要反映的是灰度变化速度。

5.高斯滤波差值特征

该特征的实质是一种模板运算，模板元素值的计算公式为：

$$W(i,j)=\frac{1}{2\pi\sigma^2}\exp\left[-\frac{(i-i_0)^2+(j-j_0)^2}{2\sigma^2}\right] \tag{10.5.5}$$

式中：$W(i,j)$ 为模板 (i,j) 处的元素值；

(i_0,j_0) 为模板中心坐标；

σ 为标准偏差，用于控制模板的作用宽度。

具体实现时，是用两个不同的 σ 模板对原始图像进行处理，把二者的差值图像作为纹理统计值。

在该特征中，σ 往往控制着被检测出的纹理尺度，两个 σ 相差越大，检测出的纹理也就越大。该法的最大优点是能检测出尺度较小的纹理。

6.纹理长度特征及相对梯度特征

纹理长度特征是对给定的阈值 T，统计局部窗口内像元灰度值大于阈值 T 的像元数，以此作为窗口中心点的纹理统计值。若对图像按水平和垂直方向统计，就可以分别得到水平和垂直方向的纹理特征。阈值的大小取原图像相邻像元的绝对差平均值的 1~3 倍。

相对梯度特征是将像元 (i,j) 的某一方向（水平、45°、垂直以及 135°等）上前后两像元灰度值的差值除以像元 (i,j) 的灰度值所得到的值作为像元 (i,j) 的纹理统计值。

纹理长度特征统计的是图像的纹理密度，一般只有分类意义。相对梯度特征实质上与数字图像处理中常用的和差比值法相类似，在很大程度上是增强了图像的边缘信息。

7.线性预测系数特征

该特征是将某像元点 (i,j) 的灰度 f_{ij} 由相邻接的 8 个像元点的灰度值来预测，令 f_{ij} 的预测值为 $\hat{f}_{ij}$。即：

$$\hat{f}_{ij}=a_1f_{i-1,j-1}+a_2f_{i-1,j}+a_3f_{i-1,j+1}+a_4f_{i,j-1}+a_5f_{i,j+1}+a_6f_{i+1,j-1}+a_7f_{i+1,j}+a_8f_{i+1,j+1}$$
$$\tag{10.5.6}$$

可以选择系数 $a_1,a_2,\cdots,a_8$ 使 f_{ij} 值与预测值 $\hat{f}_{ij}$ 的差为最小。对于不同的纹理可得到不同的系数矢量 $\boldsymbol{A}=[a_1,a_2,\cdots,a_8]^T$，因此可用不同矢量间的距离来区别不同的纹理。

第11章　遥感图像分割

图像分割就是把图像分成若干个特定的、具有独特性质的区域,并从中提取出感兴趣目标的技术和过程。分割的目的是把图像分成一些带有某种专业信息意义的区域,这样可以满足各个领域的应用需求。实际经验表明,为了更好地分割,有关景物的总体知识和先验信息是非常重要的。根据图像信息制定一组判决准则和控制策略,使之能自动完成分割,是当前正在发展的把人工智能方法用于分割的一种探索。当然,目前还无法定义成功分割的准则,分割的好坏必须从分割的效果来判断。

从数学角度来看,图像分割是将数字图像划分成互不相交的区域的过程。图像分割的过程也是一个标记过程,即把属于同一区域的像素赋予相同的标签值,例如可将感兴趣的不同区域分别标为数字$1,2,3,\cdots$,其余作为背景标为数字0。

通常,可以依据两种原则进行分割:一是依据各个像元点的灰度不连续性进行分割;二是依据同一区域具有相似的灰度特征和纹理特征,寻找不同区域的边界。前者称为点相关的分割技术,后者称为区域相关的分割技术。

11.1　点相关图像分割

1.灰度取阈法

灰度取阈法是一种最常用、同时又是最简单的图像分割方法,它是通过选取一系列灰度阈值来把灰度值分成许多区间,进而确定图像的区域或边界点的方法。

设一幅给定图像$f(x,y)$中的灰度级如图11.1.1所示,从图中可以分析出,在图像$f(x,y)$中大部分像元是偏暗的,另外一些像元较为平均地分布在其他一些灰度级中。通过分析这一直方图,可以推断出这是由一些具有均匀灰度值的物体叠加在一个偏暗背景上所组成的图像。可以设一个阈值T,把直方图分成两个部分,这样在相应的图像上也就勾画出了景物和背景之间的边界。阈值T将直方图分为A和B两部分,其选择原则是:使A部分尽量包含与背景相关联的灰度级,而B部分则包含景物的所有灰度级。考虑这一关系处理图像时,只要能获取图像背景与景物之间的灰度级跳跃改变位置就能勾画出边界。当然,为了找出水平方向和垂直方向上的边界,需要两次扫描图像$f(x,y)$。也就是说,在阈值T确定之后,可按下列步骤执行:

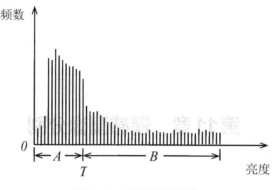

图11.1.1　直方图及其阈值

第一步，对图像$f(x,y)$中的每一行进行检测，产生的中间图像$f_1(x,y)$的灰度级遵循如下原则：

$$f_1(x,y)=\begin{cases} L_E & \text{若}f(x,y)\text{和}f(x,y-1)\text{处在不同灰度区间} \\ L_B & \text{其他} \end{cases} \tag{11.1.1}$$

式中：L_E和L_B分别是指定的边界和背景的灰度值。

第二步，对图像$f(x,y)$中的每一列进行检测，产生的中间图像$f_2(x,y)$的灰度级遵循如下原则：

$$f_2(x,y)=\begin{cases} L_E & \text{若}f(x,y)\text{和}f(x,y-1)\text{处在不同灰度区间} \\ L_B & \text{其他} \end{cases} \tag{11.1.2}$$

为了得到被阈值T所定义的景物和背景的边缘图像$g(x,y)$，可用下述关系：

$$g(x,y)=\begin{cases} L_E & \text{若}f_1(x,y)\text{和}f_2(x,y)\text{中的任意一个等于}L_E \\ L_B & \text{其他} \end{cases} \tag{11.1.3}$$

上面这种灰度取阈法可以有以下各种具体形式，它们适用于景物和背景占据不同的灰级范围的情况。例如，适当地选择一个阈值后，再将每一像元灰度级和它进行比较，大于和等于阈值就重新分配以最大灰度（例如1），小于阈值就分配以最小灰度（例如0），这样处理后就可以得到一个二值图像，就把景物从背景中显示出来。即：

$$g(x,y)=\begin{cases} 1 & \text{当}f(x,y)\geqslant T \\ 0 & \text{当}f(x,y)<T \end{cases} \tag{11.1.4}$$

使用下式可以得到与上式同样的结果，只不过两者互为正负像的关系，即：

$$g(x,y)=\begin{cases} 0 & \text{当}f(x,y)>T \\ 1 & \text{当}f(x,y)\leqslant T \end{cases} \tag{11.1.5}$$

若在图像$f(x,y)$的灰度动态范围内选取一个灰度区间$[T_1,T_2]$为阈值，则又可以得到下面两种二值图像，即：

$$g(x,y)=\begin{cases} 1 & \text{当}T_1\leqslant f(x,y)\leqslant T_2 \\ 0 & \text{其他} \end{cases} \tag{11.1.6}$$

$$g(x,y)=\begin{cases} 1 & 当f(x,y)\leqslant T_1 或 f(x,y)\geqslant T_2 \\ 0 & 其他 \end{cases} \tag{11.1.7}$$

另外,还有一种所谓半阈值方法,这种方法在保留边界的前提下,还保留景物原来的图像,分割时仅把背景表示成最白或最黑。实现方法如下:

$$g(x,y)=\begin{cases} f(x,y) & 当f(x,y)\geqslant T \\ 0或256 & 其他 \end{cases} \tag{11.1.8}$$

或

$$g(x,y)=\begin{cases} f(x,y) & 当f(x,y)\leqslant T \\ 0或256 & 其他 \end{cases} \tag{11.1.9}$$

由于并非所有黑白图像的景物和背景都有截然不同的灰度,因此,灰度阈值的选取是否合适将严重影响图像的分割质量。当阈值选得太高(低)时,会把许多背景(景物)像元点误分为景物(背景)像元点。对于两类对象的图像,若其灰度分布的百分比已知,则可用试探的方法选取阈值,这时需掌握的原则是:只要使阈值化后图像的灰度分布百分比能达到已知的百分比数就可以了。但是这种方法不适用于非两类对象的图像,而且对于事先不知背景和景物像元点百分比的两类对象的图像也是不适用的。

那么,在分割中如何设置最佳阈值呢?在一定条件下,一个最佳的灰度阈值是有可能通过解析求得的。设一幅图像是由两类对象(如景物和背景)ω_1和ω_2组成的,灰度值x出现在类ω_1和ω_2中的概率密度各为$p_1(x)$和$p_2(x)$,两类概率密度曲线与灰度阈值T的关系如图11.1.2所示。

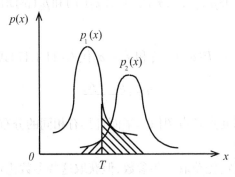

图11.1.2 灰度概率密度曲线与灰度阈值

若在上图中按下面条件归类:

$$\forall x > T, x \in \omega_2 和 \forall x < T, x \in \omega_1$$

则把ω_2类的像元误认为ω_1类像元的错误概率为:

$$\varepsilon_1(T)=\int_{-\infty}^{T} p_2(x)\mathrm{d}x \tag{11.1.10}$$

即图中T左侧的阴影线面积。而把ω_1类像元误认为ω_2类像元的错误概率为:

$$\varepsilon_2(T)=\int_{T}^{+\infty} p_1(x)\mathrm{d}x \tag{11.1.11}$$

即图中 T 右侧的阴影线面积。若两类对象出现的先验概率为 $P(\omega_1)$ 和 $P(\omega_2)$，且 $P(\omega_1)+P(\omega_2)=1$，则总错误概率为：

$$\varepsilon(T)=P(\omega_1)\varepsilon_1(T)+P(\omega_2)\varepsilon_2(T) \tag{11.1.12}$$

显然 $\varepsilon(T)$ 最小时有最佳的阈值 T，此时：

$$\frac{\partial\varepsilon(T)}{\partial T}=0 \tag{11.1.13}$$

因为

$$\frac{\partial\varepsilon_1(T)}{\partial T}=p_2(x),\ \ \frac{\partial\varepsilon_2(T)}{\partial T}=-p_1(x)$$

因此在 $\varepsilon(T)$ 最小时，有：

$$P(\omega_2)p_2(x)_{x=T}=P(\omega_1)p_1(x)_{x=T} \tag{11.1.14}$$

当 $p_1(x)$ 和 $p_2(x)$ 都是正态分布，且各自的均值和方差为 μ_1,μ_2 和 σ_1^2,σ_2^2 时，则：

$$p_1(x)=\frac{1}{\sqrt{2\pi}\,\sigma_1}\exp\left[-\frac{(x-\mu_1)^2}{2\sigma_1^2}\right] \tag{11.1.15}$$

$$p_2(x)=\frac{1}{\sqrt{2\pi}\,\sigma_2}\exp\left[-\frac{(x-\mu_2)^2}{2\sigma_2^2}\right] \tag{11.1.16}$$

把 (11.1.15) 式和 (11.1.16) 式代入 (11.1.14) 式，并以 $x=T$ 代入 (11.1.14) 式，可得：

$$2\sigma_1^2\sigma_2^2\ln\left[\frac{P(\omega_1)\sigma_2}{P(\omega_2)\sigma_1}\right]=\sigma_2^2(T-\mu_1)^2-\sigma_1^2(T-\mu_2)^2 \tag{11.1.17}$$

于是，当 $P(\omega_1),P(\omega_2),\mu_1,\mu_2,\sigma_1,\sigma_2$ 已知，且 $p_1(x)$ 和 $p_2(x)$ 均为正态分布时，便可从上式解出最佳阈值 T。

作为特例，若以 $P(\omega_1)=P(\omega_2)=\frac{1}{2}$ 和 $\sigma_1=\sigma_2$ 代入 (11.1.17) 式，则上式可简写成：

$$T=\frac{\mu_1+\mu_2}{2} \tag{11.1.18}$$

这说明当两类对象像元点各占图像一半而且具有相同的分布时，最佳阈值就是两类对象灰度分布中心的平均值。

前述最佳阈值的获得需先获取一些参数，但获取这些参数比较困难。下面介绍一些较简单的方法。

方法一：直方图分析法

首先作出图像的直方图 $p(g)$，在直方图中找出两个局部极大值以及它们之间的极小值。在确定局部极大值时，要避免把靠近主峰的局部不规则变化误认为是不同的另一主峰，方法是必须保证两主峰间的距离必须大于某一最小值。设极大点分别为 g_l 和 g_h，而在它们之间的直方图的最小值点为 g_T。

可以用参数 K_T 进一步评价直方图双极性的强弱，从而判断所选阈值 g_T 的有效性：

$$K_T=\frac{p(g_T)}{\min[p(g_l),p(g_h)]} \tag{11.1.19}$$

当K_T值很小时,说明直方图谷底高和谷底较低的峰高在数值上相差悬殊,这表明直方图有较强的双极性,因此,g_T是一个有效的阈值。

方法二:曲线拟合法

在用方法一确定极大、极小值时,往往会遇到困难,原因是直方图往往很粗糙和参差不齐。此时,可以用一个二次曲线来拟合直方图的谷底部分,设该曲线方程为:

$$y = ax^2 + bx + c \tag{11.1.20}$$

式中:a,b,c为拟合系数。于是直方图的谷底极小值点可取为:

$$x = -\frac{b}{2a} \tag{11.1.21}$$

其所对应的灰度值即可作为阈值。

方法三:边缘增强法

由于景物边界两侧的灰度值有着明显的差异,因此可以选取景物边界两侧点的灰度直方图的谷底作为阈值,具体实现方法如下:

第一步,对每个像元点进行边缘增强(以梯度为例),即:

$$\begin{aligned} g(i,j) = \frac{1}{4} \big[&|f(i,j)-f(i,j-1)| + |f(i,j)-f(i,j+1)| \\ &+ |f(i,j)-f(i-1,j)| + |f(i,j)-f(i+1,j)| \big] \end{aligned} \tag{11.1.22}$$

注意:边界两侧的景物和背景点均有较高的梯度值。

第二步,将所得到的梯度图转化为二值图,即取一阈值H,令:

$$h(i,j) = \begin{cases} 1 & \text{若} g(i,j) \geqslant H \\ 0 & \text{其他} \end{cases} \tag{11.1.23}$$

第三步,用二值图像$h(i,j)$乘以原图(像元对应相乘),从而组成新图$h(i,j)f(i,j)$。事实上,这一新图便是仅包含景物边界两侧点的图像,则新图直方图双峰中间的谷底所对应的灰度,即为所求之阈值。

上述以一个阈值划分两个对象的方法可以很容易地推广到多个对象和多个阈值的情况。在有些情况下,有时整幅图像以一个或一组阈值划分得不到理想的结果,这时可以采用把整幅图像划分为若干小块(例如,一幅512×512的图像可划分为64幅64×64的子图),然后各自再取阈值处理。

灰度阈值法不仅可以提取景物,而且也可以提取景物的轮廓。另外,灰度阈值法和其他图像的处理方法配合使用,可以检测更为复杂的图像。例如:

(1)若图像只由黑白两种灰度级组成,其中景物是黑色的,背景为黑白相间的,但黑色景物的像元数明显比黑色背景中的像元数多时,可采用局部平均的方法先处理原图,目的是压抑背景中黑点的干扰,然后再用阈值化方法提取景物;

(2)当在均匀分布的随机灰度背景中,存在与黑白点相同几率的噪声,而且景物和背景的平均灰度级近似时,可先用局部增强(例如一阶梯度增强或二阶拉普拉斯增强等),然后再用滤波窗口进行平滑滤波,最后用取阈值方法处理,如此可以得到良好的效果;

(3)若已知景物的大致形状或景物灰度的空间分布时,可采用模板匹配滤波,以获得模板匹配处理后的图像。这时在匹配的位置上具有较大的灰度值，而其余的位置上则具有较小值，此时再使用阈值化方法，便可提取图像中的景物。

2.边缘检测法

这是一种基于梯度幅度不连续性进行的分割方法。

边缘检测是采用某种算法提取灰度图像中景物与背景间的边界线的方法，对于一个独立景物来说，其边界线是一闭合曲线，它所包围的空间即为图像平面中该景物所占据的空间（如图11.1.3所示）。

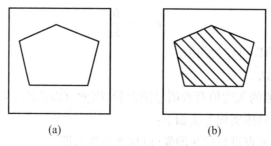

(a)　　　　　　　　　　(b)

图11.1.3　边缘检测分割

对于数字图像来说，景物边缘的几何坐标表示了景物在图像中所占据的几何位置，因此为得到无异议的坐标位置，最后提取出来的边缘应该是一条宽度为一个像元的封闭曲线，所以边缘检测常带有细化的要求。具体的边缘检测方法见第7章的图像锐化。

3.边缘（界线）跟踪

与前面讨论的分割方法不同，跟踪法并不对图像的每一像元点都独立地进行计算。在决定某一像元点是否为目标像元点（包括边缘像元点）时，将依赖于以前处理过的像元点的信息。因此，它的计算是串行的而不是并行的。它的计算通常分为两部分：首先对图像像元点进行检测运算；然后再作跟踪运算。所以，它不需要对每个像元点进行相同的、复杂的运算，而只需对某些像元点重复简单的检测运算。

跟踪方法有很多，如轮廓跟踪、光栅跟踪、全向跟踪等，本书只介绍轮廓跟踪。

设图像是仅由黑色景物和白色背景组成的二值图像，如图11.1.4所示。现在我们要设法找出黑色景物的边缘轮廓。

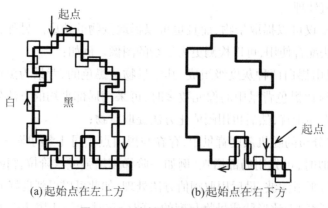

(a)起始点在左上方　　　　　　(b)起始点在右下方

图11.1.4　轮廓跟踪法确定目标边界

轮廓跟踪方法如下,靠近边缘任取一个起始点,然后按如下规律进行跟踪:

(1)每次只前进一个像元;

(2)当由白区跨进黑区时,以后各步向左转,直到穿出黑区为止;

(3)当由黑区跨进白区时,以后各步向右转,直到穿出白区为止;

(4)重复(1)~(3)各步,直到环行景物一周后,回到起始点,则跟踪过的轨迹就是景物的轮廓。

由于跟踪边界的过程如同一个爬虫在爬行,因此这种方法又称为爬虫法。

使用本方法时,有如下两点需要注意:

(1)景物的某些小凸部可能被迂回过去,如图11.1.4(a)所示。为避免出现这种情况,应多选些起始点并取不同方向重复进行实验,然后选取相同的轨迹作为景标的轮廓。

(2)要防止"爬虫"掉入陷阱,即围绕某一区域重复跟踪爬行,回不到起点。为避免这种情况发生,可以使"爬虫"具有某种记忆能力,当发现其在重复走过的路径时,中断跟踪并重新选择起始点和跟踪方向。

11.2 区域相关图像分割

前面的分割是以点特性为基础的分割方法,下面将介绍一些以区域性为基础的分割方法。

1.模板匹配

在图像增强和边缘检测中,我们已多次使用了模板匹配(卷积)技术。由于它简单而又有效,因而被广泛的应用。下面从另一个角度介绍模板匹配技术。

一个模板可看作由各种权值所构成的。当模板中$n \times n$个权值具有不同数值时,模板就具有不同的几何性质。如果把权模板中的各行按首尾相连的规则接连起来,则可得权向量为:

$$W=[\omega_1,\cdots,\omega_n,\omega_{n+1},\cdots,\omega_{2n},\cdots,\omega_{nn}]^T \tag{11.2.1}$$

被权模板所覆盖的图像空间,若按同样规则连贯起来则有图像灰度向量为:

$$X=[x_1,\cdots,x_n,x_{n+1},\cdots,x_{2n},\cdots,x_{nn}]^T \tag{11.2.2}$$

权模板对图像的模板匹配(卷积)结果即为这两个向量的内积,它是:

$$C=W^TX=\omega_1x_1+\cdots+\omega_nx_n+\cdots+\omega_{nn}x_{nn} \tag{11.2.3}$$

当X为同一个区域,选择具有不同几何特征的模板结构$W_1,W_2,\cdots,W_k$,则可得到不同的模板匹配(卷积)结果$C_1,\cdots,C_k$,对于这些模板匹配(卷积)结果来说,只要是:

$$C_i>C_j \quad (j=1,2,\cdots,k且j\neq i) \tag{11.2.4}$$

就可以认为X具有与W_i相类似的结构特征,这样可以通过模板匹配来判定X中是否有边缘存在。这种匹配原则也可以用一个阈值T来表达,即对边缘的判断决定于:

$$C>T \tag{11.2.5}$$

至于模板的几何结构则可以是多种形式的,可根据检测的目的不同分为点结构、线结构、梯度结构、正交结构等,如图11.2.1所示。

-1	-1	-1
-1	8	-1
-1	-1	-1

（a）点结构

-1	-1	-1
2	2	2
-1	-1	-1

（b）水平线结构

-1	2	-1
-1	2	-1
-1	2	-1

（c）垂直线结构

图11.2.1　不同模板结构

若把模板设计得更合理一些，可使匹配能更方便地进行。模板向量的模为：

$$\| W \| = \sqrt{\sum_{i=1}^{nn} \omega_i^2} \tag{11.2.6}$$

模板所覆盖的图像空间的像元向量的模为：

$$\| X \| = \sqrt{\sum_{i=1}^{nn} x_i^2} \tag{11.2.7}$$

则两向量的内积为：

$$C = \| W \| \cdot \| X \| \cdot \cos \theta \tag{11.2.8}$$

式中：θ为向量W和X之间的夹角，当一组向量W具有正交归一的特性时，匹配时所比较的就只是$\cos \theta$或夹角θ的大小。

图11.2.2中示出了三个正交归一的权向量W_1，W_2和W_3以及X向量，设W_1和W_2属于几何特征A，而W_3属于几何特征B，因为：

$$\| X \| = \sqrt{(W_1^T X)^2 + (W_2^T X)^2 + (W_3^T X)^2} \tag{11.2.9}$$

$$\theta = \arccos \left[\sqrt{\sum_{i=1}^{2} |W_i^T X|^2} / \| X \| \right] \tag{11.2.10}$$

$$\varphi = \arccos \left(\frac{|W_3^T X|}{\| X \|} \right) \tag{11.2.11}$$

则若：

$$\theta < \varphi \tag{11.2.12}$$

可以认为X中含有A的几何特征。

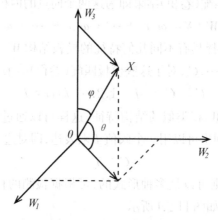

图11.2.2　W与X的向量组合

2.区域生长（区域生成）

区域生长法是在图像中待分割的区域数目已知以及在每个区域中某一个像元点(种子点)的位置已知的基础上进行的一种图像分割方法。其原理是从一个已知像元点开始,逐渐地加上与已知像元点相似的邻近像元点,从而形成一个区域。这个相似性准则可以是灰度级、彩色、结构、梯度或其他特性。相似性的测度可以由所确定的阈值来确定。区域生长的具体方法是从某一满足检测准则(种子点)的像元点开始,在各个方向上生长区域,当其邻近像元点满足检测准则就并入小块区域中,当新的像元点被合并后再用新的区域重复这一过程,直到没有可接受的邻近点时,生长过程终止。

图11.2.3给出了一个简单的例子。这个例子的相似性准则是邻近像元点的灰度级与景物的平均灰度级的差小于等于1。图像中起始像元点和被接受的像元点均用括号标出,其中(a)是输入图像,像元点9作为起始像元点;(b)是第一步接受的邻近像元点;(c)是第二步接受的邻近像元点,即对第一次检测出的区域求平均值,再次进行生长;(d)是从6开始生成的结果。

5	5	8	6
4	8	(9)	7
2	2	8	3
3	3	3	3

(a)

5	5	(8)	6
4	(8)	(9)	7
5	5	(8)	3
3	3	3	3

(b)

5	5	(8)	6
4	(8)	(9)	(7)
2	2	(8)	3
3	3	3	3

(c)

5	5	8	(6)
4	8	9	(7)
2	2	8	3
3	3	3	3

(d)

图11.2.3 区域生长示例

当生成任意物体时,接受准则可以以结构为基础,而不是以灰度级或对比度为基础,为了把候选的小点集包含在景物中,可以检测这些小点集,而不是检测单个点,若它们的结构与景物的结构足够相似时就接受它们。

3.分水岭算法

分水岭分割算法,是一种基于拓扑理论的数学形态学的分割算法,其基本思想是把图像看作是测地学上的拓扑地貌,图像中每一点像素的灰度值表示该点的海拔高度,每一个局部极小值及其影响区域称为集水盆,而集水盆的边界则形成分水岭。分水岭的概念和形成可以通过模拟浸入过程来说明。在每一个局部极小值表面,刺穿一个小孔,然后把整个模型慢慢浸入水中,随着浸入的加深,每一个局部极小值的影响域慢慢向外扩展,在两个集水盆汇合处构筑大坝,即形成分水岭。

分水岭的计算过程是一个迭代标注过程。比较经典的分水岭计算方法是L. Vincent提出的。在该算法中,分水岭计算分两个步骤,一个是排序过程,一个是淹没过程。首先对每个像素的灰度级进行从低到高排序,然后在从低到高实现淹没的过程中,对每一个局部极小值在高度h的影响域采用先进先出(FIFO)结构进行判断及标注。

分水岭变换得到的是输入图像的集水盆图像,集水盆之间的边界点,即为分水岭。显然,分水岭表示的是输入图像极大值点。因此,为得到图像的边缘信息,通常把梯度图像作为输入图像,即:

$$g(x,y)=\mathrm{grad}f(x,y)=\sqrt{\left[f(x,y)-f(x-1,y)\right]^2+\left[f(x,y)-f(x,y-1)\right]^2}\quad(11.2.13)$$

式中:$f(x,y)$表示原始图像。

分水岭算法对微弱边缘具有良好的响应,图像中的噪声、物体表面细微的灰度变化,都会产生过度分割的现象。但同时应当看出,分水岭算法对微弱边缘具有良好的响应,是得到封闭连续边缘的保证的。另外,分水岭算法所得到的封闭的集水盆,为分析图像的区域特征提供了可能。

为消除分水岭算法产生的过度分割,通常可以采用两种处理方法,一是利用先验知识去除无关边缘信息;二是修改梯度函数使得集水盆只响应想要探测的目标。

为降低分水岭算法产生的过度分割,通常要对梯度函数进行修改,一个简单的方法是对梯度图像进行阈值处理,以消除灰度的微小变化产生的过度分割。即:

$$g(x,y)=\max(\mathrm{grad}f(x,y),g_\theta)\quad(11.2.14)$$

式中:g_θ表示阈值。

具体实现时可用阈值限制梯度图像以达到消除灰度值的微小变化产生的过度分割,获得适量的区域,再对这些区域的边缘点的灰度级进行从低到高排序,然后再从低到高实现淹没的过程。对梯度图像进行阈值处理时,选取合适的阈值对最终分割的图像有很大影响,因此阈值的选取是图像分割效果好坏的一个关键。缺点:实际图像中可能含有微弱的边缘,灰度变化的数值差别不是特别明显,选取阈值过大可能会消去这些微弱边缘。

4.超像素算法

超像素指的是具有相似纹理、颜色、亮度等特征的相邻像素构成的有一定视觉意义的不规则像素块。超像素算法利用像素之间的特征相似性将像素组合成超像素,这些像素块大多保留了进一步进行图像分割的有效信息,且一般不会破坏图像中物体的边界信息,被用于代替大量的像素进行图像分割。

超像素分割有多种实现的方法,线性迭代聚类(Simple Linear Iterative Clustering,SLIC)是目前被最为广泛使用的方法,该算法简单,基本思路与K—均值聚类算法类似。算法是在CIE—Lab颜色空间进行的,一个像素是由颜色(L,a,b)和坐标(x,y)组成的五维向量$[L,a,b,x,y]^T$来描述的,两个像素的相似性可通过它们的向量距离来度量,距离越大,越不相似。SLIC算法的具体流程如下:

(1)初始化种子点(聚类中心):按照设定的超像素个数,在图像内均匀的分配种子点。假设图像总共有N个像素点,预分割为K个相同尺寸的超像素,那么每个超像素的大小为

N/K,则相邻种子点的距离(步长)近似为$S=\sqrt{\dfrac{N}{K}}$。

（2）在种子点的$n\times n$邻域内重新选择种子点(一般取$n=3$)。具体方法为：计算该邻域内所有像素点的梯度值，将种子点移到该邻域内梯度最小的地方。这样做的目的是为了避免种子点落在梯度较大的轮廓边界上，以免影响后续聚类效果。

（3）在每个种子点周围的邻域内为每个像素点分配类标签(即属于哪个聚类中心)。和标准的K—均值算法在整张图像中搜索不同，SLIC的搜索范围限制为$(2S)\times(2S)$，可以加速算法收敛。在此需注意：期望的超像素尺寸为$S\times S$，但是搜索的范围是$(2S)\times(2S)$。

（4）距离度量。包括颜色距离和空间距离。对于每个搜索到的像素点，分别计算它和该种子点的距离。距离计算方法如下：

$$d_c=\sqrt{(l_i-l_j)^2+(a_i-a_j)^2+(b_i-b_j)^2} \tag{11.2.15}$$

$$d_s=\sqrt{(x_i-x_j)^2+(y_i-y_j)^2} \tag{11.2.16}$$

$$D=\sqrt{(\frac{d_c}{N_c})^2+(\frac{d_s}{N_s})^2} \tag{11.2.17}$$

其中：d_c,d_s分别为像素的颜色距离与空间距离；N_s为空间的归一化参数，可以用S表示($N_s=S$)；N_c为颜色的归一化参数，由于N_c很难根据物理意义进行定义，所以通过指定紧凑度m(初始时输入，取值范围[1,40]，一般取10)来表达空间和像素颜色的相对重要性，当m大时，空间邻近性更重要，所得到的超像素具有较规则的形状，即更紧凑，当m小时，颜色邻近性更重要，所得到的超像素更紧密地粘附到图像边界，形状较不规则，倾向于与地物形态相似。

最终的距离度量D如下：

$$D=\sqrt{(\frac{d_c}{m})^2+(\frac{d_s}{S})^2} \tag{11.2.18}$$

（5）更新标记数组。搜索每一个超像素中心距离2S范围内的点，如果点到超像素中心的距离小于这个点到它原来属于的超像素中心的距离，那么说明这个点属于该超像素。

（6）重新计算新的超像素中心。

（7）当超像素中心误差小于误差限时结束。

第12章 遥感图像非监督分类

用计算机对遥感图像进行分类是模式识别技术在遥感技术领域中的具体应用,也是遥感数字图像处理的一个重要内容。虽然图像增强和图像分类都是为了增强和提取遥感图像中的目标信息,但图像增强主要是增强图像的视觉效果,提高图像的可解译性,因此可以说,图像增强给目视解译提供的信息是定性的;而图像分类直接着眼于地物类别的区分,因此可以说,图像分类给目视解译提供了定量信息。

遥感图像非监督分类是指人们事先对分类过程不施加任何的先验知识,仅凭地物光谱特征的分布规律,即自然聚类的特性,进行"盲目"的分类;其分类的结果只是对不同类别进行了区分,但并不能确定类别的属性,也就是说遥感图像非监督分类只能把像元区分为若干类别,而不能给出像元具体的类别属性描述;其类别的属性是通过分类结束后的目视判读或实地调查来确定的。非监督分类也称聚类分析。遥感图像非监督分类过程是先选择若干个像元作为初始聚类的中心,每一个中心代表一个类别,按照某种相似性度量方法(如最小距离方法)将所有像元归于各聚类中心所代表的类别,形成初始分类;然后由聚类准则判断初始分类是否合理,如果不合理就修改分类,如此反复迭代运算,直到合理为止。

12.1 特征空间与特征度量

由于遥感图像分类的理论依据是各类样本内在的相似性,图像分类就是将相似的种类(像元)合并,将不相似的种类(像元)分开,这样就可以把各像元在特征空间的分布按其相似性分割或合并成一些集群。下面介绍图像分类常用的一些描述相似性的统计量。

设分类时采用 p 个变量(波段),则第 i 个像元和第 j 个像元的特征向量为:

$$\begin{cases} \boldsymbol{X}_i = [x_{1i}, x_{2i}, \cdots, x_{pi}]^{\mathrm{T}} \\ \boldsymbol{X}_j = [x_{1j}, x_{2j}, \cdots, x_{pj}]^{\mathrm{T}} \end{cases} \tag{12.1.1}$$

常用的相似性统计量有:

1.像元 i 和像元 j 之间的相关系数

$$r_{ij} = \sum_{k=1}^{p}(x_{ki} - \bar{x}_i)(x_{kj} - \bar{x}_j) / \sqrt{\sum_{k=1}^{p}(x_{ki} - \bar{x}_i)^2 \sum_{k=1}^{p}(x_{kj} - \bar{x}_j)^2} \tag{12.1.2}$$

式中: $\bar{x}_i = \dfrac{1}{p}\sum_{k=1}^{p}x_{ki}, \bar{x}_j = \dfrac{1}{p}\sum_{k=1}^{p}x_{kj}$。

2.像元 i 和像元 j 之间的相似系数

$$\cos \theta_{ij} = \sum_{k=1}^{p} x_{ki} x_{kj} / \sqrt{\sum_{k=1}^{p} x_{ki}^2 \sum_{k=1}^{p} x_{kj}^2} \tag{12.1.3}$$

3.像元 i 和像元 j 之间的欧几里德距离(欧氏距离)

$$d_{ij} = \sqrt{\sum_{k=1}^{p} (x_{ki} - x_{kj})^2} \tag{12.1.4}$$

4.像元 i 和像元 j 之间的绝对距离,也叫曼哈顿距离(Manhattan Distance)

$$d_{ij} = \sum_{k=1}^{p} |x_{ki} - x_{kj}| \tag{12.1.5}$$

5.马氏距离(Mahalanobis Distance)

$$d_{ij}^2 = (x_i - x_j)^{\mathrm{T}} \sum_{ij}^{-1} (x_i - x_j) \tag{12.1.6}$$

式中:$\sum_{ij}$ 为协方差矩阵,当 $\sum_{ij} = I$(单位矩阵)时,马氏距离即为欧几里德距离的平方。

6.像元 i 到第 g 类均值(均值向量)的混合距离

$$d_{ig} = \sum_{k=1}^{p} |x_{ki} - M_{kg}| \tag{12.1.7}$$

式中:

$$M_{kg} = \frac{1}{n_g} \sum_{l \in g} x_{kl} \tag{12.1.8}$$

n_g 为 g 类的像元数,M_{kg} 为 g 类 k 变量的均值。

7.二类均值的标准化距离(g 类和 h 类)

$$D_{gh} = \sqrt{\sum_{i=1}^{p} \frac{(M_{ig} - M_{ih})^2}{S_{ig} S_{ih}}} \tag{12.1.9}$$

式中:M_{ig} 和 M_{ih} 分别为 g 类和 h 类 i 变量的均值;

S_{ig} 和 S_{ih} 分别为 g 类和 h 类 i 变量的标准差(均方差),如:

$$S_{ig} = \sqrt{\frac{1}{n_g - 1} \sum_{k \in g} (x_{ik} - M_{ig})^2} \quad (n_g \text{ 为 } g \text{ 类的像元数})。 \tag{12.1.10}$$

8.两类可分离性统计量 J-M(Jeffries-Matusita) 距离

J—M距离定义为:

$$J_{gh} = \left\{ \int \left[\sqrt{p(x \mid g)} - \sqrt{p(x \mid h)} \right]^2 \mathrm{d}x \right\}^{1/2} \tag{12.1.11}$$

式中:$p(x|g)$ 和 $p(x|h)$ 为条件概率,它指像元 x 出现在 g 类和 h 类内的概率。

简单地说,J—M距离是两类地物的概率密度函数之间平均差值的量度,是对两类地物可分性的量度。

在正态分布的情况下:

$$J_{gh} = \sqrt{2[1 - \exp(-\alpha)]} \tag{12.1.12}$$

而：

$$\alpha = \frac{1}{8}(\boldsymbol{M}_g - \boldsymbol{M}_h)^T \boldsymbol{S}^{-1}(\boldsymbol{M}_g - \boldsymbol{M}_h) + \frac{1}{2}\ln\left[\frac{|\boldsymbol{S}|}{(|\boldsymbol{S}_g| \cdot |\boldsymbol{S}_h|)^{1/2}}\right] \tag{12.1.13}$$

式中：$\boldsymbol{M}_g$和$\boldsymbol{M}_h$为g类和h类的均值向量；$\boldsymbol{S}_g$和$\boldsymbol{S}_h$为g类和h类的协方差矩阵；$\boldsymbol{S} = \dfrac{\boldsymbol{S}_g + \boldsymbol{S}_h}{2}$；$\boldsymbol{S}^{-1}$是$\boldsymbol{S}$的逆阵。

注意，α又称Bhattacharyya距离。

9.闵可夫斯基距离（Minkowski Distance）

$$d_{ij} = \left(\sum_{k=1}^{p}|x_{ki} - x_{kj}|^q\right)^{\frac{1}{q}} \tag{12.1.14}$$

最常用的q是2和1，前者是欧几里得距离，后者是曼哈顿距离。

10.切比雪夫距离（Chebyshev Distance）

$$d_{ij} = \lim_{q \to \infty}\left(\sum_{k=1}^{p}|x_{ki} - x_{kj}|^q\right)^{\frac{1}{q}} = \max_k(|x_{ki} - x_{kj}|) \tag{12.1.15}$$

也就是说，切比雪夫距离是闵可夫斯基距离的特例。

应当指出，当用距离作为类相似度时，距离小，类相似度大；距离大，类相似度小。而用相关系数作为类相似度时，相关系数越大，类相似度越大，反之则小。

在分类过程中，应当尽量避免属于同一点群（集群）的像元分到不同的类中去，否则类内离差平方和就会增加。

因此分类准则要求在给定分类的前提下，使总的离差平方和为最小：

$$SSE = \sum_{g=1}^{G}\sum_{X_k \in g}(\boldsymbol{X}_k - \boldsymbol{M}_g)^T(\boldsymbol{X}_k - \boldsymbol{M}_g) \tag{12.1.16}$$

式中：G为分类数；

$\boldsymbol{M}_g = [M_{1g}, M_{2g}, \cdots, M_{pg}]^T$为$g$类均值向量；

$\boldsymbol{X}_k = [x_{1k}, x_{2k}, \cdots, x_{pk}]^T$，为第$g$类内的像元的特征向量。

12.2　初始类别生成

在非监督分类中，首先是要确定初始类别的类别参数。初始类别参数是指类别中心的均值向量，以及类别分布的协方差矩阵。常用的确定初始类别参数的方法有光谱特征比较法、直方图法、局部直方图峰值法、最大最小距离法。

1.光谱特征比较法

在遥感图像中，首先选取部分或全部像素作为一个抽样集，然后逐一从抽样集中取像素。第一个被取出的像素直接作为一个初始类别。对于其他取出的像素，设定一个光谱相似性阈值，将像素的光谱特征与各个已获取的初始类别的光谱特征进行相似性比较：若在阈值内，则归为该类；若不在阈值内，则将该像素设为一个新的初始类别。

对抽样集做完以上处理后，每个初始类别都包含了一定的像元，由此就可以计算各类中心的均值向量和协方差矩阵了。

2.直方图法

该方法是利用图像的直方图确定类别中心。

假设初始类别数设为N_c,各初始类别中心的位置$Z_i(i=1,2,\cdots,N_c)$可由下式计算得到：

$$Z_{ij}=m_j+\sigma_j\left[\frac{2(i-1)}{(N_c-1)}-1\right](j=1,2,\cdots,P) \tag{12.2.1}$$

式中:P为图像波段数；

m_j为j图像波段均值；

σ_j为j图像波段均方差。

图12.2.1表示了$N_c=5$的情况:

$$Z_{1j}=m_j-\sigma_j;Z_{2j}=m_j-\frac{1}{2}\sigma_j;Z_{3j}=m_j;Z_{4j}=m_j+\frac{1}{2}\sigma_j;Z_{5j}=m_j+\sigma_j。$$

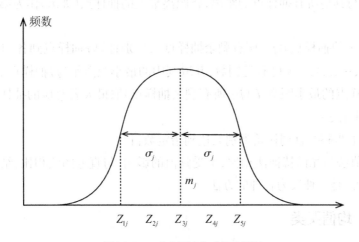

图12.2.1　直方图法生成初始类别

3.局部直方图峰值法

遥感图像直方图的分布是由各类地物直方图叠加而成的,每个地物类别的中心通常在本类别直方图的峰值位置,该峰值位置在全图的直方图中常常表现为局部峰值。局部直方图峰值法是通过搜索直方图局部峰值来选定初始类别中心,主要包括图像数据抽样集获取、统计直方图和搜索直方图峰值三个步骤。

4.最大最小距离法

最大最小距离法的原则是使各初始类别之间的距离尽可能大。首先在图像中获取抽样集$\{x_1,x_2,\cdots,x_n\}$,其中,n为抽样个数,在图12.2.2中,$n=10$。

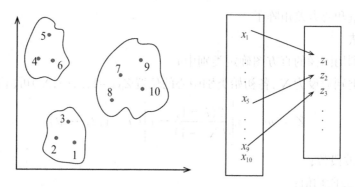

图12.2.2　最大最小距离法

按照以下步骤确定类别中心:

① 在抽样集中任取一个像素(如x_1)作为第一个初始类别的中心z_1;

② 计算x_1与其他所有抽样点的距离,将距离最大的抽样点(如x_5)作为第二个初始类别的中心z_2;

③ 对于剩余的抽样点j($j\in$所有剩余抽样点),分别计算j抽样点到各初始类别中心的距离$d_{ij}(i=1,2,\cdots,m)$,m为已有类别数,并取其中的最小距离作为j抽样点的代表距离d_j^*。在所有剩余抽样点的最小距离d_j^*($j\in$所有剩余抽样点)取最大者对应的抽样点(如x_9)作为新的初始类别中心z_3;

④ 重复以上步骤③直到初始类别数达到指定数目。

最大最小值法与光谱特征法相比,不受阈值的影响,与直方图法相比,结果更接近各类点群的分布位置,是一种较为合理的方法。

12.3　K-均值聚类

K-均值聚类算法(K-means clustering algorithm)是一种迭代求解的聚类分析算法。对待分类数据集$\{x_1,x_2,\cdots,x_n\}$,假设其可分为K个类别,各类样本在特征空间依类聚集,分布近似呈球形,此时可用类分布的中心点来代表该类别,例如,用类均值m_k($k=1,2,3,\cdots,K$)来代表类别k的聚类中心。在聚类迭代时,每处理一个样本x_i,聚类中心会根据各个类别中现有的样本被重新计算。上述过程不断重复直到满足某个终止条件。终止条件可以是没有(或最小数目)样本被重新分配给不同的聚类,或是没有(或最小数目)聚类中心再发生变化,即式(12.3.1)中的误差平方和J最小。K-均值聚类算法的具体步骤为:

$$J=\sum_{k=1}^{K}\sum_{x\in k}\delta(x,m_k)=\sum_{k=1}^{K}\sum_{x\in k}(x-m_k)^{\mathrm{T}}(x-m_k) \tag{12.3.1}$$

(1)确定类别数K。

(2)按12.2节的方法确定初始类中心m_1,m_2,$\cdots$,m_K。

(3)计算所有像元到所有类中心的距离,按照最小距离原则对样本进行归类。

若$j=\underset{k=1\cdots K}{\mathrm{argmin}}(x-m_k)^{\mathrm{T}}(x-m_k)$则$x\in m_j$。

（4）更新类中心m_1, m_2, $\cdots$, m_K,计算误差平方和J。

（5）若J不变或类中心不再发生变化,则终止,得到最终分类结果,否则,重复步骤3和4。

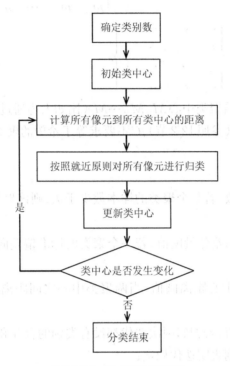

图12.3.1　K-均值聚类框图

12.4　ISODATA方法

K-均值算法能且只能对指定的类别数进行分类,分类的数目无法改变。ISODATA（动态聚类）算法是在K-均值算法的基础上,增加对聚类结果"合并"和"分裂"两个操作的一种聚类算法。

ISODATA算法与K-均值算法的相似之处是用类样本的均值表达聚类中心,不同之处是ISODATA算法在实施过程中聚类中心的数目不是固定不变而是反复进行调整的,类别既有合并也有分裂,且类别的合并和分裂是在一组预先设定的参数约束下进行的。

ISODATA算法共分十四步。其中第一步到第六步是预设参数、进行初始分类,并为合并和分裂准备必要的数据;第七步决定算法结束、优先分裂、优先合并或常规分裂;第八步到第十步是分裂过程,第十一步到第十三步是合并过程,第十四步决定算法是否重新开始。算法的具体步骤如下(见图12.4.1):

设特征数(特征空间维数)为p,待分类数据集为$\{X_1, X_2, \cdots, X_n\} = \begin{Bmatrix} x_{11} & x_{12} & \cdots & x_{1n} \\ x_{21} & x_{22} & \cdots & x_{2n} \\ \vdots & \vdots & \ddots & \vdots \\ x_{p1} & x_{p2} & \cdots & x_{pn} \end{Bmatrix}$,

n为样本数；聚类中心集为$\{M_1,M_2,\cdots,M_C\}=\begin{Bmatrix}m_{11}&m_{12}&\cdots&m_{1C}\\m_{21}&m_{22}&\cdots&m_{2C}\\\vdots&\vdots&\ddots&\vdots\\m_{p1}&m_{p2}&\cdots&m_{pC}\end{Bmatrix}$，$C$为类别数；聚类标准

偏差集为$\{S_1,S_2,\cdots,S_C\}=\begin{Bmatrix}s_{11}&s_{12}&\cdots&s_{1C}\\s_{21}&s_{22}&\cdots&s_{2C}\\\vdots&\vdots&\ddots&\vdots\\s_{p1}&s_{p2}&\cdots&s_{pC}\end{Bmatrix}$。

第一步：预设C个初始聚类中心$M_1,M_2,\cdots M_C$（比如人为通过样本确定），或根据n个样本生成C个初始聚类中心（参照12.2节），C不要求等于希望的聚类数目，F_j表示第j个类别。然后预设下列参数：

K：希望的聚类数目；

θ_N：聚类的最少样本数，若某个聚类的样本数少于θ_N，则该聚类不能作为一个独立的聚类，取消该聚类；

θ_S：聚类分裂的标准偏差分量阈值，若一个聚类的标准偏差向量的最大分量大于θ_S，则该聚类分裂为两类；

θ_C：聚类合并的聚类中心距离阈值，当两聚类中心之间距离小于θ_C，则两聚类合并为一类；

θ_M：聚类中心稳定阈值，若相邻两次迭代都没有类别的合并和分裂发生，且每个聚类中心的移动距离都小于θ_M，则表明迭代稳定；

L：一次迭代中允许聚类合并的最大对数；

I：允许迭代的次数。

第二步：把n个样本按最近规则归属到C个聚类中：

$$\text{若}\|X-M_j\|\leqslant\min_{i=1,2,\ldots,C}\|X-M_i\|,\ \text{则}X\in F_j$$

第三步：若第j个聚类类别$F_j(j=1,2,\ldots\ldots C)$的样本数$N_j<\theta_N$，则取消聚类$F_j$，并且调整$C$，即$C=C-1$。

第四步：调整各聚类中心：

$$M_j=\frac{1}{N_j}\sum_{X\in F_j}X\qquad(j=1,2,\ldots\ldots,C)\tag{12.4.1}$$

第五步：计算各个聚类的样本到各自聚类中心的平均距离（各个聚类的方差）：

$$\overline{D_j}=\frac{1}{N_j}\sum_{X\in F_j}\|X-M_j\|\qquad(j=1,2,\ldots\ldots,C)\tag{12.4.2}$$

第六步：计算所有样本到各自聚类中心距离的平均距离。即所有样本的总体平均距离：

$$\overline{D_j}=\frac{1}{N_j}\sum_{j=1}^{c}\sum_{X\in F_j}\|X-M_j\|=\frac{1}{N_j}\sum_{j=1}^{C}N_j\overline{D_j}\tag{12.4.3}$$

第七步:进行停止、优先分裂或优先合并判断:

① 如迭代已达I次,即最后一次迭代,迭代停止(算法结束);

② 优先分裂判断:若$C \leqslant K/2$(聚类数小于或等于希望数的一半),则进入第八步(分裂);

③ 优先合并判断:若$C \geqslant 2K$(聚类数大于或等于希望数的两倍),则跳到第十一步(合并);

④ 若相邻两次迭代都没有类别的合并和分裂发生,且每个聚类中心的移动距离均小于θ_M,则迭代稳定,算法结束;

⑤ 其他情形,正常进入第八步(分裂)。

第八步:计算每个聚类的标准偏差向量,聚类F_j的标准偏差向量为:

$$\boldsymbol{S}_j = [s_{1j}, s_{2j}, \cdots s_{pj}]^T \tag{12.4.4}$$

$$s_{ij} = \sqrt{\frac{1}{N_j} \sum_{X \in F_j} (x_i - m_{ij})^2} \tag{12.4.5}$$

式中:$i = 1, 2, \ldots p, j = 1, 2, \ldots, C$。

第九步:统计每个聚类的标准偏差向量的最大分量,记$\boldsymbol{S}_j(j=1,2,\cdots, C)$的最大分量为$s_{i^*j}$,$i^*$是特征分量序号($i^* = 1, 2, \cdots, p$)。

第十步:对聚类标准偏差向量的最大分量集$\{s_{i^*j}, j=1,2,\cdots, C\}$从大到小逐一判断,若有$s_{i^*j} > \theta_S$,(即$F_j$类的$s_{i^*j}$大于分裂允许值),同时又满足以下两条之一:

① $\overline{D_j} > \overline{D}$且$N_j > 2(\theta_N + 1)$,即类内平均距离大于总体平均距离,并且$F_j$类的样本数很大;

② $C \leqslant K/2$,即聚类数小于或等于希望数目的一半。

则将F_j类的聚类中心$\boldsymbol{M}_j = [m_{1j}, m_{2j}, \cdots, m_{pj}]^T$分裂为两个中心$\boldsymbol{M}_j^+$和$\boldsymbol{M}_j^-$,并且调整$C = C+1$。聚类中心$\boldsymbol{M}_j^+$的构成方法是$\boldsymbol{M}_j$向量中的对应$s_{i^*j}$的特征分量$m_{i^*j}$加上$s_{i^*j}$,即$\boldsymbol{M}_j^+ = [m_{1j}, m_{2j}, \cdots, m_{i^*j} + s_{i^*j}, \cdots, m_{pj}]^T$;聚类中心$\boldsymbol{M}_j^-$的构成方法是$\boldsymbol{M}_j$向量中对应$s_{i^*j}$的特征分量$m_{i^*j}$减去$s_{i^*j}$,即$\boldsymbol{M}_j^- = [m_{1j}, m_{2j}, \cdots, m_{i^*j} - s_{i^*j}, \cdots, m_{pj}]^T$。迭代次数加1,跳到第二步(说明:一次只对一个聚类进行分类)。

当所有聚类都不满足分裂条件时,进入第十一步。

第十一步:计算所有聚类中心之间的距离。F_i类和F_j类聚类中心间的距离为:

$$D_{ij} = \| \boldsymbol{M}_i - \boldsymbol{M}_j \|, \quad (i \neq j; i, j = 1, 2, \cdots, C) \tag{12.4.6}$$

第十二步:比较所有D_{ij}与θ_C的值。若存在满足合并条件的小于θ_C的D_{ij},将小于θ_C的D_{ij}按升序排列(最多取L对),即$D_{i_1j_1} \leqslant D_{i_2j_2} \leqslant \cdots \leqslant D_{i_Lj_L}$,继续第十三步;否则跳转第十四步。

第十三步:对所有满足条件的聚类对进行合并,并计算新的聚类中心:

$$\boldsymbol{M}_l^* = \frac{1}{N_{i_l} + N_{j_l}} (N_{i_l} M_{i_l} + N_{j_l} M_{j_l}), \quad (l = 1, 2, \cdots, L) \tag{12.4.7}$$

每合并一对聚类C减1,迭代次数加1,跳到第二步。

第十四步:若需要修改参数,则跳到第一步(重复上述算法)。否则,迭代运算的次数加1,跳到第二步。

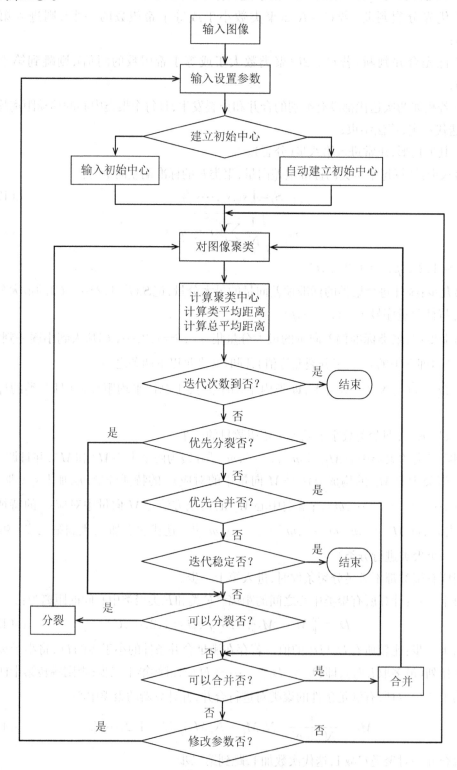

图12.4.1 动态聚类框图

第13章 遥感图像监督分类

监督分类(又称训练分类法)是利用已知类别的样本像元识别其他未知类别像元的过程。监督分类可分为训练、分类和输出三个阶段,具体为:在分类之前通过目视判读和野外调查等手段,获取遥感图像上某些区域的地物类别属性的先验知识,并从中选取各类地物类别的训练样本,再利用计算机对这些训练样本进行训练建模(例如分类判别函数),最后用所建立的模型对其他待分数据进行分类。

虽然监督分类比非监督分类的精度高、准确性好,但是监督分类的工作量无疑要比非监督分类的工作量大得多。首先,监督分类需事先确定训练场地和选择训练样本,要求训练样本有一定的代表性和足够的数量;另外,对于遥感图像分类来说,由于各种地物的光谱辐射的复杂性以及干扰因素的多样性,有时仅仅在某一特定时间和空间内选取训练样本还是不够的,为了提高精度,此时还必须多选择一些训练样本。

应指出,在监督分类时,必须注意其应用条件。原则上,在某一地区建立起来的判别式只能适用于同一地区或地学条件相似的地区。

本章以下各节将介绍几种基于统计的监督分类方法。

13.1 最小距离分类法

最小距离分类法是监督分类的常用方法之一。如图13.1.1,最小距离分类法具体分类过程如下:首先利用训练样本数据计算出每一类别的均值向量及标准差(均方差)向量;然后以均值向量作为该类在特征空间中的中心位置,计算输入图像中每个像元到各类中心的距离,到哪一类中心的距离最小,则该像元就归入哪一类。

在最小距离分类时,距离是判别准则。设 p 为图像的波段(变量)数,X 为图像中的一个待分类像元,其中 x_i 为像元 X 在第 i 波段的像元值(灰度值),m_{ij} 为第 j 类在第 i 波段的均值。在遥感图像分类时,应用最广而且比较简单的像元 X 与各类间的距离函数有两个:欧几里德距离和绝对距离(混合距离)。

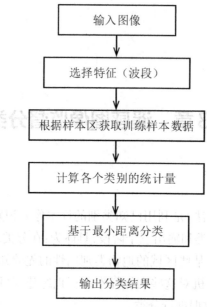

图13.1.1　最小距离分类流程图

(1)欧几里德距离：

$$D_j = \sqrt{\sum_{i=1}^{p} (x_i - m_{ij})^2} \tag{13.1.1}$$

(2)绝对距离：

$$D_j = \sum_{i=1}^{p} |x_i - m_{ij}| \tag{13.1.2}$$

利用上述距离进行监督分类缺陷明显：第一，不同类别的灰度值(或其他特性)的变化范围(即方差的大小)是不同的，不能简单地用像元到类中心的距离来划分像元的归属，例如图13.1.2中的待分类像元，按照到类中心的距离应属于S类，而实际上应属于变差范围大的U类；第二，自然地物类别的点群分布不一定是圆形或球形的，即在不同方向上半径是不同的，因而距离的量度在不同方向上也应有所差异。

考虑到上述因素，为改进分类的精度，在距离的计算上可作如下改进：

(1)改进的欧几里德距离：

$$D_j = \sqrt{\sum_{i=1}^{p} (x_i - m_{ij})^2 / \sigma_{ij}^2} \tag{13.1.3}$$

(2)改进的绝对距离：

$$D_j = \sum_{i=1}^{p} |x_i - m_{ij}| / \sigma_{ij}^2 \tag{13.1.4}$$

其中σ_{ij}为第j类第i波段的标准差。当然也可以用σ_{ij}代替上两式中的σ_{ij}^2，或者用其他加权方法。

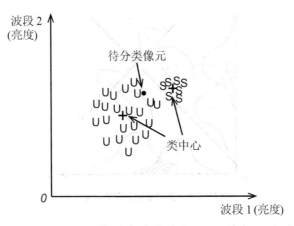

图13.1.2 方差对最小距离分类法的影响

使用最小距离法对图像进行分类,其精度取决于对已知地物类别的了解和训练统计的精度。一般来说,这种分类方法的效果比较好,而且可对像元顺序扫描分类,计算简便。

应当指出,最小距离监督分类还可以选用门限阈值D_T,具体为:若计算的最小距离D_g小于门限阈值D_T,则判别像元X归入第g类;若计算的最小距离D_g大于D_T,则判别像元X为拒绝类(未知类),即不归属于任何类。门限阈值D_T的选择与各特征波段的标准差有关,可以事先求出各类训练样本的标准差或标准差均值,并根据专业知识和经验来考虑门限阈值的设定。

此外,若利用各波段(各变量)一维直方图、二维直方图和各波段标准差,由计算机自动确定各类中心(均值向量),并按最小距离判别规则进行自动分类,这种方法就属于前一章的非监督分类了。

13.2 Fisher线性判别分类法

Fisher(费歇尔)判别是一种常用的监督分类方法。

采用统计上的Fisher准则的分类称为Fisher判别分类,Fisher准则即"组间最大分离"的原则,它要求组间(即类间)的距离最大而组内(即类内)的离散性最小,也就是要求组间均值差异最大而组内离差平方和最小。Fisher判别是通过构造一个判别函数来进行二分类的。当选用一次函数作为判别函数时称为线性判别,本节只讨论二类Fisher线性判别。

设有属于正态分布的地物类别A和B,且两者总体上有区别。当选择的区分变量少时,类别之间混淆情况可能就比较严重;当选择的区分变量多时,类别就能被很好地加以区分。现以最简单的情况为例来说明这个问题。如图13.2.1所示,有呈二维分布的两类地物A和B需进行分类。从图中可以看出,x_1和x_2两个变量结合是可以很好地进行分类的,但若只利用一个变量(x_1或x_2),由于A,B两类地物的分布在x_1或x_2方向上的投影均有重叠部分,导致两者难以很好地区分。从图13.2.1可知,最理想的情况是,如果可以获取直线$L:R_0 = \lambda_1 x_1 + \lambda_2 x_2$,就能对$A,B$两类地物实现很好的区分,此直线称为线性判别直线。

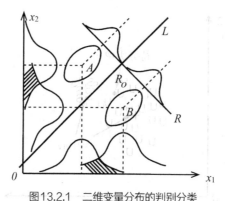

图13.2.1   二维变量分布的判别分类

但是,因建立线性判别直线需要获取三个未知参数λ_1,λ_2和R_0,而直接获取这三个未知参数是有难度的。为此对这一问题进行简化,希望找到一个综合变量,它能综合x_1和x_2两个变量在分类中的作用,以实现对A,B两类地物的有效区分。即希望找到一个线性判别函数:

$$R=\lambda_1 x_1 + \lambda_2 x_2 \tag{13.2.1}$$

使得A类中个体的R值与B类中个体的R值有明显差别,这里的R综合考虑了x_1和x_2两个变量在分类中的作用,式(13.2.1)中x_1和x_2两个变量可以是不同的波段,也可以是波段经某种变换的结果等。

但须注意的是,Fisher线性判别是以多维正态分布为基础的,有些特征变量,如波段比值,不是正态分布的,需要进行变换或采用其他的分类器,这一点对于所有要求特征变量是正态分布的分类方法都相同。

若地物类别A和B各取训练样本为n_a和n_b个,如表13.2.1所示,表中各类地物的训练样本数目既可相等也可不相等。

表13.2.1   训练样本数据

	变量 样本	x_1	x_2		变量 样本	x_1	x_2
地 物 A	1 2 $\vdots$ n_a	x_{11}^A x_{12}^A $\vdots$ $x_{1n_a}^A$	x_{21}^A x_{22}^A $\vdots$ $x_{2n_a}^A$	地 物 B	1 2 $\vdots$ n_b	x_{11}^B x_{12}^B $\vdots$ $x_{1n_b}^B$	x_{21}^B x_{22}^B $\vdots$ $x_{2n_b}^B$

由以上训练样本数据,根据Fisher准则,使λ_1和λ_2满足下列要求即可。

(1)A,B两类地物的R的均值之差越大越好,即使

$$G=(R_A - R_B)^2 \tag{13.2.2}$$

为最大;

(2)类内离差越小越好,即使

$$H=\sum_{j=1}^{n_a}(R_j^{(A)} - R_A)^2 + \sum_{j=1}^{n_b}(R_j^{(B)} - R_B)^2 \tag{13.2.3}$$

为最小。

把两个条件综合起来,就是要使

$$T=\frac{G}{H} \tag{13.2.4}$$

为最大。

因此,λ_1和λ_2应满足下列方程组:

$$\begin{cases} \dfrac{\partial T}{\partial \lambda_1}=0 \\ \dfrac{\partial T}{\partial \lambda_2}=0 \end{cases} \tag{13.2.5}$$

经过整理可以得到方程组:

$$\begin{cases} S_{11}\lambda_1+S_{12}\lambda_2=\bar{x}_1^A-\bar{x}_1^B \\ S_{21}\lambda_1+S_{22}\lambda_2=\bar{x}_2^A-\bar{x}_2^B \end{cases} \tag{13.2.6}$$

其中A类中心为:

$$R_A=\frac{1}{n_a}\sum_{j=1}^{n_a}(\lambda_1 x_{1j}^A+\lambda_2 x_{2j}^A)=\lambda_1\bar{x}_1^A+\lambda_2\bar{x}_2^A \tag{13.2.7}$$

B类中心为:

$$R_B=\frac{1}{n_b}\sum_{j=1}^{n_b}(\lambda_1 x_{1j}^B+\lambda_2 x_{2j}^B)=\lambda_1\bar{x}_1^B+\lambda_2\bar{x}_2^B \tag{13.2.8}$$

A类均值为:

$$\bar{x}_1^A=\frac{1}{n_a}\sum_{j=1}^{n_a}x_{1j}^A,\bar{x}_2^A=\frac{1}{n_a}\sum_{j=1}^{n_a}x_{2j}^A \tag{13.2.9}$$

B类均值为:

$$\bar{x}_1^B=\frac{1}{n_b}\sum_{j=1}^{n_b}x_{1j}^B,\bar{x}_2^B=\frac{1}{n_b}\sum_{j=1}^{n_b}x_{2j}^B \tag{13.2.10}$$

变量x_1的总方差为:

$$S_{11}=\frac{1}{n_a+n_b-2}\left[\sum_{j=1}^{n_a}(x_{1j}^A-\bar{x}_1^A)^2+\sum_{j=1}^{n_b}(x_{1j}^B-\bar{x}_1^B)^2\right] \tag{13.2.11}$$

变量x_2的总方差为:

$$S_{22}=\frac{1}{n_a+n_b-2}\left[\sum_{j=1}^{n_a}(x_{2j}^A-\bar{x}_2^A)^2+\sum_{j=1}^{n_b}(x_{2j}^B-\bar{x}_2^B)^2\right] \tag{13.2.12}$$

变量x_1与x_2的总协方差为:

$$S_{12}=S_{21}=\frac{1}{n_a+n_b-2}\left[\sum_{j=1}^{n_a}(x_{1j}^A-\bar{x}_1^A)(x_{2j}^A-\bar{x}_2^A)+\sum_{j=1}^{n_b}(x_{1j}^B-\bar{x}_1^B)(x_{2j}^B-\bar{x}_2^B)\right] \tag{13.2.13}$$

解(13.2.6)式,得:

$$\begin{cases} \lambda_1=[S_{22}(\bar{x}_1^A-\bar{x}_1^B)-S_{12}(\bar{x}_2^A-\bar{x}_2^B)]/[S_{11}S_{22}-S_{12}^2] \\ \lambda_2=[S_{11}(\bar{x}_2^A-\bar{x}_2^B)-S_{12}(\bar{x}_1^A-\bar{x}_1^B)]/[S_{11}S_{22}-S_{12}^2] \end{cases} \tag{13.2.14}$$

再以 A 类和 B 类所有的训练样本计算两类的平均判别函数值，即：

$$R_0 = \frac{1}{n_a+n_b}\left[\sum_{j=1}^{n_a}R^A + \sum_{j=1}^{n_b}R^B\right]$$

$$= \frac{1}{n_a+n_b}\left[\sum_{j=1}^{n_a}(\lambda_1 x_{1j}^A + \lambda_2 x_{2j}^A) + \sum_{j=1}^{n_b}(\lambda_1 x_{1j}^B + \lambda_2 x_{2j}^B)\right]$$

(13.2.15)

此 R_0 值就是区分 A,B 两类地物的标准。$R>R_0$ 的为一类，$R<R_0$ 的为另一类。R_0 称为判别指数，其几何意义是图 13.2.1 中的判别直线 L，而 R 为判别值。

总结以上论述，Fisher 线性判别分析的过程为：

(1)求出判别函数 $R = \lambda_1 x_1 + \lambda_2 x_2$；

(2)计算 R_A, R_B, R_0, R_i（所求 i 标本的判别值）；

(3)判别：若 R_i 与 R_A 位于 R_0 的同一侧，则 i 标本属于 A 类；若 R_i 与 R_B 同侧，则 i 标本属于 B 类。

实际上，不论 A,B 两类地物在真实情况下是否能够被很好地区分，只要有一组训练样本数据都可以求出一个判别函数，那么就涉及到判别分析的精度问题，需要检验判别函数的有效性及精度。

通常是用 F 检验来确定判别精度。它是利用 F 检验来检验平均值在统计上的显著性。一般采用 Mahalanobis 距离（简称马氏距离）作为统计量，以 D^2 表示，它的几何意义是指 A 类和 B 类两个判别中心间的"距离"，即：

$$D^2 = R_B - R_A \tag{13.2.16}$$

显然，D^2 越大，分类效果越好，此时用下式（下面的变量满足 F 分布）进行 F 检验：

$$F = \frac{n_a+n_b-p-1}{p(n_a+n_b-2)} \times \frac{n_a n_b}{n_a+n_b} D^2 \tag{13.2.17}$$

式中：p 为变量数，其他符号意义同前。

检验时，给出一显著性水平 α，以自由度 $N_1=p$，$N_2=n_a+n_b-p-1$ 查 F 分布表，得到临界值 F_α。若 $F>F_\alpha$，则标本按此判别函数分类的理论正确概率是 $1-\alpha$。

以上讨论的是二维变量的情况，在此基础很容易推广到多维变量的判别分析。对于 p 维变量的情况，其判别函数为：

$$R = \lambda_1 x_1 + \lambda_2 x_2 + \cdots + \lambda_p x_p \tag{13.2.18}$$

根据 Fisher 准则，可以求出如下含有待求 $\lambda_1, \lambda_2, \cdots, \lambda_p$ 的正规方程组：

$$\begin{bmatrix} S_{11} & S_{12} & \cdots & S_{1p} \\ S_{21} & S_{22} & \cdots & S_{2p} \\ & \cdots & \\ S_{p1} & S_{p2} & \cdots & S_{pp} \end{bmatrix}\begin{bmatrix} \lambda_1 \\ \lambda_2 \\ \cdots \\ \lambda_p \end{bmatrix} = \begin{bmatrix} \bar{x}_1^A - \bar{x}_1^B \\ \bar{x}_2^A - \bar{x}_2^B \\ \cdots \\ \bar{x}_p^A - \bar{x}_p^B \end{bmatrix} \tag{13.2.19}$$

式中：

$$S_{ij} = \frac{1}{n_a+n_b-2}\left[\sum_{k=1}^{n_a}(x_{ik}^A - \bar{x}_i^A)(x_{jk}^A - \bar{x}_j^A) + \sum_{k=1}^{n_b}(x_{ik}^B - \bar{x}_i^B)(x_{jk}^B - \bar{x}_j^B)\right] (i,j=1,2,\cdots,p)$$

(13.2.20)

求解式(13.2.19)即可得到 $\lambda_1, \lambda_2, \cdots, \lambda_p$，由此可以求得关于 p 维变量的判别函数 R。

对于多维变量的判别分析，由于各个变量对判别效果的贡献大小不同，需确定各个变量对判别分析的相对贡献。这主要是为了找出在判别函数的众多变量中，哪些变量在分类中起最大作用，是主要变量，反之，就是次要变量，进而剔除贡献极小的变量。相对贡献的计算公式如下：

$$E_j = \frac{\lambda_j D_j}{D^2} \times 100\% \tag{13.2.21}$$

式中：E_j 是第 j 个变量的相对贡献；

$\quad\lambda_j$ 为判别方程中第 j 个变量的系数；

$\quad D_j$ 为两类地物第 j 个变量的均值差；

$\quad D^2$ 为马氏距离。

Fisher判别分类法是建立在较严密的统计分类理论基础上的，当训练样本多时，有望取得更加精确的分类结果，此外还可以进行 F 检验和判定各变量对分类的相对贡献，从而知道分类的正确率以及分清主要变量、次要变量。

13.3 Bayes判别分类法

Bayes(贝叶斯)分类是根据Bayes准则对遥感图像进行分类的，它是一种典型的和应用最广的监督分类方法，又称为最大似然判别法。Bayes监督分类是假定训练样本数据在光谱空间的分布是服从高斯正态分布规律的，在二维(如两个波段)情况下，这种分布的情况如图13.3.1所示，相应的概率密度等值线如图13.3.2所示。

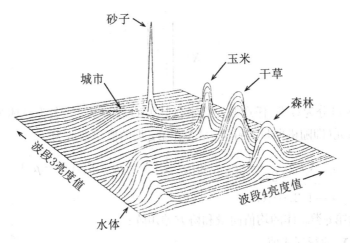

图13.3.1 地物概率密度分布图

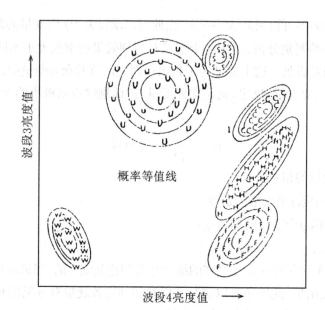

概率等值线

波段3亮度值 →

波段4亮度值 →

图13.3.2　用等值线表示的地物概率密度分布图

1. Bayes判别原理和判别式

Bayes判别分类是建立在Bayes准则基础上的,它是通过计算标本(像元)属于各组(类)的概率(或称归属概率),将该标本归属于概率最大的一组进行分类的。

设待分类遥感图像中每个像元有 m 个变量(即特征,例如SPOT的三个不同波段和TM的七个不同波段的光谱亮度即分别为三个和七个变量),则像元值可用式(13.3.1)的向量表示:

$$X = \begin{bmatrix} x_1 \\ x_2 \\ \vdots \\ x_m \end{bmatrix} \tag{13.3.1}$$

若研究地区可分为 G 类,任意像元必来自其中的某一类。当各类总体为多元正态总体 $N(\boldsymbol{\mu}_g, \boldsymbol{\Sigma}_g)$ 时,像元(即随机向量)特征向量 X 在第 g 类的概率密度为:

$$f_g(X) = \frac{1}{(2\pi)^{m/2} |\boldsymbol{\Sigma}_g|^{1/2}} \exp\left[-\frac{1}{2}(X-\boldsymbol{\mu}_g)^{\mathrm{T}} \boldsymbol{\Sigma}_g^{-1}(X-\boldsymbol{\mu}_g)\right]$$
$$i = 1, 2, \cdots, G \tag{13.3.2}$$

式中: $\boldsymbol{\mu}_g$ 与 $\boldsymbol{\Sigma}_g$ 为第 g 类总体的均值向量和协方差矩阵;

$|\boldsymbol{\Sigma}_g|$ 为矩阵 $\boldsymbol{\Sigma}_g$ 的行列式值;

$\boldsymbol{\Sigma}_g^{-1}$ 为 $\boldsymbol{\Sigma}_g$ 的逆阵。

根据Bayes准则,在 X 出现的条件下,其归属第 g 类的归属概率为:

$$P(g|X) = [P_g f_g(X)] / \sum_{i=1}^{G} [P_i f_i(X)] \tag{13.3.3}$$

式中: $P_i(i=1,2,\cdots,G)$ 为第 i 类出现的先验概率。对于已知试验区而言,先验概率 P_i 可以根据各类估计面积A_i作近似计算($P_i = A_i / \sum\limits_{k=1}^{G} A_k$)。必要的话,可在首次分类后,按类别面积的百分数对其初始值进行修改,然后再进行Bayes分类以提高分类精度。

显然,$P(g|X)$越大,表示像元X来自g类的概率就越大,因此$P(g|X)$表示X归属于g类的概率,并称为像元X的归属概率。

在多类判别时,Bayes判别式为:

当$P(g^*|X) = \max\limits_{1 \leqslant g \leqslant G} [P(g|X)]$时$X \in g^*$ 　　　　　　　　　　　　　　(13.3.4)

也就是说,根据像元X求出$P(g|X)(g = 1, 2, \cdots, G)$后,若$g = g^*$时$P(g^*|X)$极大,则$X$归属于$g^*$类。

Bayes判别分类是建立在Bayes决策规则基础上的模式识别,下面将说明,Bayes判别分类是理论上最好的一种分类方法,分类错误最小而精度最高。

设有G个类别,首先对G个类定义一组代价函数,或者称为损失函数(即风险函数),表示在分类过程中,由于分类错误应付出的代价,或者造成的损失和所冒的风险。用$\lambda(l|k)$来表示此函数,其中$l, k = 1, 2, \cdots, G$,因此$\lambda(l|k)$构成一个矩阵形式的损失矩阵,即:

$$
\begin{bmatrix}
\lambda(1|1) & \lambda(2|1) & \cdots & \lambda(G|1) \\
\lambda(1|2) & \lambda(2|2) & \cdots & \lambda(G|2) \\
& \cdots & & \\
\lambda(1|G) & \lambda(2|G) & \cdots & \lambda(G|G)
\end{bmatrix}
$$

损失矩阵中的任意元素$\lambda(l|k)$反映像元实际属于第k类,但已错分为l类所引起的损失或付出的代价。对于一个已知像元X,判决X为哪一类呢? 判决X属于哪一个类都要冒一定的风险,即都要付出一定的代价,但是判归各类的风险和代价是不同的,有的风险和代价要大一些,有的要小一些。自然,要将待判像元X归属到代价最小的那一类中,即风险最小的一类中,只有这样才是正确的,这就是Bayes的最优化规则。

若要找出代价最小的那一类,就要在全部可能的分类类别中找出平均代价最小的类别。设$L_l(X)$为像元X判成l类的平均最小代价,代价函数$L_l(X)$只能是$\lambda(l|k)$的平均,$k = 1, 2, \cdots, G$,且这个平均是加权情况下的平均。因此,对于一个给定的像元X,判决它来自l类所引起的平均代价为:

$$L_l(X) = \sum_{k=1}^{G} \lambda(l|k) P(k|X) \tag{13.3.5}$$

式中:用像元X归属k类的条件概率$P(k|X)$作为代价函数的权函数。由(13.3.3)式有:

$$L_l(X) = \sum_{k=1}^{G} [\lambda(l|k) P_k f_k(X)] / P(X) \tag{13.3.6}$$

其中:$P(X) = \sum\limits_{k=1}^{G} P_k f_k(X)$。

为了使用平均代价函数$L_l(X)$作为判别函数,必须事先介绍下面三条规则,即:

(1)求一个函数集的最小,等于对同一函数集取负号后求最大;

（2）一组合理且特殊的代价值为：

当 $l=k$ 时，$\lambda(l/k)=0$，此时代价或风险为零，损失最小；

当 $l\neq k$ 时，$\lambda(l/k)=1$，此时代价或风险最大，损失也最大；

即正确的分类无需付出代价，损失为零，而错误的分类则付出最大的代价。

（3）若 $H_l(X)(l=1,2,\cdots,G)$ 是一个判别决策函数集，则任何单调函数应用到这个集合会产生等价的判决函数集 $H_l'(X)(l=1,2,\cdots,G)$。也就是说不论使用哪一个函数集，都将会产生同样的分类结果。后面使用的函数有以下三种：

$H_l'(X)=H_l(X)\cdot K$（K 为常数）

$$H_l'(X)=H_l(X)\pm K$$

$$H_l'(X)=\lg H_l(X)$$

Bayes 最优准则是要求使式（13.3.6）达到错误概率最小的分类判决。根据前述第一条规则，先将式（13.3.6）改为负值，即变求最小为求最大，变最小风险判决为最大似然判决，也即最小错误概率判决。令：

$$H_l(X)=-L_l(X) \tag{13.3.7}$$

即：

$$H_l(X)=-\sum_{k=1}^{G}[\lambda(l/k)P_kf_k(X)]/P(X) \tag{13.3.8}$$

根据前面的第二个规则，在分类正确的情况下，有 $\lambda(l/l)=0$，这种情况不予考虑。由于所求的是平均最小风险的情况，所以要把分类正确的情况除外，这样对于分类错误的情况，只需考虑满足 $\lambda(l/k)=1(k\neq l)$ 这一条件了，由式（13.3.8）有：

$$H_l(X)=-\sum_{\substack{k=1\\k\neq l}}^{G}[P_kf_k(X)]/P(X)=-\frac{1}{P(X)}\sum_{\substack{k=1\\k\neq l}}^{G}P_kf_k(X) \tag{13.3.9}$$

式中：$P(X)$ 是一个常数，因为对于任何给定的 X，$P(X)$ 是事先已知的，故可以将其写到求和号的外面。现以第三条规则中的第一种函数形式为例，得到等价的判决函数为：

$$H_l'(X)=H_l(X)P(X)=-\sum_{\substack{k=1\\k\neq l}}^{G}P_kf_k(X) \tag{13.3.10}$$

根据全概率公式有：

$$P(X)=\sum_{k=1}^{G}P_kf_k(X)=P_lf_l(X)+\sum_{\substack{k=1\\k\neq l}}^{G}P_kf_k(X) \tag{13.3.11}$$

式（13.3.11）等号后的第一项仅反映分类正确的情况，即像元 X 来自 l 类并分为 l 类的情况；等号后的第二项为错误分类的各种风险概率的累加和。现将上式改写为：

$$\sum_{\substack{k=1\\k\neq l}}^{G}P_kf_k(X)=P(X)-P_lf_l(X) \tag{13.3.12}$$

将式（13.3.12）代入式（13.3.10），得：

$$H_l'(X)=-P(X)+P_lf_l(X) \tag{13.3.13}$$

式中：$P(X)$为常量。以第三条规则中第二种函数形式为例，可以推导等价的判别函数$H_l''(X)$为：

$$H_l''(X)=H_l'(X)+P(X)=P_l f_l(X) \tag{13.3.14}$$

上式中的$H_l''(X)$就是所求的最大似然判决准则的判决函数。至此，平均损失最小问题已转换为似然概率最大问题。即当分类正确时，$X\in l$，此时$H_l''(X)$最大。

另外由：

$$L_l(X)=\sum_{k=1}^{G}\lambda(l/k)P(k|X)=\sum_{\substack{k=1\\k\neq l}}^{G}P(k|X)=1-P(l|X) \tag{13.3.15}$$

可以看出：最小代价函数$L_l(X)$判决和$P(l|X)$最大似然判决在特殊代价的情况下是一回事，所谓特殊代价是指满足：

$$\begin{cases}\lambda(l/k)=1 & k\neq l \quad l,k=1,2,\cdots,G\\ \lambda(l/k)=0 & k=l \quad l,k=1,2,\cdots,G\end{cases}$$

条件下的代价。这种特殊情况说明了在平均意义下最大似然判决（Bayes判决）是准确率最高的判决。在实际应用中，一般都使用最大似然判决，而不使用最小风险代价判决，这是由于前者较为简单，而后者需要建立损失矩阵，较为复杂。

Bayes判别可分为线性和非线性两种方法，下面分别介绍。

2. Bayes 线性判别分类

待分类的各类总体协方差矩阵相等的Bayes判别分类称为Bayes线性判别分类。

设各类总体的均值向量为$\boldsymbol{\mu}_g$，其中$g=1,2,\cdots,G$，G为类别数；各类总体协方差矩阵为$\boldsymbol{\Sigma}_1=\boldsymbol{\Sigma}_2=\cdots=\boldsymbol{\Sigma}_G=\boldsymbol{\Sigma}$，则像元$X$在$g$类的概率密度为：

$$f_g(X)=\frac{1}{(2\pi)^{m/2}}|\Sigma|^{-1/2}\exp\left[-\frac{1}{2}(X-\mu_g)^{\mathrm{T}}\boldsymbol{\Sigma}^{-1}(X-\mu_g)\right] \tag{13.3.16}$$

令 $A=\frac{1}{(2\pi)^{m/2}}|\boldsymbol{\Sigma}|^{-1/2}$，$D^2=(X-\mu_g)^{\mathrm{T}}\Sigma^{-1}(X-\mu_g)$，

则A为与类无关的常量，D^2为马氏距离。此时有：

$$f_g(X)=A\exp\left[-\frac{1}{2}D^2\right] \tag{13.3.17}$$

由式(13.3.3)可知，像元X归属g类的概率为：

$$P(g|X)=[P_g f_g(X)]/\sum_{i=1}^{G}[P_i f_i(X)] \tag{13.3.18}$$

对于一个给定的像元X，式(13.3.18)中分母是与类别无关的常数，因此只要分子最大，归属概率也就最大，令$Y_g(X)=P_g f_g(X)$，$Y_g(X)$被称为Bayes判别函数。在实际应用时，往往采用经过对数变换的形式：

$$Y_g(X)=\ln P_g+\ln f_g(X)=\ln P_g+\ln A+(-\frac{1}{2})D^2\propto\ln P_g+(-\frac{1}{2})D^2 \tag{13.3.19}$$

又由于：

$$
\begin{aligned}
D^2 &= (X - \mu_g)^{\mathrm{T}} \Sigma^{-1} (X - \mu_g) \\
&= X^{\mathrm{T}} \Sigma^{-1} X - X^{\mathrm{T}} \Sigma^{-1} \mu_g - \mu_g^{\mathrm{T}} \Sigma^{-1} X + \mu_g^{\mathrm{T}} \Sigma^{-1} \mu_g \\
&= X^{\mathrm{T}} \Sigma^{-1} X - 2 X^{\mathrm{T}} \Sigma^{-1} \mu_g + \mu_g^{\mathrm{T}} \Sigma^{-1} \mu_g
\end{aligned}
$$

并且对于给定的像元 X，$X^{\mathrm{T}} \Sigma^{-1} X$ 也与类别无关，$Y_g(X)$ 中去掉与类无关的项后有：

$$
Y_g(X) = \ln P_g + X^{\mathrm{T}} \Sigma^{-1} \mu_g - \frac{1}{2} \mu_g^{\mathrm{T}} \Sigma^{-1} \mu_g \tag{13.3.20}
$$

因此称为 Bayes 线性判别分类。若各类的先验概率相等，即：

$$
P_1 = P_2 = \cdots = P_G = P \tag{13.3.21}
$$

则 $Y_g(X)$ 可进一步简化为：

$$
Y_g(X) = X^{\mathrm{T}} \Sigma^{-1} \mu_g - \frac{1}{2} \mu_g^{\mathrm{T}} \Sigma^{-1} \mu_g \tag{13.3.22}
$$

利用线性判别函数进行判别时的判别式为：

当 $Y_{g^*}^*(X) = \max\limits_{1 \leqslant g \leqslant G} \left[Y_g(X) \right]$ 则 $X \in g^*$

由前面的推导可知，线性判别函数实际上是根据马氏距离建立的。由于协方差矩阵为单位矩阵时，马氏距离等于欧氏距离的平方，因而第一节最小距离分类法中用欧氏距离建立的判别函数可由式(13.3.29)中取协方差矩阵为单位矩阵获得，可见两种分类方法是有联系的，最小距离分类法是 Bayes 线性判别的一种特殊情况。

3. Bayes 非线性判别分类

待分类的各类总体协方差矩阵不同的 Bayes 判别分类称为 Bayes 非线性判别分类。与 Bayes 线性判别类似，此时也是采用判别函数进行最大似然判别，即：

$$
Y_g(X) = \ln P_g - \frac{1}{2} \ln |\Sigma_g| - \frac{1}{2} (X - \mu_g)^{\mathrm{T}} \Sigma_g^{-1} (X - \mu_g) \tag{13.3.23}
$$

式中：P_g 为 g 类先验概率；

Σ_g 为 g 类总体的协方差矩阵；

μ_g 为 g 类总体的均值向量；

X 为像元特征向量；

Σ_g^{-1} 为 Σ_g 阵的逆阵。

为了便于计算，在实际应用中往往采用以下形式：

$$
\begin{aligned}
Y_g(X) &= \ln P_g - \frac{1}{2} \ln |\Sigma_g| - \frac{1}{2} X^{\mathrm{T}} \Sigma_g^{-1} X + X^{\mathrm{T}} C_g + C_{og} \\
&\quad (g = 1, 2, \cdots, G)
\end{aligned} \tag{13.3.24}
$$

式中：$C_{ig} = \sum\limits_{j=1}^{m} \sigma_g^{ij} \mu_g^j (i = 1, 2, \cdots, m)$；

$\quad C_g = \Sigma_g^{-1} \mu_g = [C_{1g}, C_{2g}, \cdots, C_{mg}]^{\mathrm{T}}$；

$\quad C_{og} = -\frac{1}{2} \mu_g^{\mathrm{T}} \Sigma_g^{-1} \mu_g = -\frac{1}{2} \sum\limits_{j=1}^{m} C_{ig} \mu_g^i$。

其中 σ_g^{ij} 为 Σ_g^{-1} 的分量，μ_g^i 为 μ_g 的分量，m 为变量数（波段数）。

4. Bayes判别分类中的均值向量 $\boldsymbol{\mu}_g$ 和协方差矩阵 $\boldsymbol{\Sigma}_g$

由于在Bayes分类中,各类总体的 $\boldsymbol{\mu}_g$ 和 $\boldsymbol{\Sigma}_g$ 无法准确获取,因此通常根据统计学中的参数估计来估计 $\boldsymbol{\mu}_g$ 和 $\boldsymbol{\Sigma}_g$ 的值,即利用各类的训练样本的统计特征来近似地估计各类总体的统计特征。

设 $\bar{\boldsymbol{X}}_g$ 为第 g 类总体训练样本的均值向量, $\boldsymbol{S}_g$ 为第 g 类总体训练样本的协方差矩阵,则在实际Bayes分类时采用下式:

$$\begin{cases} \boldsymbol{\mu}_g \approx \bar{\boldsymbol{X}}_g \\ \boldsymbol{\Sigma}_g \approx \boldsymbol{S}_g \end{cases} \quad (g=1,2,\cdots,G;G\text{为待分类总数}) \qquad (13.3.25)$$

设 x_{igk} 表示在已知的第 g 类中第 k 个像元第 i 个变量(波段)的亮度值, $\bar{x}_{ig}$ 为第 g 类中第 i 变量的平均值, n_g 为第 g 类的已知像元数, m 为波段数,则:

$$\begin{cases} \bar{\boldsymbol{X}}_g = [\bar{x}_{1g},\bar{x}_{2g},\cdots,\bar{x}_{mg}]^{\mathrm{T}} \\ \boldsymbol{S}_g = [S_g^{ij}]_{m\times m} \end{cases} \qquad (13.3.26)$$

式中: $\bar{x}_{ig} = \dfrac{1}{n_g}\sum\limits_{k=1}^{n_g} x_{igk}$;

$S_g^{ij} = \dfrac{1}{n_g-1}\sum\limits_{k=1}^{n_g}(x_{igk}-\bar{x}_{ig})(x_{jgk}-\bar{x}_{jg})$ 。

对于Bayes线性判别分类,其协方差矩阵采用如下形式:

$$\boldsymbol{\Sigma} \approx \boldsymbol{S} = [S^{ij}]_{m\times m} \qquad (13.3.27)$$

式中: $S^{ij} = \dfrac{1}{N-G}\sum\limits_{g=1}^{G}\sum\limits_{k=1}^{n_g}(x_{igk}-\bar{x}_{ig})(x_{jgk}-\bar{x}_{jg})$;

$N = \sum\limits_{g=1}^{G} n_g$ 。

5. Bayes判别分类过程

(1)确定各类的训练样本。Bayes判别分类是监督分类,因此首先需获得训练样本,第 g 类训练样本数据形式为:

$$\begin{bmatrix} x_{1g1} & x_{1g2} & \cdots & x_{1gn_g} \\ x_{2g1} & x_{2g2} & \cdots & x_{2gn_g} \\ & \cdots & & \\ x_{mg1} & x_{mg2} & \cdots & x_{mgn_g} \end{bmatrix}$$

数据矩阵中元素 x_{igk} 的下标意义如下:

$i=1,2,\cdots,m$;为波段(变量)序号,共 m 个波段(变量);

$k=1,2,\cdots,n_g$;为像元标本序号,第 g 类共有 n_g 个标本;

$g=1,2,\cdots,G$;为类别序号,共有 G 个类。

即开始采样 G 个类的训练样本,每一类的训练样本容量为 n_g ,每一像元特征向量为 m 个波段。

(2)计算各类的统计特征值。确定训练样本后,即可根据各类的训练样本计算各类的

$\bar{X}_g$、S_g、S_g^{-1}和$|S_g|$，并事先对各类的先验概率进行估计，建立分类判别函数。

（3）根据Bayes准则实施分类。逐点扫描图像的各像元，将像元特征向量代入判别函数，并从G个判别函数值中挑选一个最大的值，将被扫描待判像元归属于这个最大判别函数值的一类。

第14章　基于机器学习的遥感图像分类

从遥感图像数据中自动化提取信息是一个长期的遥感科学难题。遥感图像分类是提取信息的手段之一，分类是遥感应用系统中的关键技术，分类结果的精度直接影响着遥感技术的应用与发展。研究人员一直在尝试、改进和探索新的方法，以不断提高遥感图像自动分类算法的精度和速度。将机器学习方法应用于遥感图像监督分类，有效促进了复杂场景下的遥感图像分类的发展。尤其是近些年，以图卷积神经网络为代表的深度学习方法，因其强大的非线性拟合能力、图像局部特征提取能力、复杂空间语义表述能力，更是使图像信息处理获得了跨越式发展，因而正被广泛运用到遥感图像分类领域中。本章节将系统地介绍机器学习在遥感图像分类研究中的基本原理和方法。

14.1　感知机与神经网络

1.感知机原理

感知机(perceptron)由美国学者Frank Rosenblatt于1957年提出，是神经网络方法的起源。感知机是神经网络和支持向量机(Support Vector Machine，SVM)的基础，是一种二分类的线性分类模型。感知机是基于仿生学的原理，模拟人类大脑神经元的结构(如图14.1.1)。给定一个输入，感知机会产生一个输出，整个过程是单向流动的。对于输出来说，结果只有流动或者不流动(传递或者不传递)，在数字上表现为1或者0(激活或者不激活)。

图14.1.1　感知机示意图

感知机同样可以接收多个输入信号，然后输出一个信号。感知机对于不同的输入信号都会赋予不同的权重，并且将这些赋予不同权重的信号进行相加。这些权重控制着各个输入信号的重要性，权重越大，对应信号的重要性就越高。感知机处理输入信号的原理如图14.1.2所示，其中x_1和x_2代表两个不同的输入信号，图中的圆圈代表神经元或者节点，当输入信号x_1和x_2被送往神经元y时，会分别乘以固定的权重w_1和w_2，只有当这个总和超过了某个阈值θ时，才会输出1，也就是该"神经元"被激活。

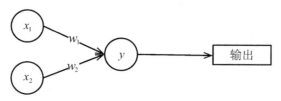

图14.1.2　感知机模型

感知机模型可用如下的数学表达式来表达：

$$y=\begin{cases}0, & w_1x_1+w_2x_2\leqslant\theta \\ 1, & w_1x_1+w_2x_2>\theta\end{cases} \tag{14.1.1}$$

感知机的整个过程很像电流在电路中的流动，权重就是电阻，分别控制某通路上的电流（信号）的流动难易程度，而我们只关心最终总电流（总信号）的值。

感知机可以用来解决简单的逻辑电路的问题。在逻辑电路中，用以实现基本逻辑运算和复合逻辑运算的单元电路称为门电路。常用的门电路在逻辑功能上有与门、或门、非门、与非门、或非门、与或非门、异或门等几种。与门是一种有两个输入和一个输出的门电路，其真值表如表14.1.1所示。根据表14.1.1我们可以得出与门的四种组合，只有当两个输入 x_1 和 x_2 都为1时，得到的输出 y 才为1，而其余的情况都为0。

表14.1.1　与门真值表

x_1	x_2	y
0	0	0
1	0	0
0	1	0
1	1	1

或门真值表如表14.1.2所示，只需要有一个输入信号为1时，输出就为1。

表14.1.2　或门真值表

x_1	x_2	y
0	0	0
1	0	1
0	1	1
1	1	1

与非门的真值表如表14.1.3所示，其结果和与门的结果正好相反，例如与门的输出结果为 y，则与非门的输出就为 $!y$。

表14.1.3　与非门真值表

x_1	x_2	y
0	0	1
1	0	1
0	1	1
1	1	0

根据上面三种逻辑电路的介绍,可以得知与门、或门、与非门的感知机构造是一样的。使用感知机来尝试解决这类问题时,需要确定可以满足真值表中的 w_1、w_2 和 θ 的值,但实际上满足真值表的条件的参数可以有无数多个,即使用不同的参数,输出的结果却是一样的。例如,利用感知机公式,选取 $w_1=0.5,w_2=0.6,\theta=0.8$ 或者 $w_1=0.6,w_2=0.7,\theta=0.9$ 的参数组合,都可以得到上面与门真值表中相同的结果,即设定好各个参数后,只有当 x_1 和 x_2 的值同时为1时,信号的加权总和才会超过给定的阈值 θ。

我们可以将感知机公式换一种更好、更一般的表达形式:

$$y=\begin{cases} 0 & (w_1x_1+w_2x_2+\mathrm{b}\leqslant 0) \\ 1 & (w_1x_1+w_2x_2+\mathrm{b}>0) \end{cases} \tag{14.1.2}$$

注: w_1、w_2 为权重,控制了信号的重要性程度,以及有多少的信号进入总信号; b为偏置,它是从不等号右边移到左边的阈值,控制了信号被激活的难易程度。

感知机只要掌握 $y=wx+b$ 这一线性映射,实际的使用过程就是如何在具体的问题中设置满足结果需求的参数,即合适的参数 (w,b)。其中 w 可以是矩阵、b 可以是向量,用以映射输入向量 x。

2.多层感知机与神经网络

在上一小节中我们讨论了感知机解决与门、或门、与非门等简单逻辑电路的问题,但在逻辑电路中还有另外一种简单的逻辑电路,叫异或门,其真值表如表14.1.4所示。

表14.1.4　异或门真值表

x_1	x_2	y
0	0	0
1	0	1
0	1	1
1	1	0

通过上面的真值表可以发现,利用感知机公式已经无法解决异或问题了,因为无论权重和偏置取何值时,都无法得到异或门真值表中的结果。于是我们将真值表中的 x_1 和 x_2 在坐标轴中显示(如图14.1.3),我们会发现这几种组合并不是线性可分的。

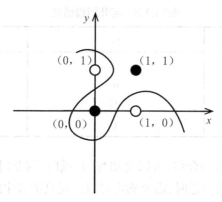

图14.1.3　异或门真值坐标图

在上一节中提到,单层感知机只能用来解决线性问题的,而多层感知机的出现能够解决上述的线性不可分问题。虽然感知机不能直接解决异或门的问题,但实际上感知机可以在单层感知机的基础上叠加层,通过不同的组合来解决这个问题。我们将与门、或门和与非门结构分别表达如图14.1.4所示。

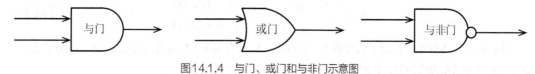

图14.1.4　与门、或门和与非门示意图

通过这三种电路的组合叠加就可以实现异或门(如图14.1.5):

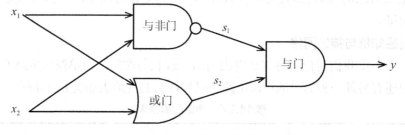

图14.1.5　异或门示意图

异或门是一种多层结构的神经网络。现在再来观察一下表14.1.5,发现其结果完全满足异或门的输出要求。

表14.1.5　异或门真值表

x_1	x_2	s_1	s_2	y
0	0	1	0	0
1	0	1	1	1
0	1	1	1	1
1	1	0	1	0

根据异或门示意图14.1.5,我们可以得到一个简单的2层感知机的示意图(图14.1.6)。

多层感知机是在单层感知机的基础上引入了一到多个隐藏层,隐藏层位于输入层和输出层之间。

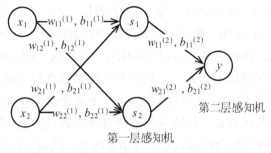

图14.1.6 多层感知机示意图

如图14.1.7所示的更复杂多层感知机中,输入层有4个神经元、隐藏层有5个隐藏神经元、输出层有3个神经元。隐藏层中的神经元和输入层的各个输入完全连接,输出层中的神经元和隐藏层的各个神经元也完全连接,即多层感知机的隐藏层和输出层都是全连接层。

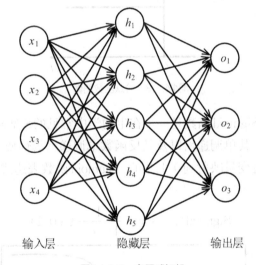

图14.1.7 多层感知机

研究表明,2层及以上的感知机可以表示任意函数,即神经网络。具体来说,给定一个小批量样本 $X \in R^{n \times d}$,其批量大小为 n,样本维度数为 d。假设多层感知机只有一个隐藏层为 H,其中隐藏节点个数为 c,输出层为 O,其节点个数为 q,则有 $H \in R^{n \times c}$,$O \in R^{n \times q}$。因为隐藏层和输出层均是全连接层,可以设隐藏层的权重参数和偏差参数分别为矩阵 $W_h \in R^{d \times c}$ 和 $b_h \in R^{1 \times c}$,输出层的权重和偏差参数分别为矩阵 $W_o \in R^{c \times q}$ 和 $b_o \in R^{1 \times q}$。输出层 O 的计算为 $O = HW_o + b_o$(其中 $H = XW_h + b_h$),也就是将隐藏层的输出直接作为输出层的输入。如果将以上两个式子联立起来,可以得到:

$$O = (XW_h + b_h)W_o + b_o = XW_hW_o + b_hW_o + b_o \tag{14.1.3}$$

从联立后的式子可以看出,虽然神经网络引入了隐藏层,却依然等价于一个单层神经网络:其中输出层权重参数为 W_hW_o,偏差参数为 $b_hW_o + b_o$。不难发现,即便再添加更多的隐藏层，以上设计依然与仅含输出层的单层神经网络等价。

3.激活函数

前述的多层感知机中，无论隐藏层有多少，若各层之间的全连接只是简单的对数据做仿射变换（Affine transformation），则多个仿射变换的叠加仍然是一个仿射变换，也就是可以压缩为一层感知机，无法体现出多层感知机的优势。解决这一问题的一个手段是引入非线性变换，例如对隐藏变量使用基于元素运算的非线性函数进行变换，然后再作为下一个全连接层的输入。这个非线性函数被称为激活函数。下面介绍几种常见的激活函数。

（1）阶跃函数。阶跃函数是一种特殊的连续时间函数，是一个从0跳变到1的过程，属于奇异函数。在电路分析中，阶跃函数是研究动态电路阶跃响应的基础。利用阶跃函数可以有效模拟信号被激活的状态。阶跃函数与图像（图14.1.8）如下所示。

$$y(x)=\begin{cases} 1 & x\geqslant 0 \\ 0 & x<0 \end{cases} \tag{14.1.4}$$

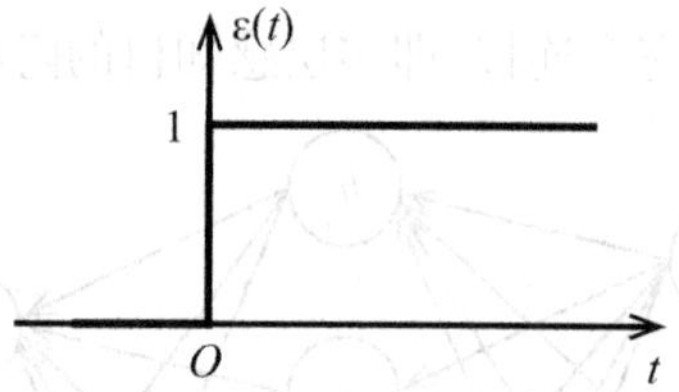

图14.1.8　阶跃函数图像

（2）Sigmoid函数。Sigmoid函数是一个在生物学中常见的S型函数，也称为S型生长曲线。在信息科学中，由于其单调递增以及其反函数单调递增等性质，Sigmoid函数常被用作神经网络的阈值函数，将变量映射到0,1之间。Sigmoid函数表达式与函数图像（图14.1.9）如下所示：

$$\text{Sigmoid}(x)=y=\frac{1}{1+e^{-x}}\in(0,1) \tag{14.1.5}$$

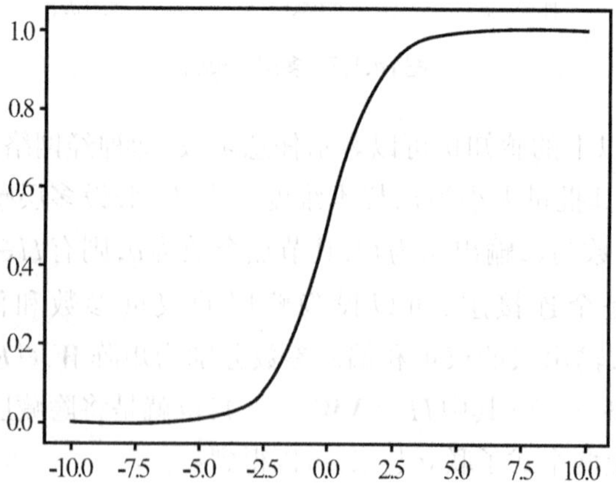

图14.1.9　Sigmoid函数图像

Sigmoid函数应用于神经网络时具有以下优缺点：

优点：Sigmoid激活函数是应用范围最广的一类激活函数，具有指数形状，它在物理意义上最为接近生物神经元。Sigmoid的输出值域是$(0,1)$，可以被表示为概率或者用于输入的归一化等。Sigmoid函数连续，光滑，严格单调，以$(0,0.5)$为中心对称，是一个良好的阈值函数。Sigmoid函数的导数是其本身的函数，即$f'(x)=f(x)(1-f(x))$。

缺点：Sigmoid最明显的缺点就是饱和性。从曲线图中看到，其两侧的导数逐渐趋近于0。我们将具有这种性质的激活函数叫作软饱和激活函数。由于Sigmoid的软饱和性，使得深度神经网络在近二三十年里一直难以有效地训练，是阻碍神经网络发展的重要原因之一。另外，Sigmoid函数的输出均大于0，使得输出的分布不是以0为均值，即存在偏移现象，这会导致后一层的神经元将得到上一层输出的非0均值的信号作为输入。一定程度上可能会导致误差的发生。

（3）ReLU函数。线性整流函数（Rectified Linear Unit，ReLU），又称修正线性单元，是一种人工神经网络中常用的激活函数，通常指代以斜坡函数及其变种为代表的非线性函数。ReLU表达式与函数图像（图14.1.10）如下所示：

$$ReLU(x)=y=\max(x,0)=\begin{cases} x, & x>0 \\ 0, & x\leqslant 0 \end{cases}\in[0,+\infty) \tag{14.1.6}$$

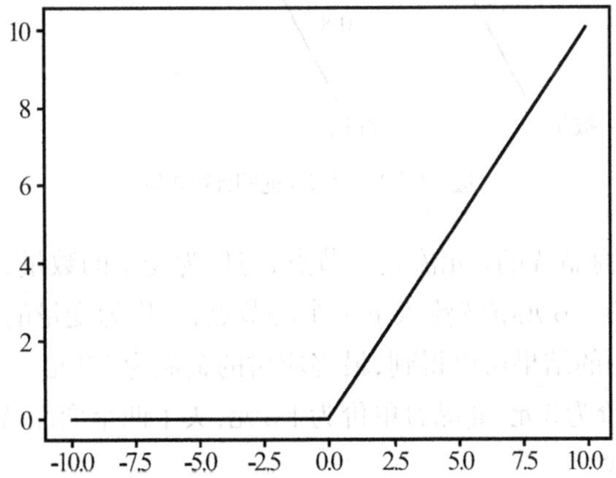

图14.1.10　ReLU函数图像

ReLU激活函数应用于神经网络具有以下优缺点：

优点：当$x<0$时，ReLU硬饱和，而当$x>0$时，则不存在饱和问题。所以，ReLU能够在$x>0$时保持梯度不衰减，从而缓解梯度消失问题。这让我们能够直接以监督的方式训练深度神经网络，而无需依赖于无监督的逐层预训练。

缺点：随着训练的推进，部分输入会落入硬饱和区，导致对应权重无法更新。这种现象被称为"神经元死亡"。ReLU的输出均值大于0，偏移现象和神经元死亡会共同影响网络的收敛性。

14.2　网络构建

对于已经构建好的神经网络，就可以利用正向传播算法根据输入来得到输出。而一个神经网络的构建实际包含两个部分，即网络结构（计算路径）和恰当的网络参数（权重和偏置），对于网络结构来说，通常是由人根据问题的实际情况人为构建的，是无法自适应修改的，本节就不再赘述，本节重点介绍网络构建中的"恰当的网络参数"的获取方法。下面将分别详细介绍获取"恰当的网络参数"的正向传播与反向传播的过程。

1.正向传播

正向传播（Forward propagation）是在计算的过程中按照从出发点到结束点的顺序进行的传播方式。为了形象地展示正向传播的过程，下面引入计算图的概念，并通过几个简单的例子来解释。

问题1：商品A单价为3元，买了2个，结账时打了8折，那么最终的付款金额是多少？

计算图通过节点和箭头表示计算过程。节点用○表示，○中是计算的内容，计算的中间结果写在箭头上方，表示各个节点的计算结果从左向右传递。用计算图解决上述问题，求解过程如图14.2.1所示。

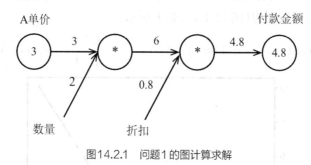

图14.2.1　问题1的图计算求解

如图14.2.1所示，商品A的3元流到⊙节点，与作为变量的数量2进行运算变成6元，然后被传递到下一个节点。6元继续流入下一个⊙节点，与作为变量的折扣0.8进行运算变成4.8元。因此，从计算图的结果可以得到，最终应付的金额为4.8元。

问题2：商品A单价为3元，商品B单价为1.5元，买了两个商品A和两个商品B，同样打8折，则最终应付款多少？

用计算图来求解问题2，求解过程如图14.2.2所示。

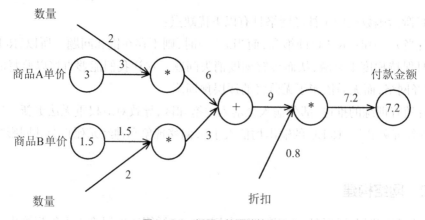

图14.2.2　问题2的图计算求解

这个问题中新增了加法节点类型$\oplus$,用来合计商品A和商品B的金额。构建好计算图后,从左向右进行计算,得到答案7.2元。

2.反向传播

反向传播(Back propagation)的计算原理来自于微积分中的复合函数的求导法则,即链式法则。链式法则的定义如下:如果某个函数由复合函数表示,则该复合函数的导数可以用构成复合函数的各个函数的导数的乘积表示。链式法则的处理逻辑使得无论多么复杂的计算,都可以统一分解成若干计算节点的组合,每个节点都只关心输入和计算符号,因此变得十分容易去构造。

反向传播的计算顺序与正向传播恰好相反,同样以问题1为例,我们把这一正向的过程反向处理,即令最右侧结果为1,从右向左计算则变成:

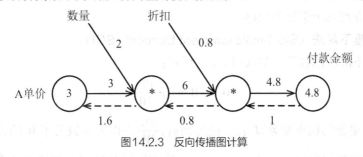

图14.2.3 反向传播图计算

如图14.2.3所示,最右侧的1流入节点$\odot$,与变量0.8运算得到结果0.8,再流入下一个节点$\odot$,与变量2运算得到结果1.6。

这说明了在上述正向传播过程中,如果最左侧(即商品A价格)上涨1元,则最终付的金额会上涨1.6元。从数学上解释实际上是指,当最左侧的输入上升一个微小值1后,会导致整个计算图的最右侧的输出上升1.6,这给我们带来了一个非常好的启示,即输入的变化会给输出带来怎样的影响是有一定规律可循的。

14.3 网络训练

通常来说,神经网络所需要的网络参数是海量的,靠人的力量是很难设计和指定的。因此只能靠计算机通过不断迭代尝试来自动寻找到合适的网络参数,这一过程被称为"训练"。训练网络的目的是要找到合适的网络参数,使得网络所计算的结果是符合先验知识的(训练样本、已知答案)。从数学运算的本质来看,训练也就是要寻找出合适的网络参数使得由输入得到的预测结果与真实结果的误差最小。在神经网络中,预测结果与真实结果的差异是通过损失函数(Loss Function)进行衡量的。对不同的任务,损失函数可以采用不同的形式,例如分类任务往往使用交叉熵损失函数,而回归任务往往使用最小均方根损失函数。一般情况下,当预测结果与真实结果差异较大时,由它们计算得到的损失函数值也较大,表明此时网络参数尚未达到最佳;而当预测结果与真实结果差异较小时,由它们计算得到的损失函数值也较小,表明此时网络参数已较优。正是由于损失函数能够根据预测结果与真实结果之间的差异来反映网络的参数是否合适,它也成为了网络参数寻优过程中的重要指导依据。

　　随着网络规模的增大，网络参数的数量急剧增加，所能尝试的网络参数值及其组合情况无比巨大，这也是所谓复杂问题的共性，即解空间大到无法搜索遍历其所有情况。这时全局最优解是无法得到的，所以只能退而求其次，转为寻找局部最优解。这也是所有现代启发式搜索算法（包括所有的机器学习方法）的统一思想，他们的共同目标有两个：一是尽量让所找到的局部最优解接近全局最优解（所寻的目标靠谱）；二是尽量能快速地找到这个靠谱的局部最优解（所寻的路径靠谱）。训练网络寻找最优网络参数这一问题在该领域通常被称为"最优化"（Optimization）。然而很遗憾也很显然，并不存在一个完美的途径能让我们直达最优化的彼岸，很多时候只能依靠运气。但毕竟我们还是希望能有一些所谓的"科学方法"来为迷茫而浩瀚的网络参数空间求解指引一下方向，毕竟还是会比无头苍蝇能靠谱一些。下面介绍几个常见的策略：

1.随机梯度下降法（Stochastic Gradient Descent，SGD）

随机梯度下降法的数学式如式（14.3.1）所示：

$$W \leftarrow W - \eta \cdot \frac{\partial L}{\partial W} \tag{14.3.1}$$

其中 W 为需要更新的权重参数，L 表示损失函数，$\frac{\partial L}{\partial W}$ 为损失函数关于 W 的梯度，η 为步长，在该领域更多的被称为学习率（learning rate），注意增量是学习率和梯度的乘积，式子中的 ← 表示用右边的值更新左边的值。该策略是每次更新只朝着坡降最大的方向移动，类似于贪心算法。因此，很显然该策略很多时候是低效的。我们来考虑这样一个例子：

$$f(x,y) = \frac{1}{20}x^2 + y^2 \tag{14.3.2}$$

　　上述公式表示的函数是向 x 轴方向延伸的"碗"状函数（见图14.3.1）。实际上该式子的等高线呈向 x 轴方向延伸的椭圆状（见图14.3.1）。

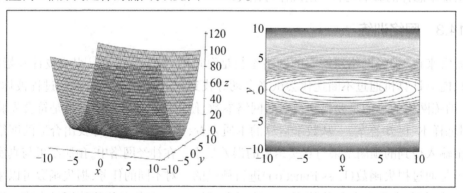

图14.3.1　$f(x,y) = \frac{1}{20}x^2 + y^2$ 的图形（左图）和它的等高线（右图）

　　我们尝试对上述函数应用随机梯度下降法，其梯度如图14.3.2所示，从 $(x,y)=(-7.0, 2.0)$ 处（初始值）开始搜索，结果如图14.3.3所示。随机梯度下降法呈"之"字形移动。这是一个相当低效的路径。也就是说，随机梯度下降法的缺点是，当函数的形状是非均向

（anisotropic），比如呈延伸状，搜索的路径就会非常低效。其根本原因是梯度的方向并没有指向最小值。

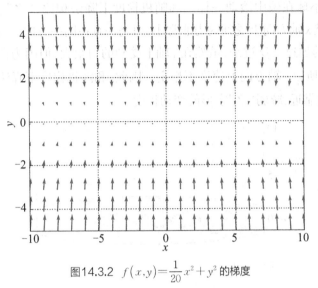

图14.3.2 $f(x,y)=\dfrac{1}{20}x^2+y^2$ 的梯度

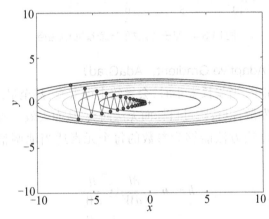

图14.3.3 基于随机梯度下降法的最优化更新路径：呈"之"字形朝最小值(0,0)移动，效率低

2.动量法（Momentum）

为了改正随机梯度下降法的缺点，我们引入动量法。动量法用数学式表示如下：

$$v \leftarrow \alpha v - \eta \cdot \frac{\partial L}{\partial W} \tag{14.3.3}$$

$$W \leftarrow W + v \tag{14.3.4}$$

和随机梯度下降法一样，W 表示需要更新的权重参数，L 表示损失函数，$\dfrac{\partial L}{\partial W}$ 表示损失函数关于 W 的梯度，η 表示学习率。相对于随机梯度下降法，动量法多了一个参数 v，对应物理上的速度，在物体不受力时，αv 承担使物体逐渐减速的任务（α 设定为0.9之类的值），对应物理上的地面摩擦或空气阻力。v 在随梯度下降时的起到了阻力作用，不再靠梯度大小直接移动,而是有了缓冲。同上例 $f(x,y)=\dfrac{1}{20}x^2+y^2$ 的最优化路径(见图14.3.4)。使用动量法就像就像小球在碗中滚动一样。和随机梯度下降法相比,"之"字形的"程度"减轻了。这是因为虽然x轴方向上受到的力非常小,但是一直在同一方向上受力,所以朝同一个方向上会有一定的加速。反过来,虽然在 y 轴上受到的力很大,但因为在不停做往返运动,加速效果会低效,所以 y 轴方向上速度不稳定。因此,和随机梯度下降法的情形相比,可以更快地朝 x 轴方向靠近,减弱"之"字形的变动程度。

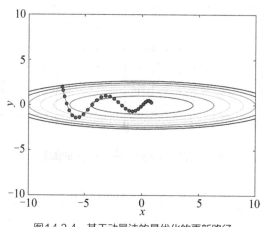

图14.3.4　基于动量法的最优化的更新路径

3. 自适应梯度法（Adaptive Gradient，AdaGrad）

该策略的出发点在于,当步长太小时,会导致走得太慢,甚至最终无法抵达目标;而步长太大,则有可能导致发散,以致跨过目标而无法回头,从而失效。所以合适的步长是至关重要的。而自适应梯度法方法能够为参数的每个元素适当地调整学习率,它的数学式如下:

$$h \leftarrow h + \frac{\partial L}{\partial W} \odot \frac{\partial L}{\partial W} \tag{14.3.5}$$

$$W \leftarrow W - \eta \frac{1}{\sqrt{h}} \frac{\partial L}{\partial W} \tag{14.3.6}$$

和随机梯度下降法一样,W 表示要更新的权重参数,L 表示损失函数,$\dfrac{\partial L}{\partial W}$ 表示损失函数关于 W 的梯度,η 表示学习率,参数 h 记录了所有梯度的平方和($\odot$ 表示矩阵对应位置相乘)。在更新参数时,通过乘以 $\dfrac{1}{\sqrt{h}}$,就可以调整学习的尺度。这意味着,梯度较大时(参数的元素中变化较大),学习率将变小。也就是说,可以针对参数的元素进行学习率衰减,使变动大的参数的学习率逐渐减小。因此,在该方法中的 h 不断增大,学习越深入,更新幅度就越小,直至为0。使用自适应梯度法解决 $f(x,y)=\dfrac{1}{20}x^2+y^2$ 的路径问题,可以发现,函数的值高效地向着最小值移动(图14.3.5)。由于 y 轴方向上的梯度较大,因此刚开始变动较大,但是后面会根据这个较大的变动按比例进行调整,减小更新的步伐。因此,y轴方向上的更新程度被减弱,"之"字形的变动程度有所衰减。

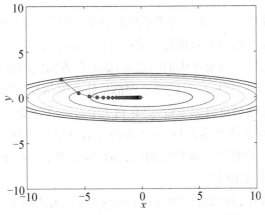

图14.3.5　基于自适应梯度法的最优化的更新路径

4. 自适应动量法（Adaptive Moment Estimation）

动量法考虑了物理运动中的速度,自适应梯度法考虑了移动过程中的幅度。将这两种方法融合就是自适应动量法的基本思路。通过组合前面两个方法的优点,有望实现网络参数空间的高效搜索,此外,进行超参数的"偏置矫正"也是自适应动量法的特征。同样我们尝试使用自适应动量法解决$f(x,y)=\dfrac{1}{20}x^2+y^2$的路径最优化问题,基于自适应动量法的更新过程就像小球在碗中滚动一样,虽然动量法也有类似的移动轨迹,但是相比之下,自适应动量法的小球左右摇晃的程度有所减轻,这得益于学习的更新程度被适当地调整了。其更新路径如图14.3.6所示。

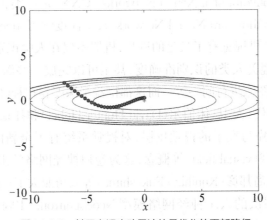

图14.3.6　基于自适应动量法的最优化的更新路径

上述的这四种方法,它们是属于递进的关系吗? 自适应动量法一定是最优的吗? 很遗憾,答案是否定的。没有一种方法能包打天下,在面对具体问题时,各自都有其特点,都有各自擅长解决的问题和不擅长解决的问题,也许只有试过才知道谁更合适。

　　除了上述参数优化策略，网络参数初始化问题也至关重要。理想的网络初始化参数会使模型训练事半功倍，相反，糟糕的初始化方案不仅会影响网络收敛，甚至会导致梯度弥散或爆炸。

　　在网络参数初始化中，第一个需要考虑的问题是网络参数是否可以被初始化为0？答案当然是否定的。实际上所有的对称化参数都有很大的隐患，因此自然的选择随机离散化参数是合理的。那么第二个需要考虑的问题是，如何设置随机离散化的参数？目前常见的初始化方法有 Xavier 和 He 两种。它们的原理都是使各网络层的激活值能有更宽的分布，因为这样的分布所传递的信息更加丰富，更有利于学习。这与使用直方图均衡化的原理类似，只有当直方图分布满整个亮度值域，对人眼而言信息量是最为丰富的（Batch Normalization 也是属于这一范畴，它作为一种特殊的层，都是接在激活层后面，其功能就是调整激活层结果数值的分布，使其更加宽）。

　　在网络的训练过程中，过拟合问题（Overfitting）也是无法回避的话题。过拟合的原因主要有以下两点：一是模型参数结构太多，表现力太强，例如用超高次曲面拟合平面；二是训练样本太少，不足以概括出稳定规律。原因一的解决方法主要有 Dropout，正则化等；而原因二的解决方法主要有数据增广等。

　　神经网络训练的本质就是用人工神经网络（ANN）来拟合输入和输出。因此，在网络结构固定的情况下，训练结果的优劣与否，取决于用来拟合的数据（即先验知识）。人工智能（特指NN）与大数据有着密不可分的关系，究其原因在于它只求规律不问因果，只要所提供的数据能够统计出规律（无论显式还是隐式），结果就会成功。因此在这一领域里，最关键的还是要有足够且优质的数据。

14.4　卷积神经网络

　　卷积神经网络（Convolutional Neural Networks，CNN）是一类包含卷积计算且具有前馈结构的神经网络（Feedforward Neural Networks），是深度学习（deep learning）的代表算法之一。深度学习让计算机视觉有了长足的进步，机器不仅在人脸识别、物体识别、图像分割等任务上取得了可以媲美人类的识别准确度，甚至可以完成一些深层次的图像理解，例如对场景进行描述、针对图像进行问答等。而这都得益于深度卷积神经网络的发展。

　　早在20世纪50年代，大卫·休伯尔（David Hunter Hubel）和托斯坦·维厄瑟尔（Torsten Wiesel）等人通过研究猫与猴子的视觉皮层，对视觉系统有了全新的认识，提炼出感受野（receptive field）、视觉域（visual field）等概念，这为卷积神经网络的出现奠定了基础。20世纪80年代，日本学者福岛邦彦（Kunihiko Fukushima）等人仿照大卫·休伯尔等人发现的视觉结构，构建了一个多层次的人工神经网络模型 Neocognitron。1989 年，杨立昆（Yann LeCun）构建了应用于计算机视觉问题的卷积神经网络（LeNet 的最初版本），其在结构上与现代的卷积神经网络十分接近。杨立昆对权重进行随机初始化后使用了随机梯度下降（Stochastic Gradient Descent，SGD）进行学习，这一策略被其后的深度学习研究所保留。此外，杨立昆在论述其网络结构时首次使用了"卷积"一词，"卷积神经网络"也因此得名。在

LeNet的基础上,1998年杨立昆及其合作者构建了更加完备的卷积神经网络LeNet－5并在手写数字的识别问题中取得成功。然而,此后卷积神经网络却被学术界长期冷落,直到2012年ImageNet比赛大获成功,才得以一炮而红。接着,学术界提出了越来越深的卷积神经网络,从AlexNet、VGG到Inception、ResNet等,使得图像分类任务的准确度不断上升,促成了深度学习革命的大爆发。

卷积神经网络之所以可以取得成功,是因为它能够自动从数据中提取特征。其实在深度卷积神经网络出现以前,人们已经设计出了与卷积神经网络相似的网络结构,只不过这些网络都需要设计人员手动设计识别的模板,因此,针对不同的数据和任务,人们都要重新设计模板,这一过程在传统的机器学习中被称为特征工程,它强烈依赖设计人员的经验,而且往往要耗费大量时间,成为了整个识别任务的瓶颈。卷积神经网络的突破在于它可以将整个特征工程自动化,无须实验人员的参与,就能自动从数据中学习出识别模板。这一特性在当今大数据时代来临之际立刻显现出了威力。

卷积神经网络与前面讲的神经网络在结构上与思想上并无不同,但是它多了两个计算方式,一个是卷积,另一个是池化(如图14.4.1)。

图14.4.1　卷积神经网络的基本组成结构

图像卷积相关的内容已经在第6章图像变换中进行了介绍,在此便不赘述。

池化是缩小特征响应图高和宽的空间运算,实际就是降采样,其目的一是抽象特征,二是忽略微小变化和增强鲁棒性。池化层没有训练参数,只有运算参数,它只会改变特征响应图的大小,不会改变层数。在深度学习中,最常见的池化方法有最大值池化、最小值池化、平均值池化。由于池化采用非重叠滑动的方式,所以一般只会对其窗口大小进行设置,并使滑动步长与窗口大小保持一致。图14.4.2是平均池化的一个例子。

下面介绍几种经典的卷积神经网络。

图14.4.2　池化的原理示意图

1. LeNet

LeNet是杨立昆（Yann LeCun）在1998年发布的网络结构，是卷积神经网络的开端。它主要用来进行手写字符的识别与分类，并在美国的银行中投入了使用。LeNet网络结构如图14.4.3所示。

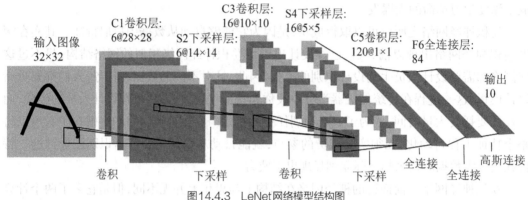

图14.4.3　LeNet网络模型结构图

它是按卷积层、池化层、全连接层的顺序连接的，网络中的每个层使用一个可微分的函数将激活数据从一层传递到另一层。LeNet开创性的利用卷积直接从图像中学习特征，在计算性能受限的当时能够节省很多计算量，同时，也指出卷积层的使用可以保证图像的空间相关性。但由于缺乏大规模的训练数据，当时计算机硬件的性能也较低，因此LeNet神经网络在处理复杂问题时效果并不理想。

2. AlexNet

早期由于受到计算机性能的影响，卷积神经网络并没有得到太多的关注，在1998年之后几乎处于"沉默"状态，一直到2012年，Alex Krizhevsky等人提出AlexNet网络，在ImageNet赛中一举夺冠，并且性能远超第二名，于是得到了社会各界的广泛关注。

AlexNet的具体结构如图14.4.4所示。它在LeNet的基础之上加深了网络，用来学习图像更高维的特征。AlexNet网络使用了最大池化的策略，并包含了8个带权重的层；前5层是卷积层，剩下的3层是全连接层。最后一层全连接层的输出是连接1000维Softmax的输入，经Softmax处理后最终会产生1000类标签的分布。在图14.4.4中，虚线表示的是卷积层的卷积过程，而带箭头的实线表示的是全连接的过程。

对照LeNet，AlexNet具备了以下几个特点：

① 更深的网络结构；

② 使用层叠的卷积层，即卷积层＋卷积层＋池化层来提取图像的特征；

③ 使用随机泛化增强（Dropout）抑制过拟合；

④ 使用数据增广（Data Augmentation）抑制过拟合；

⑤ 使用ReLU替换之前的Sigmoid作为激活函数。

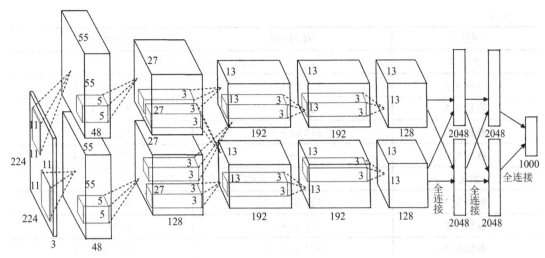

图14.4.4 AlexNet网络模型结构图

3. VGG

2014年,牛津大学计算机视觉组(Visual Geometry Group)和Google DeepMind公司的研究员一起研发出了新的深度卷积神经网络:VGGNet,并取得了ILSVRC2014比赛分类项目的第二名。

VGG相比AlexNet的一个改进是采用连续的几个3×3的卷积核代替AlexNet中的较大卷积核。VGG使用了3个3×3卷积核来代替7×7的卷积核,使用了2个3×3卷积核来代替5×5的卷积核。虽然2个3×3步长为1的卷积核的叠加,其感受野相当于一个5×5的卷积核,但是采用叠加的小卷积核效果是优于大卷积核的,这是因为卷积层数的增加增强了网络的非线性,从而能让网络来学习更复杂的模型,并且小卷积核的参数更少,训练代价更小。VGG的网络结构如表14.4.1所示。

表14.4.1 VGG网络框架结构表

网络层	VGG-16	VGG-19
输入	3 × 224 × 224	
卷积1_1	64 @ 3 × 3	
卷积1_2	64 @ 3 × 3	
池化1	最大池化, 步长2, 窗口2×2	
卷积2_1	128 @ 3 × 3	
卷积2_2	128 @ 3 × 3	
池化2	最大池化, 步长2, 窗口2×2	
卷积3_1	256 @ 3 × 3	256 @ 3 × 3
卷积3_2	256 @ 3 × 3	256 @ 3 × 3
卷积3_3	256 @ 3 × 3	256 @ 3 × 3
卷积3_4	—	256 @ 3 × 3

续表

网络层	VGG-16	VGG-19
池化3	最大池化, 步长2, 窗口2×2	
卷积4_1	512 @ 3 × 3	512 @ 3 × 3
卷积4_2	512 @ 3 × 3	512 @ 3 × 3
卷积4_3	512 @ 3 × 3	512 @ 3 × 3
卷积4_4	—	512 @ 3 × 3
池化4	最大池化, 步长2, 窗口2×2	
卷积5_1	512 @ 3 × 3	512 @ 3 × 3
卷积5_2	512 @ 3 × 3	512 @ 3 × 3
卷积5_3	512 @ 3 × 3	512 @ 3 × 3
卷积5_4	—	512 @ 3 × 3
池化5	最大池化, 步长2, 窗口2×2	
全连接6	4096	
全连接7	4096	
全连接8	1000	
输出	1 × 1000	

4. GoogLeNet

GoogLeNet 是 2014 年由 Christian Szegedy 提出的一种全新的深度神经网络,该网络结构获得 2014 年 ImageNet 大赛的冠军。前文所介绍的 AlexNet 和 VGGNet 这两种网络都是通过增大网络的深度来获得更好的效果,但是深度的加深会带来一些副作用,比如过拟合、梯度消失、计算太复杂等。解决这些问题的方法就是在增加网络深度和宽度的同时减少参数,为了减少参数,自然就想到将全连接甚至一般的卷积变成稀疏连接。但是在实现上,全连接变成稀疏连接后实际计算量并不会有质的提升,因为大部分硬件是针对密集矩阵计算优化的,稀疏矩阵虽然数据量少,但是计算所消耗的时间却很难减少。这就代表着,要寻找一个方法,既能保持网络结构的稀疏性,又能利用密集矩阵的高计算性能。因此,GoogLeNet 团队提出了 Inception 网络结构,就是构造一种"基础神经元"结构,来搭建一个具有稀疏性、高计算性能的网络结构。

原始的 Inception 结构如图 14.4.5 所示。

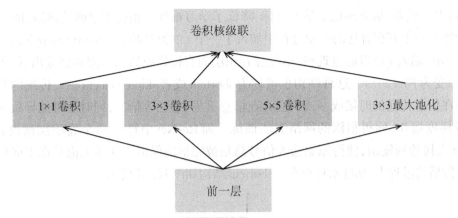

图14.4.5　原始的Inception结构图

该结构将CNN中常用的卷积(1×1,3×3,5×5)、池化操作(3×3)堆叠在一起,一方面增加了网络的宽度,另一方面也增加了网络对尺度的适应性。

但是,这种叠加不可避免地使得Inception模块的输出通道数增加,这就增加了Inception模块中每个卷积的计算量。因此在经过若干个模块之后,计算量会呈现爆炸性增长。为此采用1×1卷积核来进行降维,改进后的Inception Module如图14.4.6所示。

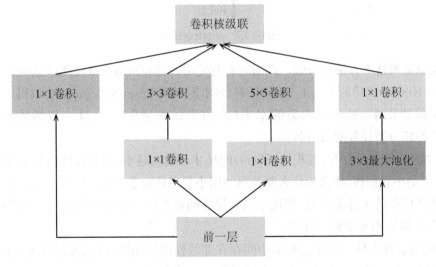

图14.4.6　改进后的Inception结构图

5. ResNet

理论上,在训练卷积神经网络的过程中,若浅层网络结构的训练效果较差,可以通过适当加深网络层数来获取一个优化效果更好的模型。这是因为随着网络深度的增加,网络所能提取的信息也更加丰富。然而在实践中,随着网络深度的加深,训练误差往往不降反升,即网络出现了"退化"的现象。针对这一问题,何恺明等人于2015年提出了ResNet(Residual Neural Network,残差神经网络)。

ResNet的主要思想为残差学习。通过直接将输入信息绕道传到输出,网络只需要学习输入、输出的残差，从而简化了学习目标、降低了学习难度。相较于之前的网络，ResNet 最突出的特点在于其在普通的卷积过程中加入了一个 x 的恒等映射（identity mapping）。如图14.4.7所示，输入 x 可以通过近路，不经过卷积层而直接将原始信号附加到输出，使得结果由 $F(x)$ 变为 $F(x)+x$。这种结构也被称为 shortcut 或者 skip connections。传统的卷积神经网络在信息传递的时候或多或少会存在信息丢失、损耗等情况，同时还可能导致梯度消失或者梯度爆炸，使得很深的网络无法训练。而 ResNet 中每2—3个卷积层就设置1个shortcut 直接连到输出，使得原始输入信号总是被完整地保留。这样无论是在正向传播还是反向传播的过程中，梯度永远存在。shortcut 结构如图14.4.7所示。

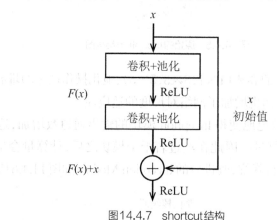

图14.4.7　shortcut结构

事实也证明这个方法很有效。在当时普遍使用的神经网络层级仅能够达到20到30层的情况下，ResNet 成功训练出了152层的神经网络，并在 ImageNet 测试集上取得了 Top—5上 3.57% 的错误率，超过了人类的水平（人的错误率是 5.1%），这一成绩使其赢得了ILSVRC 2015分类任务的第一名。

从 CNN 的发展过程看，卷积核（filters）的尺寸有越来越小的趋势，比如 VGG 网络中全部采用3*3的小卷积核，那么为什么要普遍使用小卷积核而非大卷积核呢？原因在于，当需要扩大局部信息的统计范围时，相比采用大尺寸的卷积核一步到位的方法，使用小尺寸的卷积核卷积多次，有如下两个优点：

（1）网络表现力佳。由于卷积层中间存在非线性激活函数，因此采用多次卷积实际上形成了非线性拟合的叠加拟合。用2个级联的3×3卷积层（stride＝1）组成的小网络来代替单个的5×5卷积层增加了非线性变换的操作，使得模型的泛化能力进一步的提高，网络表现力更强。

（2）网络参数量少。大尺寸的卷积核可以带来更大的感受野，但也意味着更多的参数。如图14.4.8所示，使用单个的5×5卷积核与使用2个级联的3×3卷积核具有同样的感受野效果，然而前者需要 $1×5×5＝25$ 个参数，而后者仅需要 $2×3×3＝18$ 个参数，即小卷积核在保持相同感受野范围的同时又减少了参数量，使得计算量更小。

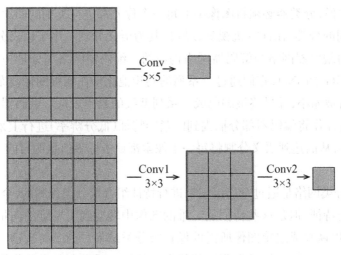

图14.4.8 不同大小窗口卷积示意图

表14.4.2 ResNet网络框架结构表

网络层	ResNet–50	ResNet–101	ResNet–152
输入	$3 \times 224 \times 224$		
卷积1	64 @ 7×7, 步长2		
池化	最大池化, 步长2, 窗口 2×2		
卷积2	$\begin{bmatrix} 64@1 \times 1 \\ 64@3 \times 3 \\ 256@1 \times 1 \end{bmatrix} \times 3$		
卷积3	$\begin{bmatrix} 128@1 \times 1 \\ 128@3 \times 3 \\ 512@1 \times 1 \end{bmatrix} \times 4$	$\begin{bmatrix} 128@1 \times 1 \\ 128@3 \times 3 \\ 512@1 \times 1 \end{bmatrix} \times 4$	$\begin{bmatrix} 128@1 \times 1 \\ 128@3 \times 3 \\ 512@1 \times 1 \end{bmatrix} \times 8$
卷积4	$\begin{bmatrix} 256@1 \times 1 \\ 256@3 \times 3 \\ 1024@1 \times 1 \end{bmatrix} \times 6$	$\begin{bmatrix} 256@1 \times 1 \\ 256@3 \times 3 \\ 1024@1 \times 1 \end{bmatrix} \times 23$	$\begin{bmatrix} 256@1 \times 1 \\ 256@3 \times 3 \\ 1024@1 \times 1 \end{bmatrix} \times 36$
卷积5	$\begin{bmatrix} 512@1 \times 1 \\ 512@3 \times 3 \\ 2048@1 \times 1 \end{bmatrix} \times 3$	$\begin{bmatrix} 512@1 \times 1 \\ 512@3 \times 3 \\ 2048@1 \times 1 \end{bmatrix} \times 3$	$\begin{bmatrix} 512@1 \times 1 \\ 512@3 \times 3 \\ 2048@1 \times 1 \end{bmatrix} \times 3$
	全局平均池化		
输出	1×1000		

14.5 遥感图像卷积神经网络分类方法

1.遥感图像分类与语义分割

传统图像的卷积神经网络分类是图像级别的,即给定一张图像,经过CNN的运算之后,输出一个类别结果,用以表示这张图主要的信息。而遥感图像的分类是像元级别的,即给定一张遥感图像,分类器必须将图像中的每一个像元都进行类别的归属判断。像遥感图像这样像元级别的分类,在计算机视觉领域称其为语义分割。用于语义分割的CNN网络被广泛认为是由编码器网络与解码器网络构成的。编码器网络部分是一个预先训练的分类网络,例如VGG、ResNet,它们通过一系列的卷积池化操作捕捉图像复杂的特征,与此同时图像的尺寸将被缩小,并最终被编码成一系列低维的紧凑表征。解码器网络部分使用反卷积或反池化等操作将编码器部分捕捉到的紧凑特征(低分辨率)进行上采样,恢复成输入图像的尺寸大小,从而达到语义分割将每一个像素都赋予标签信息的目的。

2.反卷积

CNN图像分类网络是通过全连接层来进行特征组合及分类预测的,全连接层虽然能够组合图像的全局特征,但是这些特征从二维的图像中转变到了一维的向量中,丢失了相应的空间信息,难以恢复成遥感图像所需的像素级分类结果。为了解决这一问题,在遥感图像的分类网络中,人们通常用反卷积层替代全连接层。反卷积与卷积作用相反,卷积运算会使图像变小,而反卷积运算则会使图像变大(图14.5.1展示了卷积运算与反卷积运算的差异)。反卷积可以看作是一种特殊情况下的卷积。在反卷积的使用过程中,往往都是将原始图像先扩大一定大小,然后使用卷积将其缩小成需要的比例来实现的。以图14.5.1右图展示的反卷积操作为例,当输入的图像大小为 2×2,而希望输出大小为 5×5 的结果图时,可以通过对输入图像进行填补0的操作扩大成 7×7,然后再使用窗口为 3×3,步长为1的正向卷积得到。

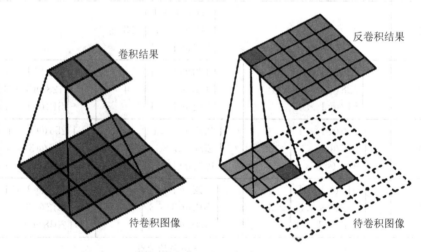

图14.5.1 卷积（左）与反卷积（右）的计算方式与差异

3.反池化

反池化操作是针对池化操作而言的,池化操作缩小图像的尺寸,而反池化操作则用于放大图像的尺寸。尽管反池化是池化的逆操作,但是由于池化操作只保留了图像的主要信息而丢失了其他细节信息,因此反池化无法完全恢复图像的原始信息。对于缺失的图像信息,只能通过补0的方式进行填充。池化有最大、最小与平均3种方式,因此对应的,反池化也存在最大、最小与平均3种方式。图14.5.2给出了一个最大反池化的具体例子,它可以分为3个步骤。首先,在进行最大池化的时候,对于每一个池化窗口,其最大值的位置将被记录下来,作为池化索引;其次,以0填充的方式新建一个与目标输出图像大小一致的空白图像;最后,将待反池化图像的每个值都填入对应空白图像中池化索引的相应位置。

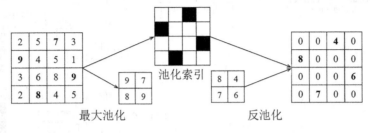

图14.5.2 最大反池化操作

4.常见遥感卷积神经网络模型

(1)FCN(Fully Convolutional Networks,FCN)。FCN网络是端到端语义分割网络模型的开山之作,它第一次用反卷积操作替代全连接操作,使得在整个网络中只存在卷积操作,因此称为全卷积神经网络,其网络结构如图14.5.3所示。FCN是在VGG网络的基础上进行修改的,保持VGG网络前面卷积部分不变,只将最后的全连接层去除,并用反卷积层的上采样方式进行替代,从而能够逐步放大特征图,最终得到像素级别的分类图。另外,由于仅基于最后一层特征图的反卷积结果过于稀疏,FCN将倒数几层的特征图进行融合,来得到最终的预测结果。在图14.5.3中,输入图像每经过一个卷积池化层之后,其尺寸都会缩小一半,因此卷积池化层1得到的特征图1大小是原始图像大小的1/2,特征图2是原始图像的1/4,特征图3是原始图像的1/8,特征图4是原始图像的1/16,特征图5是原始图像的1/32。通过将特征图5进行32倍的上采样(使用反卷积)能够得到与原始图像大小一致的预测结果,即FCN−32s。然而这种结果是由分辨率较低的图像生成的,细节信息较少。因此,可以将特征图5与前面几层分辨率较高的特征图进行逐像素相加,以此弥补丢失的细节信息。由于不同层的特征图具有不同大小,在进行逐像素相加的时候需要统一大小。例如对于特征图5与特征图4,需要将特征图5进行2倍上采样以符合特征图4的大小。在逐像素相加之后的结果上进行进一步的上采样,可以得到较为精细的分类结果,例如图14.5.3中的FCN−16s与FCN−8s。

(2)UNet。UNet借鉴了FCN网络的反卷积思想,构建的网络可分为左右对称的两部分。UNet左边的部分是编码网络部分,包含了5组卷积与池化层,用于提取图像多尺度的特征;右边的部分是解码网络部分,其与编码网络基本对称,包含了5组反卷积层用于上采样并将图像扩大为原图的大小。此外,UNet网络与FCN网络一样,都考虑到了仅使用深层特征图进行反卷积时候的信息缺失,因此网络中同样使用到了多层次特征融合的策略以获得更准确的上下文信息,达到更好的分割效果。与FCN网络不同的是,UNet网络是将对应层中的编码网络下采样部分的特征与解码网络上采样部分的特征进行了融合。需要注意的是,由于原始UNet网络在进行卷积操作的时候并没有进行边界上的填充(padding),因此卷积之后的图像大小将小于卷积之前的图像。图14.5.4展示了原始UNet网络的示意图,

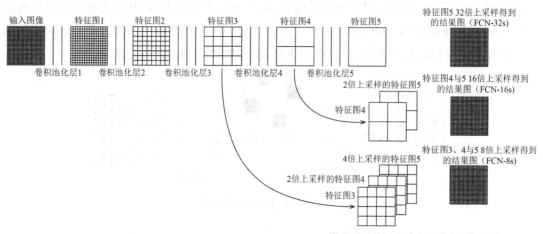

图14.5.3　FCN网络的结构示意图

以输入图像为572×572为例,其最终的输出图像大小仅为388×388,并且由于图像大小的不一致,在进行多尺度特征图叠加的时候还需要额外的进行裁剪的操作。实际上,在后续的使用过程中,人们多修改为使用带有填充的卷积,从而得到输入输出大小一致的结果。表14.5.1展示了当输入图像为B×W×H(通道数×宽度×高度),使用带有填充的卷积,输出类别为C时UNet网络的框架结构表。

表14.5.1　UNet的网络框架结构表

输入		B × W × H	
编码网络		解码网络	
卷积1_1	64 @ 3 × 3	反卷积6	512 @ 2 × 2
卷积1_2	64 @ 3 × 3	叠加	反卷积6与卷积4_2结果叠加
池化1	最大池化,步长2,窗口2 × 2	卷积6_1	512 @ 3 × 3
卷积2_1	128 @ 3 × 3	卷积6_2	512 @ 3 × 3
卷积2_2	128 @ 3 × 3	反卷积7	256 @ 2 × 2
池化2	最大池化,步长2,窗口2 × 2	叠加	反卷积7与卷积3_2结果叠加
卷积3_1	256 @ 3 × 3	卷积7_1	256 @ 3 × 3
卷积3_2	256 @ 3 × 3	卷积7_2	256 @ 3 × 3
池化3	最大池化,步长2,窗口2 × 2	反卷积8	128 @ 2 × 2
卷积4_1	512 @ 3 × 3	叠加	反卷积8与卷积2_2结果叠加
卷积4_2	512 @ 3 × 3	卷积8_1	128 @ 3 × 3
池化4	最大池化,步长2,窗口2 × 2	卷积8_2	128 @ 3 × 3
卷积5_1	1024 @ 3 × 3	反卷积9	64 @ 2 × 2
卷积5_2	1024 @ 3 × 3	叠加	反卷积9与卷积1_2结果叠加
		卷积9_1	64 @ 3 × 3

续表

输入	B × W × H	
编码网络	解码网络	
	卷积9_2	64 @ 3 × 3
	卷积9_3	C @ 3 × 3
输出	C × W × H	

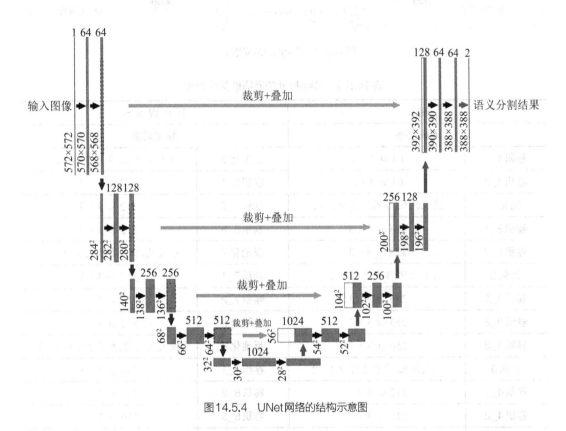

图14.5.4　UNet网络的结构示意图

（3）SegNet。SegNet网络具有UNet网络类似的对称结构,它同样是由编码网络与解码网络构成的。编码网络部分,SegNet使用的是VGG网络去除全连接层的部分,而解码网络部分则是与编码网络部分对称的结构（如图14.5.5）。与FCN和UNet不同的是,SegNet在解码网络的上采样部分使用的是反池化,而非反卷积。使用反池化的优势在于网络的参数更少,加快了网络的运算速度。表14.5.2展示了当输入图像为B × W × H,输出类别为C时SegNet网络的框架结构表。

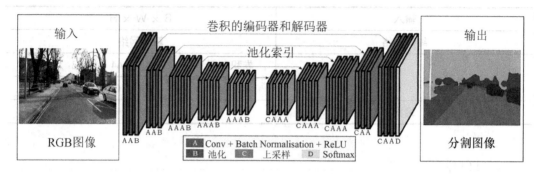

图14.5.5　SegNet的网络结构

表14.5.2　SegNet的网络框架结构表

输入		B × W × H	
编码网络		解码网络	
卷积1_1	64 @ 3 × 3	反池化6	最大反池化,步长2,窗口2×2
卷积1_2	64 @ 3 × 3	卷积6_1	512 @ 3 × 3
池化1	最大池化,步长2,窗口2×2	卷积6_2	512 @ 3 × 3
卷积2_1	128 @ 3 × 3	卷积6_3	512 @ 3 × 3
卷积2_2	128 @ 3 × 3	反池化7	最大反池化,步长2,窗口2×2
池化2	最大池化,步长2,窗口2×2	卷积7_1	512 @ 3 × 3
卷积3_1	256 @ 3 × 3	卷积7_2	512 @ 3 × 3
卷积3_2	256 @ 3 × 3	卷积7_3	512 @ 3 × 3
卷积3_3	256 @ 3 × 3	反池化8	最大反池化,步长2,窗口2×2
池化3	最大池化,步长2,窗口2×2	卷积8_1	256 @ 3 × 3
卷积4_1	512 @ 3 × 3	卷积8_2	256 @ 3 × 3
卷积4_2	512 @ 3 × 3	卷积8_3	256 @ 3 × 3
卷积4_3	512 @ 3 × 3	反池化9	最大反池化,步长2,窗口2×2
池化4	最大池化,步长2,窗口2×2	卷积9_2	128 @ 3 × 3
卷积5_1	512 @ 3 × 3	卷积9_3	128 @ 3 × 3
卷积5_2	512 @ 3 × 3	反池化10	最大反池化,步长2,窗口2×2
卷积5_3	512 @ 3 × 3	卷积10_2	64 @ 3 × 3
池化5	最大池化,步长2,窗口2×2	卷积10_3	C @ 3 × 3
输出		C × W × H	

第15章　遥感图像分类后处理

15.1　栅格图斑聚类与滤波

在遥感图像分类时,由于混合像元的存在以及分类算法是针对每个像元单独进行的,导致在分类结果图像中会出现一大片同类地物中夹杂着零散分布的异类地物的不一致现象,它们在分类图像上表现为噪声。为了解决这种与实际情况不相符合、也不满足分类要求的问题,需要对初步的分类结果图像进行一些处理,得到满足需求的分类结果,这些处理过程通常称为分类后处理。常用分类后处理通常包括:重编码(Recode)、聚类统计(Clump)、过滤分析(Sieve)及去除分析(Eliminate)等。

另外,遥感图像分类结果中还不可避免地会产生一些面积较小的图斑(注意不是噪声)。无论从专题制图(必须考虑尺度)的角度,还是从实际应用的角度,都有必要对这些小图斑进行剔除或重新分类,目前常用的方法有Majority/Minority分析、聚类处理(Clump)和过滤处理(Sieve)。

Majority/Minority分析采用类似于卷积滤波的方法将较大类别中的虚假像元归到该类中,具体是首先定义一个变换核尺寸,主要分析(Majority Analysis)是用变换核中占主要地位(像元数最多)的像元类别代替中心像元的类别;次要分析(Minority Analysis)则是用变换核中占次要地位的像元类别代替中心像元的类别。

聚类处理(Clump)是运用数学形态学算子(腐蚀和膨胀)通过计算每个图斑的面积并记录相邻最大面积图斑的类别值等,向邻近的类似分类区域聚类并合并。分类图像由于分类区域中斑点或洞的存在,经常缺少空间连续性,低通滤波虽然可以用来平滑这些图像,但是类别信息常常会被邻近类别的编码干扰,聚类处理解决了这个问题。首先将被选的分类用一个膨胀操作合并到一块,然后用变换核对分类图像进行腐蚀操作。

过滤处理(Sieve)主要用于解决分类图像中出现的孤岛问题。过滤处理使用斑点分组方法来消除这些被隔离的分类像元。该类别筛选方法通过分析周围的4个像元(4连通)或8个像元(8连通),判定一个像元是否与周围的像元同组。如果一类中被分析的像元数少于输入的阈值,这些像元就会从该类中被删除,删除的像元归为未分类的像元(Unclassified)。

除此之外,常用的分类后处理方法还有:分类统计、分类叠加、色彩重定义以及栅格转矢量等。

分类统计（Class statistics）是基于分类结果计算各个类别（或图斑）的原始图像像元值的统计信息，例如基本统计（类别中的像元数、最小值、最大值、均值等）、直方图统计以及协方差统计。

分类叠加（Overlay Classes）有很多方法，例如将矢量化的分类结果图斑叠加在一幅RGB彩色合成图或者灰度图像上，从而生成一幅含有类别信息的RGB图像。

15.2 基于形态学的栅格图斑处理

形态学图像处理是图像处理中应用最为广泛的技术之一，主要用于从图像中提取对表达和描绘区域形状有意义的图像分量，使后续的识别工作能够抓住目标对象最为本质的形状特征。

数学形态学进行图像处理的基本思想是：用具有一定形态的结构元素探测目标图像，通过检验结构元素在图像目标中的可放性和填充方法的有效性，来获取有关图像形态结构的相关信息，进而达到对图像分析和识别的目的。

在数字图像处理中，形态学是借助集合论的语言来描述的。

把一幅图像或者图像中一个我们感兴趣的区域称为集合，用大写字母A、B、C等表示；元素通常是指一个单个的像素，用该像素在图像中的整数位置坐标$z=(z1,z2)$来表示，$z\in Z^2$，Z^2为二维整数空间，在该空间中，集合的每个元素都是一个二维向量。

形态学图像处理的应用可以简化图像数据，保持它们基本的形状特性，并去除不相干的结构。形态学图像处理的基本运算有4个：膨胀、腐蚀、开运算和闭运算。

设有两幅图像A和S，若A是被处理的对象，而S是用来处理A的，则称S为结构元（Structing Elements，SE），结构元可以是任意形状，通常都是一些比较小的图像，A与S的关系类似于滤波中的图像和模板的关系，结构元有一个锚点，锚点一般定义为结构元的中心（也可以自由定义位置）。常见的结构元有矩形和十字形，图15.2.1是几个不同形状的结构元，灰色区域为结构元的锚点。

图15.2.1　不同形状结构元的示意图

1.膨胀

膨胀（Dilation）的定义：对Z^2上的元素集合A和S，设A为目标图像，S为结构元，则目标图像A被结构元S膨胀可定义为：

$$A \oplus S = \left\{ z | \left(\hat{S} \right)_y \cap A \neq \varnothing \right\} \tag{15.2.1}$$

其中,$\oplus$为膨胀的符号表示,y是一个表示集合平移的位移量,$\hat{S}$为结构元S关于其原点的反射集合,Z^2即像平面。

膨胀运算的基本过程是:

① 求结构元S关于其原点的反射集合$\hat{S}$;

② 把结构元$\hat{S}$看作为一个卷积模板,每当结构元$\hat{S}$在目标图像A上平移后,结构元$\hat{S}$与其覆盖的子图像中至少有一个元素相交时,就将目标图像中与结构元素$\hat{S}$的锚点对应的那个位置的像素值置为"1",否则置为0。

注意:

① 当结构元中锚点位置的值是0时,仍把它看做是0,而不再把它看作是1;

② 当结构元在目标图像上平移时,允许结构元素中的非原点像素超出目标图像范围。

图15.2.2为一个膨胀运算的例子。

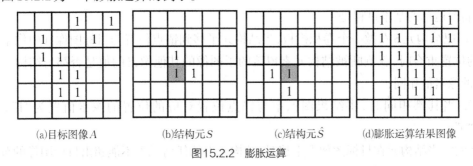

(a)目标图像A　　(b)结构元S　　(c)结构元$\hat{S}$　　(d)膨胀运算结果图像

图15.2.2　膨胀运算

当目标图像不变,但所给的结构元的形状改变时;或结构元形状不变,但其锚点位置改变时,膨胀运算的结果也会发生改变。图15.2.3是与图15.2.2目标图像相同但结构元不同时,膨胀运算结果不同的例子。图15.2.4是与图15.2.2目标图像相同,仅结构元的锚点位置改变时,膨胀运算的结果不同的例子。当结构元中锚点位置的值为0时,仍把它看做是0,而不再把它看作是1。

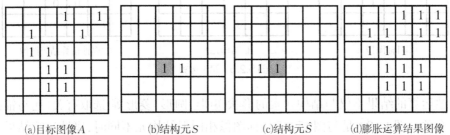

(a)目标图像A　　(b)结构元S　　(c)结构元$\hat{S}$　　(d)膨胀运算结果图像

图15.2.3　目标图像与图15.2.2相同但结构元不同时的膨胀运算

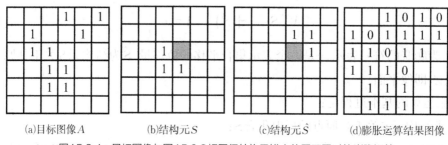

(a)目标图像A 　(b)结构元S 　(c)结构元$\hat{S}$ 　(d)膨胀运算结果图像

图15.2.4　目标图像与图15.2.2相同但结构元锚点位置不同时的膨胀运算

2. 腐蚀

腐蚀（Erosion）的定义：对Z^2上元素的集合A和S，设A为目标图像，S为结构元，则目标图像A被结构元B腐蚀可定义为：

$$A \ominus S = \left\{ z | (S)_y \subseteq A \right\} \tag{15.2.2}$$

其中，$\ominus$为腐蚀的符号表示，y是一个表示集合平移的位移量，Z^2即像平面。

腐蚀运算的基本过程是：

① 把结构元S看做一个卷积模板，当结构元平移到锚点位置与目标图像A中像素值为"1"的位置重合时，就判断被结构元素覆盖的子图像的其他像素的值是否都与结构元相应位置的像素值相同；

② 当其都相同时，将结果图像中与锚点位置对应的位置的像素值置为"1"，否则置为"0"。

注意，当结构元在目标图像上平移时，结构元中的任何元素不能超出目标图像的范围。

图15.2.5为一个腐蚀运算的例子。

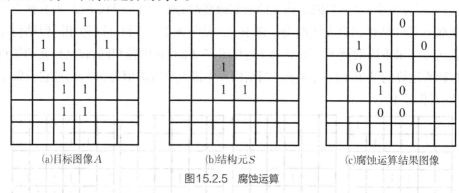

(a)目标图像A 　　(b)结构元S 　　(c)腐蚀运算结果图像

图15.2.5　腐蚀运算

腐蚀运算的结果不仅与结构元素的形状（矩形、圆形、菱形等）选取有关，还与锚点位置的选取有关。图15.2.6是与图15.2.5目标图像相同但结构元不同时，腐蚀运算结果不同的例子。图15.2.7是与图15.2.5目标图像相同，但仅结构元的锚点位置改变时，腐蚀运算结果不同的例子。

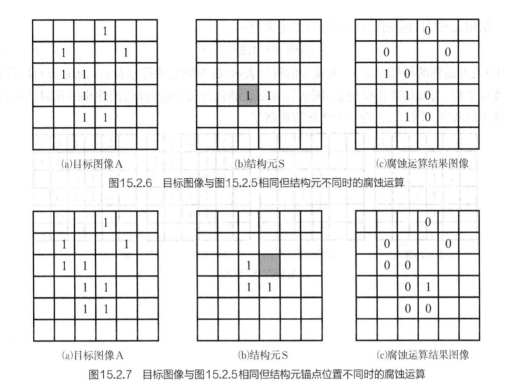

(a)目标图像A　　　　　　(b)结构元S　　　　　　(c)腐蚀运算结果图像

图15.2.6 目标图像与图15.2.5相同但结构元不同时的腐蚀运算

(a)目标图像A　　　　　　(b)结构元S　　　　　　(c)腐蚀运算结果图像

图15.2.7 目标图像与图15.2.5相同但结构元锚点位置不同时的腐蚀运算

3.开运算

使用同一个结构元对目标图像先进行腐蚀运算,然后再进行膨胀运算称为开运算 (Opening)。从视觉上看仿佛将原本连接的物体"分开"了一样。

结构元S对目标图像A的开运算定义为:

$$A \circ S = (A \ominus S) \oplus S \tag{15.2.3}$$

其中$\circ$为开运算的符号表示,$\ominus$为腐蚀的符号表示,$\oplus$为膨胀的符号表示。开运算可以平滑物体的轮廓,使狭窄的链接断开,以及消除细的突出物或毛刺。图15.2.8为一个开运算的例子。

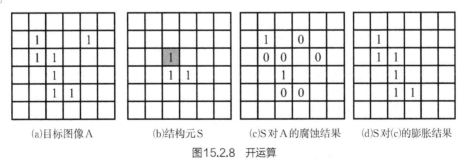

(a)目标图像A　　　(b)结构元S　　　(c)S对A的腐蚀结果　　　(d)S对(c)的膨胀结果

图15.2.8 开运算

4.闭运算

使用同一个结构元对目标图像先进行膨胀运算,然后再进行腐蚀运算称为闭运算 (Closing)。从视觉上看仿佛将原本分开的部分"闭合"了一样。

结构元 S 对目标图像 A 的闭运算的定义为：

$$A \cdot S = (A \oplus S) \ominus S \tag{15.2.4}$$

其中·为开运算的符号表示，$\ominus$ 为腐蚀的符号表示，$\oplus$ 为膨胀的符号表示。闭运算可以使轮廓变得平滑，与开运算相反的是，闭运算通常能够弥合狭窄的间断，消除小的孔洞，填补轮廓线中的断裂。图 15.2.9 为一个闭运算的例子。

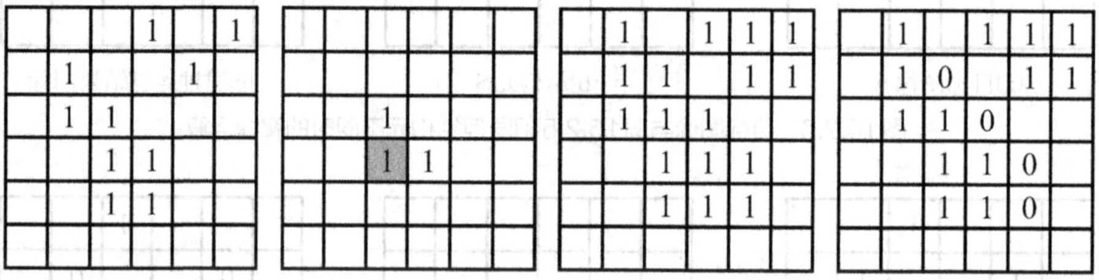

(a) 目标图像 A   (b) 结构元 S   (c) S 对 A 的膨胀结果   (d) S 对(c)的腐蚀结果

图 15.2.9   闭运算

第16章 遥感图像分类结果评价

遥感图像的分类不可能是百分百正确的,必须通过一定的手段和方法来评估遥感图像分类的准确性和可靠性。

遥感图像分类结果评价一般是将分类结果中的特定像元与已知分类的参考像元进行比较,实际工作中经常是将分类的结果与地面的真实值、先前的试验图、航空相片或其他数据进行对比。目前有两种常用的用于精度验证的方式:一种是混淆矩阵,另一种是ROC曲线,比较常用的是混淆矩阵,ROC曲线可以用图形的方式来形象地表达分类精度。

16.1 混淆矩阵

混淆矩阵(Confusion Matrix)也称误差矩阵,是表示精度评价的一种标准格式,用 n 行 n 列的方阵形式来表示,其中 n 为分类的类别数。混淆矩阵的每一行代表了数据的真实归属类别,每一行的数据总数表示该类别的数据实例的数目;每一列代表了预测类别,每一列的总数表示预测为该类别的数据的数目。

在人工智能中,混淆矩阵是可视化工具,特别适用于监督学习,在无监督学习中一般叫做匹配矩阵。在图像精度评价中,主要用于比较分类结果和实际测量值,可以把分类结果的精度显示在一个混淆矩阵里。混淆矩阵是通过将每个实测像元位置的分类和分类图像中的相应位置的分类相比较计算的。

我们先来看一下最简单的二分类的混淆矩阵,如表16.1.1所示,该混淆矩阵核心的部分是一个2行2列的矩阵,其中包括四个元素,真正(True Positive,TP)、假负(False Negative,FN)、假正(False Positive,FP)和真负(True Negative,TN)。真正是将正类预测为正类数,真实为1,预测也为1;假负是将正类预测为负类数,真实为1,预测为0;假正是将负类预测为正类数,真实为0,预测为1;真负是将负类预测为负类数,真实为0,预测也为0。

表16.1.1 二分类混淆矩阵

混淆矩阵		预测值	
		1	0
真实值	1	真正	假负
	0	假正	真负

接下来我们以一个遥感图像分类中的二分类的例子来理解一下混淆矩阵。例如一幅大小为10×10的遥感图像,其中70个像元为陆地,30个像元为水体。现有一个二分类的分类器将这100个像元进行分类,分类结果为50个像元为陆地,50个像元为水体,混淆矩阵如表16.1.2所示,我们可以清晰地分析分类的结果,陆地预测正确像元数为40,错误像元数为30;水体预测正确像元数为20,错误像元数为10。

表16.1.2   二分类混淆矩阵

混淆矩阵		预测值	
		陆地	水体
真实值	陆地	40	30
	水体	10	20

在实际的遥感图像分类中,用到更多的是多分类的混淆矩阵,其形状和二分类的混淆矩阵类似,如表16.1.3所示:

表16.1.3   多分类混淆矩阵

混淆矩阵		预测值					
		类1	类2	类3	…	类n	行总计
真实值	类1	x_{11}	x_{12}	x_{13}	…	x_{1n}	$\sum\limits_{i=1}^{n} x_{1i}$
	类2	x_{21}	x_{22}	x_{23}	…	x_{2n}	$\sum\limits_{i=1}^{n} x_{2i}$
	类3	x_{31}	x_{32}	x_{33}	…	x_{3n}	$\sum\limits_{i=1}^{n} x_{3i}$
	…	…	…	…	…	…	…
	类n	x_{n1}	x_{n2}	x_{n3}	…	x_{nn}	$\sum\limits_{i=1}^{n} x_{ni}$
	列总计	$\sum\limits_{i=1}^{n} x_{i1}$	$\sum\limits_{i=1}^{n} x_{i2}$	$\sum\limits_{i=1}^{n} x_{i3}$	…	$\sum\limits_{i=1}^{n} x_{in}$	

在此基础之上,结合各种分类指标,就可以从不同的方面评估分类模型的准确性和可靠性。具体评价指标有总体精度、制图精度、用户精度等,这些精度指标从不同的侧面反映了图像分类的精度。

16.2   图像分类评价指标

图像分类结果评价指标都是基于混淆矩阵建立的,常用的图像分类评价指标如下:

1.生产者精度（Producer's Accuracy）

生产者精度简称PA,表示在此次分类中该类别地面真实参考数据被正确分类的概率。在表16.1.3中类1的生产者精度可表示为 $x_{11}/\sum\limits_{i=1}^{n} x_{1i} \times 100\%$。漏判误差(Omission Error)指该类别在分类时被遗漏的概率,漏判误差＝1－生产者精度。

2.用户精度（User′s Accuracy）

用户精度简称UA,表示在该次分类中落在该类别上的检验点,被正确分类为该类别的比率。在表16.1.3中类1的用户精度可表示为$x_{11}/\sum\limits_{i=1}^{n}x_{i1}\times100\%$。误判误差（Commission Error）指该类别被错误分类的概率,误判误差＝1－用户精度。

3.总体精度（Overall Accuracy）

总体精度简称OA,指所有正确分类的类别的检验点数所占总抽取的检验点数的百分比,即在混淆矩阵中对角线的所有数值和除以全部样本的总和。在表16.1.3中的总体精度可表示为$\sum\limits_{i=1}^{n}x_{ii}/N\times100\%$,N为样本总和。

4. Kappa 系数

Kappa用于一致性检验,也可以用来衡量分类精度,Kappa系数的计算是基于混淆矩阵进行的。Kappa系数考虑到两种一致性的差异,一是自动分类和参考数据间的一致性,另一种是取样和参考分类的一致性。一般而言,Kappa介于0～1之间,Kappa值越大表示分类精度越高。其计算公式如下：

$$\text{Kappa}=\frac{\text{总体准确度}-\text{期望准确度}}{1-\text{期望准确度}}=\frac{N\sum\limits_{i=1}^{n}x_{ii}-\sum\limits_{i=1}^{n}(x_{i+}\times x_{+i})}{N^2-\sum\limits_{i=1}^{n}(x_{i+}\times x_{+i})} \tag{16.2.1}$$

式中：n表示类别数;

N代表各个类别个数的总和（检验点数）;

x_{ii}表示混淆矩阵对角线元素;

x_{i+}表示类别的行总和;

x_{+i}表示类别的列总和。

Kappa的计算结果为－1～1,但通常Kappa落在0到1之间,可分五组来表示不同级别的一致性:0.0～0.20极低的一致性（slight）、0.21～0.40一般的一致性（fair）、0.41～0.60中等的一致性（moderate）、0.61～0.80高度的一致性（substantial）和0.81～1几乎完全一致（almost perfect）。

5.准确率（Accuracy）

准确率简称ACC,是指预测正确的样本数（TP和TN）占所有样本数的比例,一般地说,准确率越高,分类器越好,计算公式如下：

$$\text{ACC}=\frac{\text{TP}+\text{TN}}{\text{TP}+\text{TN}+\text{FP}+\text{FN}} \tag{16.2.2}$$

6.精确率（Percision）

精确率又称查准率,指正确预测为正的样本数（TP）占全部预测为正（TP和FP）的比例,计算公式如下：

$$\text{Percision}=\frac{\text{TP}}{\text{TP}+\text{FP}} \tag{16.2.3}$$

7. 召回率（Recall）

召回率又称查全率,指正确预测为正的样本数(TP)占全部实际为正(TP和FN)的比例,计算公式如下:

$$\text{Recall} = \frac{\text{TP}}{\text{TP} + \text{FN}} \tag{16.2.4}$$

8. F1 分数（F1-score）

F1分数是精确率和召回率的调和平均数,是用来统计二分类模型精确度的一种指标,取值范围0~1。其计算公式如下:

$$\frac{2}{\text{F1}} = \frac{1}{\text{Percision}} + \frac{1}{\text{Recall}} \tag{16.2.5}$$

转换后得到:

$$\text{F1} = \frac{2 \times \text{Percision} \times \text{Recall}}{\text{Percision} + \text{Recall}} = \frac{2 \times \text{TP}}{2 \times \text{TP} + \text{FP} + \text{FN}} \tag{16.2.6}$$

9. ROC 曲线及 AUC

受试者工作特征曲线(Receiver Operating Characteristic Curve,简称 ROC 曲线),又称为感受性曲线(Sensitivity Curve)。得此名的原因在于曲线上各点反映着相同的感受性,它们都是对同一信号刺激的反应,只不过是在几种不同的判定标准下所得的结果而已。ROC曲线就是以假阳性概率(虚报概率)为横轴,真阳性概率(击中概率)为纵轴所组成的坐标图,曲线表示被试在特定刺激条件下、由于采用不同的判断标准得出的不同结果。所得的坐标图和曲线如图16.2.1。

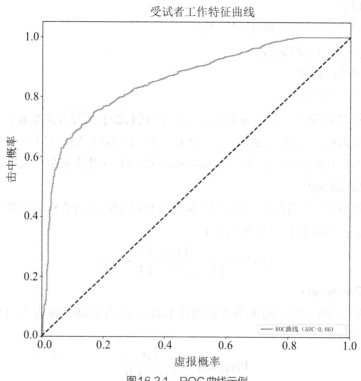

图16.2.1　ROC 曲线示例

该曲线的横坐标为假阳性率(False Positive Rate,FPR)表示预测为正例但真实情况为反例的,占所有真实情况中反例的比率,$FPR = FP /(TN + FP)$。纵坐标为真阳性率(True Positive Rate,TPR)表示预测为正例且真实情况为正例的,占所有真实情况中正例的比率,$TPR = TP /(TP + FN)$。TPR越大,则表示挑出的越有可能是正确的;FPR越大,则表示越不可能(再挑认为是正确的出来,越有可能挑的是错误的)。TPR与FPR呈反相关,随着采样的继续,采样出正例的概率越低,即TPR降低,FPR升高。

AUC(Area under roc Curve)是指ROC曲线线下面积,即ROC曲线与x轴所围成图形的面积。AUC的值越大,说明分类器(模型)的性能越好。当AUC$\leqslant$0.5时,表明分类器与随机猜测相比(例:使用抛硬币来决定分类结果),效果相同或更差,没有预测价值;当AUC>0.5时,表明分类器优于随机猜测,有预测价值。在实际应用中,ROC曲线一般都在$y = x$这条直线的上方,即AUC的值一般在0.5~1之间。

ROC曲线有一个巨大的优势,就是当正负样本的分布发生变化时,其形状能够基本保持不变,因此该评价指标能降低不同测试集带来的干扰,更加客观地衡量模型本身的性能。

所以,在面对正负样本数量不均衡的场景下,AUC的值是一个反映模型好坏更加稳定的指标。

16.3 交叉验证

交叉验证(Cross Validation)又称循环估计(Rotation Estimation),是由Seymour Geisser提出的一种统计学上的、将数据样本切割成较小子集的方法。交叉验证一般被用于评估一个机器学习模型的表现,或者用于模型选择。交叉验证的基本思想是把原始数据集进行分组,组合为不同的训练集和测试集,用训练集来训练模型,用测试集来评估模型预测的好坏。在此基础上可以得到多组不同的训练集和测试集,某次训练集中的某样本在下次可能成为测试集中的样本,即所谓"交叉"。

交叉验证一般用于数据量较少的情况,数据量较少时交叉验证有利于充分利用样本信息。交叉验证的目标是确定一个原数据集的子集,去限制机器学习模型在训练阶段的一些问题,比如模型的过拟合、欠拟合等,同时提供了一种判断标准去衡量模型在独立数据集上的泛化能力。值得注意的是,数据集和测试集必须独立同分布,不然反而会得到很糟糕的模型。常用的交叉验证方法有以下几种:

1.简单交叉验证

简单交叉验证是随机地将样本数据分为两部分(比如:70%的训练集,30%的测试集),然后用训练集来训练模型,并利用测试集验证模型及参数,如图16.3.1所示。接着再把样本打乱,重新选择训练集和测试集,继续训练模型和检验模型。最后利用损失函数评估最优的模型和参数。

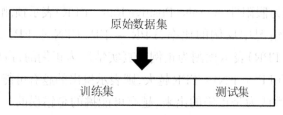

图16.3.1　简单交叉验证

优点：操作简单，只需将原始数据分为两组即可。

缺点：没有充分体现交叉的思想，由于是随机地将原始数据分组，所以最后验证集分类准确率的高低与原始数据的分组有很大的关系，而且由于无法确定哪些数据点会出现在验证集中，过拟合是无可避免的。因此，只有在拥有足够多的数据时，它才是一个不错的选择。

2. K折交叉验证

K折交叉验证（K—fold Cross Validation）是将原始数据分成K组（一般是均分），并将每组子集数据都分别作为一次验证集，其余的K—1组子集数据作为训练集，这样会得到K个模型。K折交叉验证下分类器的性能指标则通过对K个模型在相应验证集上的分类准确率求平均数计算得到。K一般大于等于2，实际操作时一般从3开始取，只有在原始数据集合数据量小的时候才会尝试取2。图16.3.2展示了当K为10时，即10折交叉验证的示意图，其中9个训练集用白色的正方形表示，1个测试集用黑色的正方形表示，模型的分类准确率用字母E表示。

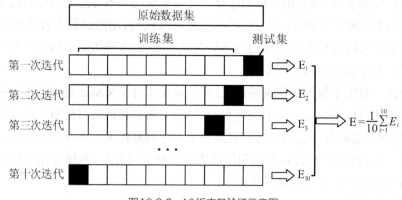

图16.3.2　10折交叉验证示意图

优点：可以充分利用数据进行训练，每个数据在验证集中出现一次，并且在训练中出现K—1次，有效地避免过拟合和欠拟合的发生。

缺点：容易给机器造成过重负担，花费大量时间，而且，每一次验证的测试集（或验证集）中数据太少，很难得到准确的误报率。

当我们需要对一些小的数据集进行统计分析时，K折交叉验证是一个好的选择。

对于K值的选择问题，当K值较小的时候，每个模型对应的样本数量变多，其极端是当K为1的时候，即完全不使用交叉验证，此时所有样本都被用于训练，容易出现过拟合的现象;当K值较大的时候,每个模型对应的样本数量变少,其极端是当K为样本数的时候,即下一节中的留一交叉验证,此时用于训练的样本数很少,容易造成欠拟合的现象。因此,在实际使用过程中,应该尝试多种K值的选择方式,并根据最终的结果选择合适的K值。

3.留一交叉验证

留一法(Leave One Out)是K折交叉验证的一个特例。它表示的是在K折交叉验证中,当K是数据集的样本数时的情况。此时将训练K个模型,且每个模型训练时使用K−1个样本作为训练样本,1个样本作为测试样本,如图16.3.3所示。

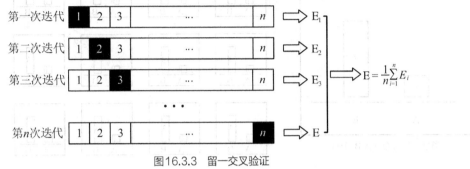

图16.3.3 留一交叉验证

优点:每一回合中几乎所有的样本皆用于训练模型,因此最接近原始样本的分布,这样评估所得的结果比较可靠;实验过程中没有随机因素会影响实验数据,确保实验过程是可以被复制的。

缺点:计算成本高,需要建立的模型数量与原始数据样本数量相同。当数据集较大时几乎不能使用。

4.分层K折交叉验证

分层K折交叉验证(Stratified K−fold cross validation)是在交叉验证的基础上,通过分层随机抽样来解决不同类别之间数据量不平衡问题的一种方法。其具体过程是在进行交叉验证划分训练集与测试集的时候,使用分层随机抽样的策略,即根据样本总体中各个类别的分布比例来对样本进行随机抽样,使得抽样结果中不同类别的分布比例与样本总体的比例类似。图16.3.4展示了当A、B两类样本数量比例为1比3时分层5折交叉验证的示意图,此时,所有用于交叉验证的训练集与测试集中A、B两类的样本数量比例都为1比3。

优点:适用于小数据集多分类情形,可以解决样本不平衡问题。

缺点:当K的取值越大时,由偏差(预测值的期望与真实值之间的差距)导致的误差将减少,而由方差(预测值的变化范围,离散程度,也就是离其期望值的距离)导致的误差将增加,此外计算的代价也将上升。显然,这需要更多的时间来计算,并且也会消耗更多的内存。

总之,交叉验证的方法有不同的侧重点,使用时应根据具体情况而定。如果有充足的数据,并且对于不同的划分方式,我们都能获得相近的得分以及最优参数模型,那么训练集/测试集二分划分是一种不错的选择;若没有充足的数据,也就是对于不同的训练集/测试集划分方式,模型的测试成绩和最优参数都存在着较大的差异时,我们可以选择K折交叉验证,特别的,若数据总量非常少,则可以考虑使用留一法。此外,分层 K 折交叉验证有助于使验证结果更加稳定,并且对于小型且类别不平衡的数据集尤其管用。

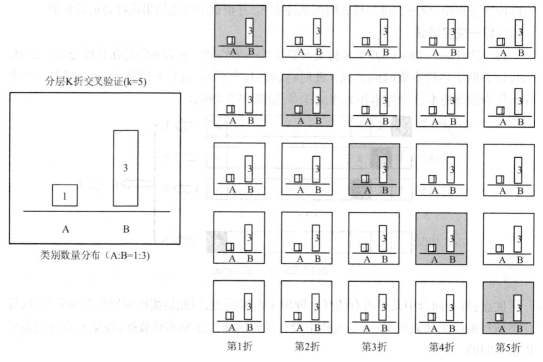

图16.3.4　分层K折交叉验证

附 录
常见遥感研究实验数据集

本附录提供了在遥感各研究领域广泛使用的用于语义分割、场景分类、目标检测、变化检测及高光谱分类任务的实验数据集，供读者参考。

1. 语义分割数据集

数据集名称	类别数	影像数	空间分辨率(m)	图像大小	图像波段
ISPRS Vaihingen （https://www2.isprs.org/commissions/comm2/wg4/benchmark/2d-sem-label-vaihingen/）	6	33	0.09	约2000×2000	IR、R、G、DSM与nDSM
ISPRS Potsdam （https://www2.isprs.org/commissions/comm2/wg4/benchmark/2d-sem-label-potsdam）	6	38	0.05	6000×6000	IR、R、G、B、DSM与nDSM
Gaofen Image Dataset （http://captain.whu.edu.cn/GID）	15	150	1/4	6908×7300	P、R、G、B、IR
DeepGlobe （http://deepglobe.org/challenge.html）	7	1146	0.5	2448×2448	R、G、B
EvLab–SS （http://earthvisionlab.whu.edu.cn/zm/Semantic-Segmentation/index.html）	11	60	0.1/0.2/0.25/0.5/1/2	约4500×4500	多光谱

2. 场景分类数据集

数据集名称	各类图像数	场景类别数	影像数	空间分辨率 (m)	图像大小
UC Merced Land Use (http://weegee.vision.ucmerced.edu/datasets/landuse.html)	100	21	2100	0.3	256×256
WHU–RS19 (http://dsp.whu.edu.cn/cn/staff/yw/HRSscene.html)	约50	19	1005	约0.5	600×600
RSSCN7 (https://sites.google.com/site/qinzoucn/documents)	400	7	2800	多分辨率	400×400
RSC11 (https://www.researchgate.net/publication/271647282_RS_C11_Database)	约100	11	1232	0.2	512×512
SIRI–WHU (http://www.lmars.whu.edu.cn/prof_web/zhongyanfei/e-code.html)	200	12	2400	2	200×200
AID (https://pan.baidu.com/s/1mifOBv6#list/path=%2F)	200~400	30	10000	0.5~0.8	600×600
EuroSAT (https://github.com/phelber/eurosat#)	2000~3000	10	27000	10	64×64
NWPU–RESISC45 (http://www.escience.cn/people/JunweiHan/NWPU-RESISC45.html)	700	45	31500	0.2~30	256×256
PatternNet (https://aistudio.baidu.com/aistudio/datasetdetail/52411)	800	38	30400	0.062~4.693	256×256
RSI–CB (http://www.graphnetcloud.cn/1-10)	RSI-CB128 (约800) RSI-CB256 (约690)	RSI-CB128 (45) RSI-CB256 (35)	RSI-CB128 (36707) RSI-CB256 (24747)	0.3~3	128×128 256×256

续表

数据集名称	各类图像数	场景类别数	影像数	空间分辨率 (m)	图像大小
RSD46-WHU (http://www.lmars.whu.edu.cn/prof_ web/xiaozhifeng/dataset.html)	500~3000	46	117000	0.5~2	256×256

3. 目标检测数据集

数据集	类别数	图像数	图像大小	实例数	标注方式
RSOD (https://github.com/RSIA-LIESMARS-WHU/RSOD-Dataset-)	4	976	多种大小	6950	水平框
NWPU VHR-10 (https://pan.baidu.com/s/1hqwzXeG#list/path=%2F)	10	800	约1000×1000	3651	水平框
VEDAI (https://downloads.greyc.fr/vedai/)	3	1268	多种大小	2950	旋转框
HRSC2016 (http://www.escience.cn/people/liuzikun/DataSet.html)	1	1061	约1100×1100	2976	旋转框
DOTA (https://captain-whu.github.io/DOTA/index.html)	15	2806	多种大小	118282	旋转框
xView (http://xviewdataset.org/)	60	1128	多种大小	约1000000	水平框
LEVIR (http://levir.buaa.edu.cn/Code.htm)	3	>22000	800 × 600	>10000	水平框

4. 变化检测数据集

数据集名称	图像对数	空间分辨率 (m)	图像大小	图像波段
Wuhan multi-temperature scene dataset (MtS-WH) (http://sigma.whu.edu.cn/newspage.php?q=2019_03_26)	1	1	7200×6000	IR、R、G、B
Season-varying Change Detection Dataset (https://drive.google.com/uc?id=1GX656JqqOyBi_Ef0w 65kDGVto-nHrNs9&export=download)	7	0.03~1	4725×2700	R、G、B

续表

数据集名称	图像对数	空间分辨率(m)	图像大小	图像波段
LEVIR–CD (https://justchenhao.github.io/LEVIR)	637	0.5	1024×1024	R、G、B

5. 高光谱遥感数据集

数据集名称	图像数量	类别数	空间分辨率(m)	图像大小	波段数	波段范围(μm)
Washington DC (https://engineering.purdue.edu/~biehl/MultiSpec/hyperspectral.html)	1	7	1	1208×307	191	0.4~2.4
Pavia University (http://www.ehu.eus/ccwintco/index.php/Hyperspectral_Remote_Sensing_Scenes#Pavia_University_scene)	1	9	1.3	610×340	103	0.43~0.86
Pavia Center (http://www.ehu.eus/ccwintco/index.php/Hyperspectral_Remote_Sensing_Scenes#Pavia_University_scene)	1	9	1.3	1096×715	102	0.43~0.86
Indian Pine (http://www.ehu.eus/ccwintco/index.php/Hyperspectral_Remote_Sensing_Scenes)	1	16	20	145×145	200	0.4~2.5
Houston (http://www.grss-ieee.org/community/technical-committees/data-fusion/2013-ieee-grss-data-fusion-contest/)	1	15	2.5	349×1905	144	0.38~1.05
DFC2018 Houston (http://hyperspectral.ee.uh.edu/?page_id=1075)	1	20	1	2384×601	48	0.38~1.05

参考文献

[1] 藤尾. 画像质量と視覚の关系[J]. 信学志, 1976(11): 59.

[2] R.J. Kauth, G.S. Thomas. The Tasselled Cap - A Graphic Description of the Spectral-Temporal Development of Agricultural Crops as Seen by Landsat[C]. Proceedings, Symposium on Machine Processing of Remotely Sensed Data, Purdue University, West Lafayette, Indiana, 1976: 41-51.

[3] R. C. 冈萨雷斯. 数字图像处理[M]. 李叔梁, 译. 北京: 科学出版社, 1981.

[4] 赵风治. 线性规划计算方法[M]. 北京: 科学出版社, 1981.

[5] 日本遥感学会. 遥感原理概要[M]. 龚军, 译. 北京: 科学出版社, 1981.

[6] A 罗申菲尔特, 等. 数字图像处理[M]. 余英林, 等, 译. 北京: 人民邮电出版社, 1982.

[7] 傅京孙. 模式识别及其应用[M]. 戴汝为, 等, 译. 北京: 科学出版社, 1983.

[8] W.K. 普拉特. 数字图像处理学[M]. 高荣坤, 等, 译. 北京: 科学出版社, 1984.

[9] 孙仲康. 数字图像处理及其应用[M]. 北京: 国防工业出版社, 1985.

[10] E P Crist and R J Kauth. The Tasseled Cap De—Mystified[J]. PHOTOGRAMMETRIC ENGINEERING AND REMOTE SENSING, 1986, 1(01): 52.

[11] 郭德方. 遥感图像的计算机处理和模式识别[M]. 北京: 电子工业出版社, 1987.

[12] 李介谷. 图像处理技术[M]. 上海: 上海交通大学出版社, 1988.

[13] 阮秋琦. 数字图像处理基础[M]. 北京: 中国铁道出版社, 1988.

[14] 杨凯. 遥感图像处理原理和方法[M]. 武汉: 测绘出版社, 1988.

[15] 李德熊. TM 合成图像波段组合的选择[J]. 遥感信息, 1989(04): 4.

[16] A K Jain. Fundamentals of Digital Image Processing[M]. Upper Saddle River: Prentice Hall Inc, 1989.

[17] Zhen Kui Ma etc. A Measurement of Spectral overlap among Cover Types[J]. PHOTOGRAMMETRIC ENGINEERING AND REMOTE SENSING, 1989, 10 (10): 55.

[18] Fangju Wang etc. Improving remote sensing image analysis through fuzzy information representation[J]. PHOTOGRAMMETRIC ENGINEERING AND REMOTE SENSING, 1990(03): 56.

[19] 傅京孙.模式识别应用[M].程民德,译,北京:北京大学出版社,1990.

[20] 荆仁杰.计算机图像处理[M].杭州:浙江大学出版社,1990.

[21] Fangju Wang etc. Fuzzy supervised classification of remote sensing images[J]. IEEE Transactions on Geoscience and Remote Sensing, 1990(02): 194-201.

[22] 华瑞林.遥感制图[M].南京:南京大学出版社,1990.

[23] 许殿元.遥感图像信息处理[M].北京:中国宇航出版社,1990.

[24] 赵元洪.彩色变换及其在浙江括苍山地区的应用研究[J].环境遥感,1990(01):5.

[25] 余英林.数字图像处理与模式识别[M].武汉:华南理工大学出版社,1990.

[26] 陈述彭.遥感大字典[M].北京:科学出版社,1990.

[27] 刘其真.用光学／人工神经网络混合方法进行图像分类[J].环境遥感,1991(01):06.

[28] F阿迈拉登.模式识别与图像处理[M].李衍达,等,译.北京:石油工业出版社,1991.

[29] 赵元洪.波段比值的主成分复合在热液蚀变信息提取中的应用[J].国土资源遥感,1991,2(3):12-17.

[30] R A Schowengerdt.遥感图像处理和分类技术[M].李德熊,译.北京:科学出版社,1991.

[31] 包约翰.自适应模式识别与神经网络[M].马颂德,译.北京:科学出版社,1992.

[32] 刘永怀.混合像元分解的理论与方法[J].遥感技术与应用,1992(04):07.

[33] 丰茂森.遥感图像数字处理[M].北京:地质出版社,1992.

[34] 徐建华.图像处理与分析[M].北京:科学出版社,1992.

[35] 孙星和.遥感图像纹理分析方法[J].国土资源遥感,1992,4(3):55-60.

[36] 朱亮璞.遥感地质学[M].北京:地质出版社,1994.

[37] 赵元洪.遥感图像专题信息提取新方法—定向变换和逻辑取与法研究[J].环境遥感,1994,11(4):296-302.

[38] 赵荣椿.数字图像处理导论[M].西安:西北工业大学出版社,1995.

[39] 宁书年.遥感图像处理与应用[M].北京:地震出版社,1995.

[40] 章孝灿.遥感数字图像处理[M].杭州:浙江大学出版社,1997.

[41] Lecun Y, Bottou L, Bengio Y, et al. Gradient-based learning applied to document recognition[J]. Proceedings of the IEEE, 1998(11): 86.

[42] 张永生.遥感图像信息系统[M].北京:科学出版社,2000.

[43] 梅安新.遥感导论[M].北京:高等教育出版社,2001.

[44] 何东键.数字图像处理[M].西安:西安电子科技大学出版社,2003.

[45] 贾永红.数字图像处理[M].武汉:武汉大学出版社,2003.

[46] 汤国安.遥感数字图像处理[M].北京:科学出版社,2004.

[47] 钱乐祥.遥感数字摄像处理与地理特征提取[M].北京:科学出版社,2004.

[48] 戴昌达.遥感图像应用处理与分析[M].北京:清华大学出版社,2004.

[49] 浙江省第四次应用遥感技术普查水土流失技术报告[R],2004.

[50] 张永生.高分辨率遥感卫星应用——成像模型、处理算法及应用技术[M].北京:科学出版社,2004.

[51] 覃征.数字图像融合[M].西安:西安交通大学出版社,2004.

[52] 徐希孺.遥感物理[M].北京:北京大学出版社,2005.

[53] 朱述龙.遥感图像处理与应用[M].北京:科学出版社,2006.

[54] 韦玉春.遥感数字图像处理教程[M].北京:科学出版社,2007.

[55] 那彦.基于多分辨分析理论的图像融合方法[M].西安:西安电子科技大学出版社,2007.

[56] 章孝灿.遥感数字图像处理[M].2版.杭州:浙江大学出版社,2008.

[57] 范延滨.小波理论算法与滤波器组[M].北京:科学出版社,2011.

[58] Krizhevsky A., Sutskever I., Hinton G. E. ImageNet Classification with Deep Convolutional Neural Networks[J]. COMMUNICATIONS OF THE ACM, 2017, 60 (6): 84-90.

[59] 韦玉春.遥感数字图像处理教程[M].2版.北京:科学出版社,2015.

[60] Long J, Shelhamer E, Darrell T. Fully convolutional networks for semantic segmentation[C]. 2015 IEEE Conference on Computer Vision and Pattern Recognition(CVPR), Boston, MA, 2015: 3431-3440.

[61] Ronneberger O, Fischer P, Brox T. U-Net: Convolutional networks for biomedical image segmentation[C]. International Conference on Medical Image Computing and Computer-Assisted Intervention, Munich, GERMANY, 2015, 9351: 234-241.

[62] Simonyan K, Zisserman A. Very deep convolutional networks for Large-Scale image recognition[J]. arXiv:1409.1556, doi: https://doi.org/10.48550/arXiv.1409.1556.

[63] Szegedy C, Liu W, Jia Y, et al. Going deeper with convolutions[C]. 2015 IEEE Conference on Computer Vision and Pattern Recognition (CVPR), Boston, MA, 2015: 1-9.

[64] 耿则勋.小波变换及在遥感图像处理中的应用[M].北京:测绘出版社,2016.

[65] 晏磊.高级遥感数字图像处理数学物理教程[M].北京:北京大学出版社,2016.

[66] 刘丹丹.遥感数字图像处理[M].哈尔滨:哈尔滨工程大学出版社,2016.

[67] He K, Zhang X, Ren S, et al. Deep residual learning for image recognition[C]. 2016 IEEE Conference on Computer Vision and Pattern Recognition (CVPR), Seattle, WA, 2016: 770-778.

[68] Huang G, Liu Z, Van Der Maaten L, et al. Densely connected convolutional networks [C]. 2017 IEEE Conference on Computer Vision and Pattern Recognition (CVPR), Honolulu, 2017: 2261-2269.

[69] V. B, A. K, R. C. SegNet: A deep convolutional Encoder-Decoder architecture for image segmentation[J]. IEEE Transactions on Pattern Analysis and Machine Intelligence, 2017(12): 39.

[70] Shengbo C. Remote sensing[M].北京：科学出版社，2017.

[71] Robert X Gao.小波变换理论及其在制造业中的应用[M].姚福来，译.北京：机械工业出版社，2018.

[72] 张向荣.模式识别[M].西安：西安电子科技大学出版社，2019.